高 等 学 校 规 划 教 材

无机材料热工设备

陈国平　白建光　代丽娜　等编

化学工业出版社

·北京·

内 容 简 介

《无机材料热工设备》讲述了无机非金属材料（玻璃材料、陶瓷材料和其他无机材料）领域内热工设备的结构、原理、设计计算和操作等方面的基础知识，重点放在目前应用广泛、新型高效、有发展前途的无机非金属材料热工设备与技术。在玻璃材料工业热工设备中，主要介绍了玻璃工业窑炉概述、浮法玻璃熔窑、全氧燃烧玻璃熔窑、马蹄焰池窑和电熔窑；在陶瓷材料工业热工设备中，主要介绍了陶瓷工业窑炉概述、隧道窑和辊道窑；在其他无机材料热工设备中，主要介绍了间歇窑和电热窑炉、回转窑以及窑炉热工控制。书中对无机材料生产常用热工设备结构尺寸的取值范围及其依据做了最新的阐述，尤其是目前推广较快的全氧燃烧玻璃熔窑技术、计算机 ANSYS 应用、节能减排技术、新型纤维毡窑体、新型特种陶瓷烧结技术等新内容。

《无机材料热工设备》配有大量极具参考价值的实际现场照片和数字化内容，包括教学 PPT、玻璃窑炉设计图纸、工厂现场视频照片、ANSYS 窑炉应用实例等，供读者参考。

《无机材料热工设备》内容丰富，文字简练，技术信息量大，实用性强，不仅可作为无机材料专业本科和高职高专的教材使用，也可供无机材料领域的生产技术人员和操作人员参考。

图书在版编目（CIP）数据

无机材料热工设备/陈国平等编. —北京：化学工业出版社，
2020.12（2022.5 重印）
高等学校规划教材
ISBN 978-7-122-37969-6

Ⅰ.①无… Ⅱ.①陈… Ⅲ.①无机材料-非金属材料-工业炉
窑-高等学校-教材 Ⅳ.①TB321②TG306

中国版本图书馆 CIP 数据核字（2020）第 221616 号

责任编辑：陶艳玲　　　　　　　　　　　　装帧设计：张　辉
责任校对：王　静

出版发行：化学工业出版社（北京市东城区青年湖南街 13 号　邮政编码 100011）
印　　装：北京虎彩文化传播有限公司
787mm×1092mm　1/16　印张 17　字数 419 千字　2022 年 5 月北京第 1 版第 2 次印刷

购书咨询：010-64518888　　　　　　售后服务：010-64518899
网　　址：http://www.cip.com.cn
凡购买本书，如有缺损质量问题，本社销售中心负责调换。

定　　价：69.00 元

前言

　　无机材料热工设备是无机材料（玻璃、陶瓷、水泥和耐火材料等）生产的关键设备。近年来，随着科学技术的不断发展，无机材料热工设备，尤其是玻璃窑炉和陶瓷窑炉发生了较大变化，结构更为合理，控制自动化程度越来越高，也越来越节能环保，为使技术进展和实际应用的最新内容反映在书中，我们编写了本书。

　　《无机材料热工设备》讲述了无机非金属材料（玻璃材料、陶瓷材料和其他无机材料等）领域内热工设备的结构、原理、设计计算和操作等方面的基础知识，重点放在目前应用广泛、新型高效、有发展前途的无机非金属材料热工设备与技术。在玻璃材料工业热工设备中，主要介绍了玻璃工业窑炉概述、浮法玻璃熔窑、全氧燃烧玻璃熔窑、马蹄焰池窑和电熔窑；在陶瓷材料工业热工设备中，主要介绍了陶瓷工业窑炉概述、隧道窑和辊道窑；在其他无机材料热工设备中，主要介绍了间歇窑和电热窑炉、回转窑以及窑炉的热工控制。书中对无机材料生产常用热工设备结构尺寸的取值范围及其依据做了最新的阐述，尤其是目前推广较快的全氧燃烧玻璃熔窑技术、计算机 ANSYS 应用、节能减排技术、新型纤维毡窑体、新型特种陶瓷烧结技术等新内容。

　　为使读者有直观性的认识，书中配有大量的现场实际照片，帮助读者理解学习。为了扩展读者的视野和知识面，本书还附赠有数字化内容，包括教学 PPT、玻璃窑炉设计图纸、工厂现场视频照片、ANSYS 窑炉应用案例等极具参考价值的内容。

　　参加本书编写的有陕西科技大学陈国平（第 1、2、4、5 章）、白建光（第 6、7、8章），西安超码科技有限责任公司代丽娜（第 9、10、11 章），秦皇岛玻璃工业研究设计院有限公司赵恩录（第 3 章）。全书由陈国平统稿。

　　中国中轻国际工程有限公司张占彪高工和西安超码科技有限责任公司总经理程皓为本书提供了最新的设计参考资料，在此表示感谢。

　　由于本书是对传统教材体系的一种改革、探索和创新，加之编者水平所限，书中可能存在不妥之处，敬请专家和读者批评指正。

编者

2020 年 4 月

目录

第1篇　玻璃材料热工设备

第1章　玻璃工业窑炉概述　/ 2

1.1　玻璃的熔制过程 ………………………………………………………… 2

1.2　玻璃熔窑的分类 ………………………………………………………… 3

1.3　池窑的结构与特点 ……………………………………………………… 6

　1.3.1　熔制部分 …………………………………………………………… 7

　1.3.2　热源供给部分 ……………………………………………………… 15

　1.3.3　余热回收部分 ……………………………………………………… 17

　1.3.4　排烟供气部分 ……………………………………………………… 18

　1.3.5　池窑的特点 ………………………………………………………… 20

1.4　工作原理与作业制度 …………………………………………………… 23

　1.4.1　工作原理 …………………………………………………………… 23

　1.4.2　作业制度 …………………………………………………………… 31

习题 ……………………………………………………………………………… 40

第2章　浮法玻璃熔窑　/ 42

2.1　浮法玻璃熔窑的结构 …………………………………………………… 43

　2.1.1　投料池 ……………………………………………………………… 43

　2.1.2　熔化部 ……………………………………………………………… 44

　2.1.3　卡脖、冷却部 ……………………………………………………… 49

　2.1.4　小炉、蓄热室 ……………………………………………………… 51

　2.1.5　烟道 ………………………………………………………………… 55

　2.1.6　浮法玻璃熔窑设计方案 …………………………………………… 57

2.2　浮法玻璃熔窑的生产操作 ……………………………………………… 59

2.3　浮法玻璃熔窑的烟气处理 ……………………………………………… 60

　2.3.1　玻璃熔窑烟气特性 ………………………………………………… 60

　2.3.2　玻璃熔窑烟气处理技术 …………………………………………… 60

2.3.3 玻璃熔窑烟气排放处理技术路线及应用 ·················· 61

习题 ··· 62

第3章　全氧燃烧玻璃熔窑　/ 63

3.1 全氧窑结构 ··· 63
3.1.1 熔化池 ·· 63
3.1.2 火焰空间 ·· 65
3.1.3 全氧窑热工分析 ····································· 69
3.2 氧枪及氧气供给系统 ···································· 73
3.2.1 氧枪的作用与类型 ··································· 73
3.2.2 氧气供给系统 ······································· 75
3.3 全氧窑的生产操作 ······································ 80
3.3.1 熔制制度 ·· 80
3.3.2 原料的氧化还原控制 ································· 82
3.3.3 热工控制系统 ······································· 83
3.3.4 氧气使用安全规定 ··································· 84
3.3.5 纯氧喷枪的安装点火 ································· 85
3.4 全氧窑的数值模拟研究 ·································· 86
3.4.1 数值模拟的概念与步骤 ······························ 86
3.4.2 ANSYS FLUENT 数值模拟的应用 ··················· 87
习题 ··· 91

第4章　马蹄焰池窑　/ 93

4.1 马蹄焰池窑的结构 ······································ 94
4.1.1 窑池尺寸 ·· 94
4.1.2 窑池结构形式 ······································· 97
4.1.3 火焰空间 ··· 100
4.1.4 冷却部 ··· 101
4.1.5 小炉 ··· 103
4.1.6 余热回收部分 ······································ 110
4.1.7 能耗计算及热分析 ·································· 114
4.1.8 马蹄焰池窑设计实例 ································ 117
4.2 马蹄焰池窑的生产操作 ································· 121
4.2.1 烤窑 ··· 121
4.2.2 加料、放料与泄料 ·································· 124

4.2.3　换料 ·· 125

4.3　马蹄焰池窑的砌筑、冷修及热风烤窑 ······································· 126

　4.3.1　砌筑 ·· 126

　4.3.2　冷修 ·· 129

　4.3.3　热风烤窑 ·· 129

习题 ·· 132

第5章　电熔窑　/ 134

5.1　电熔窑的类型与结构 ··· 134

　5.1.1　电熔窑的类型 ··· 134

　5.1.2　窑炉形状与结构 ·· 137

5.2　电熔窑的生产操作 ··· 137

5.3　电极及供电 ·· 141

　5.3.1　电极 ·· 141

　5.3.2　电源供电和电极连接 ··· 147

　5.3.3　供电装置 ·· 150

习题 ·· 154

第2篇　陶瓷材料热工设备

第6章　陶瓷工业窑炉概述　/ 156

6.1　陶瓷工业窑炉历史与现状 ·· 156

　6.1.1　陶瓷窑炉历史 ··· 156

　6.1.2　陶瓷工业窑炉现状与发展 ·· 159

6.2　现代陶瓷窑炉分类与作业制度 ··· 160

习题 ·· 161

第7章　隧道窑　/ 162

7.1　隧道窑结构 ·· 162

　7.1.1　窑体结构 ·· 162

　7.1.2　燃烧设备 ·· 167

　7.1.3　排烟系统 ·· 169

　7.1.4　气幕装置 ·· 171

　7.1.5　冷却系统 ·· 174

7.1.6　钢架结构和窑炉基础 ∙∙∙ 175

7.2　隧道窑烧成制度 ∙∙∙ 175

7.2.1　气体流动 ∙∙ 175

7.2.2　燃料燃烧和传热 ∙∙∙ 178

7.3　隧道窑烘烤、故障处理和检修维护 ∙∙∙ 179

7.3.1　隧道窑烘烤 ∙∙∙ 179

7.3.2　隧道窑故障及处理 ∙∙∙ 179

7.3.3　隧道窑检修与维护 ∙∙∙ 180

7.4　隧道窑设计与计算 ∙∙∙ 181

7.4.1　原始资料收集 ∙∙∙ 181

7.4.2　窑体尺寸计算和工作系统确定 ∙∙∙ 181

7.4.3　燃烧设备计算与设计 ∙∙∙ 183

7.4.4　热平衡计算 ∙∙∙ 184

习题 ∙∙∙ 187

第8章　辊道窑　/ 188

8.1　辊道窑的分类与特点 ∙∙ 188

8.2　窑体结构 ∙∙∙ 189

8.2.1　窑墙 ∙∙ 190

8.2.2　吊顶结构 ∙∙ 191

8.2.3　辊道窑运载装置 ∙∙ 193

8.2.4　燃烧系统 ∙∙ 198

8.2.5　排烟系统和其他通风结构 ∙∙ 202

8.2.6　冷却系统 ∙∙ 204

8.2.7　辊道窑风机选型 ∙∙ 206

8.3　辊道窑烘烤 ∙∙ 207

8.4　辊道窑设计与计算实例 ∙∙∙ 208

8.4.1　原始资料收集 ∙∙ 208

8.4.2　窑型选择与窑体主要尺寸计算 ∙∙∙ 209

8.4.3　工作系统 ∙∙ 210

8.4.4　窑体材料 ∙∙ 212

8.4.5　燃料燃烧计算 ∙∙ 214

8.4.6　热平衡计算 ∙∙∙ 215

8.4.7　管道计算、阻力计算和风机选型 ∙∙ 219

习题 ∙∙∙ 223

第3篇　其他无机材料热工设备

第9章　间歇窑和电热窑炉　/ 226

9.1　间歇窑 ·· 226

9.1.1　倒焰窑 ··· 226

9.1.2　梭式窑 ··· 227

9.2　电阻炉 ·· 229

9.2.1　镍铬合金电阻炉和铁铬铝合金电阻炉 ······· 229

9.2.2　硅碳棒电阻炉 ··· 230

9.2.3　硅钼棒电阻炉 ··· 231

9.2.4　电阻炉对所用电热元件的要求 ···················· 233

9.3　其他电热窑炉 ··· 233

9.3.1　电磁感应炉 ·· 233

9.3.2　等离子体炉 ·· 234

9.3.3　自蔓延高温烧结设备 ···································· 235

9.3.4　微波烧结炉 ·· 235

9.3.5　等离子体活化烧结炉 ···································· 236

9.3.6　激光烧结炉 ·· 236

9.3.7　闪烧和冷烧结设备 ······································· 237

9.3.8　振荡压力烧结设备 ······································· 238

习题 ··· 238

第10章　回转窑　/ 240

10.1　回转窑结构 ·· 240

10.1.1　窑筒体和支撑装置 ····································· 240

10.1.2　传动系统和密封装置 ·································· 241

10.2　回转窑工作原理 ·· 242

10.2.1　物料运行 ·· 242

10.2.2　气体流动、燃料燃烧和传热 ······················· 243

习题 ··· 246

第11章　窑炉热工控制　/ 247

11.1　温度控制 ··· 248

11.1.1　玻璃工业窑炉温度控制 ·· 248

11.1.2　陶瓷工业窑炉温度控制 ·· 251

11.2　压力控制 ··· 254

11.2.1　玻璃工业窑炉压力控制 ·· 254

11.2.2　陶瓷工业窑炉压力控制 ·· 256

11.3　气氛控制 ··· 258

11.3.1　玻璃工业窑炉气氛控制 ·· 258

11.3.2　陶瓷工业窑炉气氛控制 ·· 259

11.4　玻璃工业窑炉液面控制 ·· 259

11.4.1　液面测量 ··· 259

11.4.2　液面控制 ··· 260

习题 ·· 261

参考文献　/262

电子资源目录

以下附件可下载，仅供个人参考使用。

附件 1　教学 ppt；

附件 2　玻璃窑炉设计图纸；

附件 3　玻璃窑炉 ANSYS 应用；

附件 4　玻璃工业窑炉视频照片；

附件 5　陶瓷工业窑炉视频照片。

下载地址：https：//pan. baidu. com/s/1UX7GjewQcdM4Q9hPGYEXVA

提取码: xq4q

第 1 篇　玻璃材料热工设备

第1章
玻璃工业窑炉概述

玻璃熔制生产过程中专用的热工设备，统称为玻璃窑炉，包括玻璃熔窑、锡槽、退火窑和一些玻璃加工用的窑炉。玻璃窑炉在玻璃生产中起着重要的作用。玻璃熔窑用于熔制玻璃，由耐火材料砌筑而成，犹如玻璃工厂的"心脏"。玻璃退火窑主要是消除玻璃制品的热应力，对提高玻璃制品的强度和成品率有着决定意义。玻璃热加工窑炉用于复杂形状和特殊要求的制品，如烧口、火抛光、钢化等。常说的玻璃窑炉是指玻璃熔窑。

古代很早就发明了玻璃熔制用的坩埚窑，但第一座连续出料的玻璃池窑直到1867年才出现，从此玻璃熔窑的技术发展进入了快车道。随着玻璃熔窑结构、耐火材料及热工自动控制技术的不断进步，玻璃熔窑的生产效率、自动化程度取得显著的进步，熔窑寿命也大幅度提高。根据玻璃制品的用途和生产规模以及不同的成型方法，实际生产中出现了许多不同的熔窑窑型。

我国的玻璃池窑技术发展始于20世纪20年代，青岛晶华玻璃厂和秦皇岛耀华玻璃厂是当时的龙头企业，采用蓄热式横火焰池窑。20世纪50年代开始应用蓄热式马蹄焰池窑，80年代引进了国外的电熔窑技术。21世纪之交采用最新的全氧燃烧玻璃熔窑。

目前我国玻璃产品的品种与产量稳居世界第一，新建熔窑的产品质量和能耗水平也已接近或赶上世界先进水平。部分玻璃生产企业曾经采用的坩埚窑、单元窑、换热式池窑等传统窑型因生产效率极低、热效率低、烟气排放较大已逐步减少或淘汰。而大多数的玻璃熔窑集中于蓄热式横火焰玻璃熔窑、全氧燃烧单元玻璃熔窑、蓄热式马蹄焰玻璃池窑和电熔窑等热效率高、烟气排放较小这四类窑型上，顺应了时代的发展。这也是本篇后续论述的主要内容。

1.1　玻璃的熔制过程

按照玻璃配方混合好配合料，经过高温加热形成玻璃液的过程，叫作玻璃的熔制。熔制的目的是要获得均匀、纯净、透明并适合于成形的玻璃液。

玻璃熔制是玻璃制造中的主要过程之一。熔制速度和熔制制度的合理性对产品的质量、产量和成本的影响很大。

玻璃熔制过程可分为以下五个阶段，图1-1为玻璃熔制示意图。

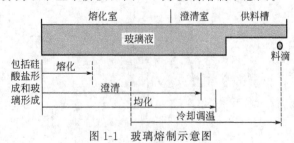

图1-1　玻璃熔制示意图

(1) 硅酸盐形成阶段

配合料入窑后，在高温（约 800～1000℃）作用下迅速发生一系列物理的、化学的和物理-化学的变化，如粉料受热、水分蒸发、盐类分解、多晶转变、组分熔化以及石英砂与其他组分之间进行的固相反应。这个阶段结束时，配合料变成了由硅酸盐和游离二氧化硅组成的不透明的烧结物。

(2) 玻璃形成阶段

温度升高到 1200℃时，各种硅酸盐开始熔融，继续升高温度，未熔化的硅酸盐和石英砂粒完全溶解于熔融体中，成为含大量可见气泡的、在温度上和化学成分上不够均匀的透明的玻璃液。

硅酸盐形成阶段与玻璃形成阶段之间没有明显的界线。硅酸盐形成阶段尚未结束时玻璃形成阶段已经开始，要划分这两个阶段很困难。所以生产上把这两个阶段视作为一个阶段，称为配合料熔化阶段。

(3) 玻璃液澄清阶段

玻璃形成阶段结束时，熔融体中还包含许多气泡和灰泡（小气泡）。从玻璃液中除去肉眼可见的气体夹杂物、消除玻璃中的气孔组织的阶段称为澄清阶段。因为气泡在玻璃液中排出的速度符合斯托克斯定律，当温度升高时，玻璃液的黏度迅速降低，使气泡大量逸出。因此，澄清过程必须在较高的温度下进行。

(4) 玻璃液均化阶段

玻璃形成后，各部分玻璃液的化学成分和温度都不相同，还夹杂一些不均匀体。为消除这种不均匀性，获得均匀一致的玻璃液，必须进行均化。

玻璃液的均化过程早在玻璃形成时已经开始，然而主要的还是在澄清后期进行。它与澄清过程混在一起，没有明显的界线，可以看作边澄清、边均化。均化结束往往在澄清之后。

达到玻璃液的均化主要依靠扩散和对流作用。高温是一个主要的条件，因为它可以减小玻璃液黏度，使扩散作用加强。另外，搅拌是提高均匀性的好方法。

(5) 玻璃液冷却阶段

澄清均化后的玻璃液黏度太小，不适于成形，必须通过冷却提高黏度到成形所需的范围。所以玻璃液须冷却到成形温度。根据玻璃液的性质与成形方法的不同，成形温度比澄清温度低 200～300℃。

必须指出，以上五个阶段的作用和变化机理各有特点，互不相同，但又彼此密切联系。在实际熔制过程中各个阶段没有明显的界线，也不一定按顺序进行，有些阶段可能是同时或部分同时进行的。

1.2 玻璃熔窑的分类

玻璃熔制过程是在玻璃熔窑内实现的。玻璃熔窑的类型很多，主要有以下几种分类方式。

(1) 按熔制玻璃所用容器的构造分

① 池窑 在这种窑的槽形池内熔化成玻璃液，故名池窑。现在工业生产中多使用池窑，本书介绍的玻璃熔窑均为池窑。

② 坩埚窑 玻璃液是在坩埚内进行熔化的，故名坩埚窑。

（2）按使用能源分

① 火焰窑　以燃烧燃料为热能来源。燃料可以是煤气、天然气、重油或煤。

② 电热窑（电熔窑）　以电能作为热能来源。按热生成方法与热量传给玻璃粉料的方法分成电弧炉、电阻炉（直接电阻炉和间接电阻炉）及感应电炉三种。

③ 火焰-电热窑　以燃料为主要热源，电能为辅助热源。

（3）按熔制过程连续性分

① 间歇式窑　玻璃熔制的各个阶段是在窑内同一部位不同时间依次进行的，窑的温度制度是变动的。

② 连续式窑　玻璃熔制的各个阶段是在窑内不同部位同一时间进行的，窑内温度制度是稳定的，如池窑。

（4）按烟气余热回收设备分

① 蓄热式窑　以蓄热方式回收烟气余热。

② 换热式窑　以换热方式回收烟气余热。

（5）按窑内火焰流动的方向分

① 横焰窑　窑内火焰作横向（相对于窑纵轴而言）流动，与玻璃液流动方向相垂直。

② 马蹄焰窑　窑内火焰呈马蹄形流动。有平行马蹄形、垂直马蹄形和双马蹄形几种。

③ 纵焰窑　窑内火焰作纵向流动，与玻璃液流动方向一致。

④ 倒焰窑　火焰从窑底喷入，从窑底周边排出。

⑤ 平焰窑　火焰从坩埚上面喷入，从窑底排出。

前三种窑型均为池窑，后二种窑型为坩埚窑。

（6）按制造的产品分

① 平板玻璃窑　用于制造平板、压花、夹丝等建筑玻璃。熔化部和冷却部的玻璃液作浅层分隔为其结构特征。平板玻璃窑又可按成形方法分为：浮法玻璃窑（用浮法生产平板玻璃），平拉玻璃窑（用平拉法生产平板玻璃），压延玻璃窑（用压延法生产压花、夹丝玻璃及微晶玻璃板）。

② 日用玻璃窑　用于制造瓶罐、器皿、化学仪器、医用玻璃、电真空玻璃及其他工业玻璃。日用玻璃池窑又可分为池窑和坩埚窑。池窑的熔化部和冷却部（或成形部）的玻璃液作深层分隔为其结构特征。

（7）按窑的规模分

① 按窑产量分　大型窑——日产玻璃液 150t 以上；中型窑——日产玻璃液 50～150t；小型窑——日产玻璃液 50t 以下。

对浮法玻璃窑而言，大型窑——日产玻璃液 500t 以上，中型窑——日产玻璃液 300～400t，小型窑——日产玻璃液 200t 以下。

② 按熔化面积分　大型窑——60m² 以上，中型窑——31～59m²，小型窑——30m² 以下（对日用玻璃窑而言）。

按中国目前的能源状况，大多采用火焰窑。火焰窑从构造上可分为玻璃熔制、热源供给、余热回收、排烟供气四大部分。图 1-2 所示为蓄热式马蹄焰池窑立体结构，图 1-3 所示为蓄热式横焰池窑的立体结构。图 1-4 为玻璃池窑外侧图片。

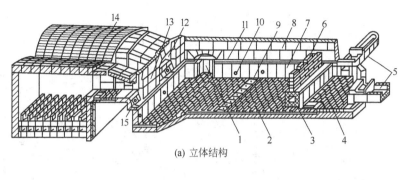

(a) 立体结构

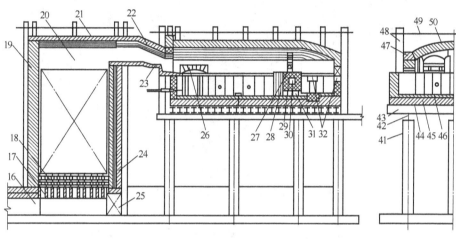

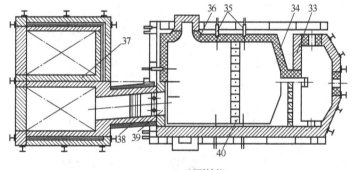

(b) 剖面结构

图 1-2　蓄热式马蹄焰池窑立体结构

1—加料口；2—熔化部；3—流液洞；4—冷却部；5—供料道；6—气体空间分隔装置；7—池壁；8—胸墙；9—鼓泡砖；
10—电极砖；11—间隙砖；12—小炉；13—后墙；14—蓄热室；15—喷嘴砖；16—烟气通道（或空气通道）；
17—蓄热室炉条碹；18—格子砖；19—蓄热室前墙；20—蓄热室上部空间；21—蓄热室碹顶；22—小炉碹顶；
23—小炉底板砖；24—保温层；25—蓄热室烟道底清灰孔；26—加料口碹；27—桥墙盖砖；28—流液洞侧面砖；
29—流液洞盖板砖；30—风洞；31—流液洞通道；32—供料道进口；33—工作部池壁；34—熔化部斜面池壁；
35—电极；36—加料口拐角砖；37—蓄热室分隔墙；38—小炉侧墙；39—喷火口；40—鼓泡口；
41—炉柱；42—主梁；43—次梁；44—扁钢；45—池底砖；46—池底铺面；
47—碹脚砖；48—立柱；49—拉条；50—大碹

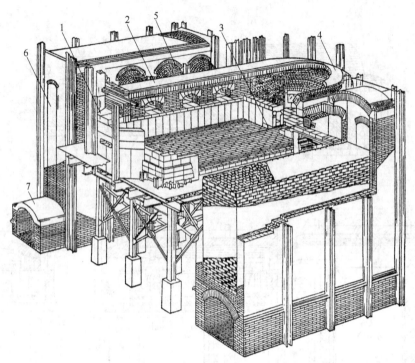

图 1-3　蓄热式横焰池窑立体结构
1—投料口；2—熔化部；3—流液洞；4—冷却部；5—小炉；6—蓄热室；7—烟道

图 1-4　玻璃池窑外侧图片

1.3　池窑的结构与特点

　　池窑由熔制部分、热源供给部分、余热回收部分和排烟供气部分四部分基本构造可组成不同形式的窑体，它们称为不同的窑型，每一窑型反映了该窑体本身的结构特点或者说反映了该窑的实质，通常以一个概括的名称表示出来。

1.3.1　熔制部分

相应于玻璃熔制过程，池窑的窑体沿长度方向分成熔化部（包括熔化带和澄清带）和冷却部。

（1）熔化部

熔化部是进行配合料熔化和玻璃液澄清、均化的部位，鉴于采用火焰表面加热的熔化方法，熔化部分为上下两部分。上部称为火焰空间，下部称为窑池。图 1-5 为玻璃池窑内部图片。

图 1-5　玻璃池窑内部图

① 火焰空间（图 1-6）　火焰空间充有来自热源供给部分的炽热的火焰气体（可能含有

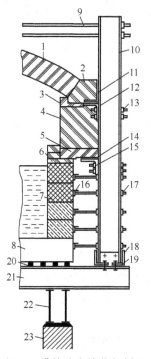

图 1-6　横焰池窑熔化部剖面

1—窑顶（大碹）；2—碹脚砖（碹碴砖）；3—上间隙砖；4—胸墙；5—挂钩砖；6—下间隙砖；7—池壁；8—池底；9—拉条；10—立柱；11—碹脚（碴）角钢；12—上巴掌铁；13—连杆；14—胸墙托板；15—下巴掌铁；16—池壁顶铁；17—池壁顶丝；18—柱脚角钢；19—柱脚螺栓；20—扁钢；21—次梁；22—主梁；23—窑柱

部分未燃物）。在此，火焰气体将自身热量传给玻璃液、窑墙（通称胸墙）和窑顶（通称大碹）。火焰空间应使燃料完全燃烧，保证供给熔化、澄清所需的热量，并应尽量减少向外界散热。

火焰空间由胸墙和大碹构成。为便于热修，胸墙和大碹均单独支承。胸墙由托铁板（用铸铁或角钢）支承。用下巴掌铁托住托铁板。在胸墙底部设挂钩砖，挡住窑内火焰，不使其穿出烧坏托铁板和下巴掌铁。挂钩砖被胸墙压住，更换困难。因此，又用活动护头砖来保护，护头砖搁在下间隙砖上。

大碹的横推力压在两边碹碴砖上（也叫碹脚砖），碹碴砖由碹碴角钢托住，同时也保护了角钢不受窑内火焰烧损，用上巴掌铁托住碹碴角钢。上、下巴掌铁都固定在立柱上，它们所承受的重力都转嫁到立柱上。窑两侧用立柱夹住顶端，两侧立柱之间用拉条拉紧，根据大碹胀缩情况调节拉条的松紧。在大碹和胸墙之间的缝隙用上间隙砖填塞。

大碹与小炉喷火口或投料口连接处采用反碹或碹碴结构。反碹结构（图 1-7）是借助两道走向与大碹相垂直的小碹承受喷火口或投料口处大碹的横推力，并将其分散到碹碴和胸墙上，它不需要用钢构件，还能降低火焰空间高度。但其结构复杂，砌筑麻烦，安全性差，并在一定程度上限制了小炉喷火口的长宽。碹碴（亦叫插入式碹）结构（见图 1-7）中，大碹碹碴在小炉喷火口碹之上，其情况正和反碹相反。鉴于碹碴的优越性和适用性，目前已逐步得到推广。

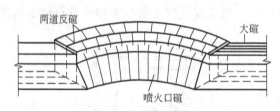

图 1-7　反碹结构

某些浮法玻璃池窑上部空间采用了新的结构。该结构取消了上下间隙砖，胸墙与大碹咬合成一体，挂钩砖与池壁上平面的缝隙较小，并用密封料堵严。这种结构加强了窑体的整体性和密闭性，有利于窑体结构的安全和节能。

在换热式池窑的火焰空间内有单层碹和双层碹两种。后者两层碹之间作为排出烟气的通道。

② 窑池（图 1-6）　窑池是配合料熔化成玻璃液并进行澄清的地方，它应能供给足够量的熔化完全的透明玻璃液。窑池由池壁和池底两部分构成。池壁和池底均用大砖砌筑，为便于大砖制造，减少材料加工量和方便施工，窑池基本上都呈长方形或正方形。为使池窑达到一定的使用期限。池壁厚度为 250～300mm。池底厚度根据其保温情况而异，不采用保温的池底厚度一般为 300mm。

窑池内玻璃的横向压力由池壁顶铁和顶丝顶住。池壁顶丝也固定在立柱上，立柱底脚通过支承角钢用螺栓固定在次梁上。整个窑池（包括其中的玻璃液）的重力通过其下的钢架（扁钢、次梁、主梁等组成）传给砖柱。

窑池起端连接一个投料池，配合料在此入窑。

（2）投料口

配合料从投料口投入窑内，受到火焰空间和玻璃液传来的热量，在投料口处配合料部分熔融（尤其是表面）可以大大减少窑内的粉料飞扬，同时也改善了投料口处的操作环境，并保护投料机不被烧损。

现有的投料口布置见图 1-8。从图看出，有两种投料口位置：设在窑纵轴前端的称为正面投料［见图 1-8(a)、(b)、(c)、(f)］，设在窑纵轴侧面的称侧面投料［见图 1-8(d)、(e)］。横焰窑都用正面投料，纵焰窑如马蹄焰窑多从侧面投料，个别的从正面投料。正面投料能使配合料在熔化池表面上均匀分布，熔化部面积得到完全利用，但配合料容易被投料机推向冷却部，造成跑料事故。侧面投料不能将配合料均匀分布于熔化池表面上，熔化部面积利用得不充分，料堆分布不稳定，难控制。与正面投料相比，侧面投料口较小，接受窑内来的热量较少，配合料预熔程度较差。在用油作燃料并且喷嘴放在小炉口下面时，火焰易直接打在侧面投入的料堆上，不仅会使料粉大量飞扬，加剧窑体蚀损，而且会推料前进，把未化好的料推向冷却部，有可能恶化玻璃液质量，因此侧面投料的缺点较多。

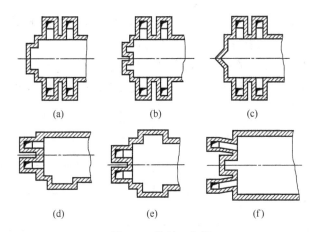

图 1-8　投料口布置

侧面投料时在窑两侧都设有投料口的称双面投料口［见图 1-8(e)］，或只在窑的一侧设投料口的称单面投料口［见图 1-8(d)］。前者多用于大窑，后者多用于小窑。双面投料时的粉料覆盖面较大，但送料系统较复杂。单面投料时易形成长的料垄，难控制料堆的分布，且在投料口对面的池墙很易蚀损。

投料口结构与所加配合料状态及所用投料机种类有关。配合料有粉状、粒状和液态，目前都用粉状和粒状。液态尚在试验中。

投料机的形式有螺旋式、电磁振动式、往复式、垄式、斜毯式、滚筒式、裹入式和摆动式等。其中垄式、斜毯式和滚筒式常用于平板玻璃池窑，其他形式用于日用玻璃池窑。螺旋式投料机不需投料口，只要在胸墙上开个洞。电磁振动式投料机可用较小的投料口。其他形式的投料机则需配置较大的投料口，密封性较差。

投料口包括投料池和上部挡墙两部分。

投料池为突出于窑池外面的和窑池相通的矩形小池。投料池的上平面与窑池的上平面相齐。

正面投料时上部挡墙称前脸墙，它就是熔化部火焰空间的前部挡墙。前脸墙阻隔火焰不让其外冒，可以降低投料口处环境温度，保护投料机，以及减轻投料口处粉料飞扬。此外，在一定程度上可以控制料堆的厚度。

前脸墙受到火焰烧损和粉料侵蚀，很易损坏。因此，设计一个经久耐用又便于热修的前脸墙结构是一个重要的课题。

(3) 冷却部

冷却部是熔化好的玻璃液进一步均化和冷却的部位，也是将玻璃液分配给各供料通路的部位。冷却部应供给纯净、透明、均匀且具有既定温度的玻璃液。对平板玻璃池窑而言，浮法窑、压延窑的冷却部为矩形池窑，介于卡脖和流道之间。引上窑、平拉窑的冷却部包括成形通路。人工成形时，在日用玻璃池窑内冷却部与成形部合二为一，亦称工作部。冷却部亦分为上部空间与窑池两部分，结构与熔化部大体相同，但要简单些。

熔化部与冷却部间的分隔程度关系到冷却部上部空间的作用。一般来说，分隔程度大时，冷却部上部空间起冷却作用；分隔程度小时，由于熔化部火焰的辐射热量和溢流气体带入的热量，冷却部上部空间非但不能起冷却作用，反而对玻璃液起加热作用。

(4) 分隔装置

在熔化部和冷却部之间的气体空间和窑池玻璃液中都设有分隔装置。

① 气体空间的分隔装置（图 1-9） 为了使熔化澄清好的玻璃液迅速冷却和减少熔化部作业制度波动对冷却部的影响，在熔化部和冷却部之间的气体空间设了分隔装置。有全分隔和部分隔两种。平板玻璃池窑中只用部分隔，日用玻璃池窑中两种都用。

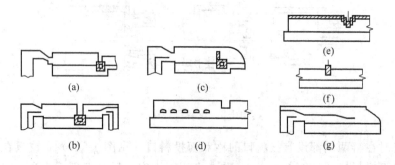

图 1-9 气体空间分隔装置

全分隔 ［图 1-9(a)、(b)］ 有如下优点。

ⅰ.免除熔化部向冷却部散热，减少熔化部的热量支出。

ⅱ.减轻冷却部散热的负担，减少了冷却部面积。

ⅲ.冷却部的温度只受玻璃液流动的影响，便于控制。

但此时，冷却部必须另外加热，它的结构也较复杂。全分隔后冷却部可保持独立稳定的作业制度，能保证制品质量，这点对自动化成形尤为重要。所以目前在确定熔窑分隔装置时大都倾向于全分隔。

气体空间部分隔装置目前有下列四种。

ⅰ.花格墙 ［图 1-9(c)］ 它是一道布满格孔的单层隔火墙。花格墙砌在桥墙上，与流液洞（窑池分隔装置之一）配合使用。凭借花格砖的数量、格孔的大小和花格墙的位置来调节分隔程度。花格墙的分隔程度对冷却部玻璃液的温度影响甚大。

ⅱ.矮碹［图 1-9(d)］　它是比熔化部和冷却部窑碹都要矮得多的一种碹。由于该处取消或降低了胸墙，整个矮碹结构中可以是一副碹或多副碹（逐步压低）。利用矮碹减少熔化部与冷却部相通的截面来减弱熔化部对冷却部的影响。但由于结构强度关系，矮碹碹股不能过小，分隔作用受到限制，一般降温 30～50℃。为了增大分隔作用，可在矮碹下面的窑池处采用卡脖结构。

ⅲ.吊矮碹［图 1-9(e)］　是为克服矮碹的缺点而设计的，它由一副吊碹和两副或四副矮碹组成。由于吊碹不受结构强度限制，可以放得很低，分隔作用就大了。据实测可降低空间温度 100℃左右。但使用吊碹也带来一些不利之处，如吊碹砖制造困难，砌筑复杂，费用高，另外在使用过程中并不如设计所确定的那样能任意调节。

ⅳ.吊墙　用于平板玻璃池窑。有 U 形［图 1-9(f)］、双 L 形等形式。常与卡脖配合使用。吊墙可上下移动，调节开度。U 形吊墙几乎能将空间完全分隔，起较大冷却作用。

在日用玻璃池窑内，尤其是在使用低热值燃料或在人工成形时，熔化部和冷却部之间气体空间可以完全不分隔［图 1-9(g)］。

② 玻璃液分隔装置　为使熔化澄清好的玻璃液迅速冷却，挡住液面上未熔化砂粒和浮渣以及调节玻璃液流，在熔化部和冷却部之间的窑池（玻璃液）中设了分隔装置。玻璃液分隔装置有浅层分隔和深层分隔两种。凡将窑池高度隔断一半以上的或通道断面积小于熔化部窑池横断面 20％的为深层分隔。

浅层分隔装置（图 1-10）有两种：卡脖和冷却水管。

ⅰ.卡脖［图 1-10(a)］是把熔化部与冷却部之间的一段窑池缩窄，与矮碹、吊墙配合使用。卡脖所起的降温作用不大，对稳定平板玻璃引上作业有一定作用，对玻璃原板质量无多大影响。

ⅱ.冷却水管［图 1-10(b)］是一根通冷却水的无缝钢管，水管截面的 1/4～1/3 露出液面。钢管附近的玻璃液受冷却后，变成黏度很大的不流动的物质，在冷却水管旁边构成一道围墙，起着挡砖一样的作用。几根冷却水管并列组成冷却水包，根据其沉入深度可以调节玻璃液流量，控制生产。

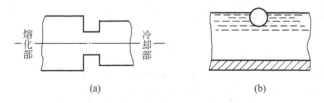

图 1-10　玻璃液浅层分隔装置

冷却水管比较耐用，更换方便，降温作用较大（水压 0.3MPa 时降温 30～50℃），对玻璃液质量无影响。但用水量大，使燃料消耗量有所增加；使用不当时，会造成窑宽上玻璃液的温度不均。

浅层分隔装置用于平板玻璃池窑中。目前有些厂在熔化部和冷却部之间不放冷却水管，而只在冷却部和成形通路之间设冷却水管。

深层分隔有三种装置：流液洞、窑坎和浮筒。

ⅰ.流液洞（俗称过桥）　流液洞由一套特制的砖砌成，结构如图 1-11 所示，是熔化部和冷却部之间位于窑底上面的断面积很小的涵洞，形如桥洞。图 1-12 为流液洞图片。

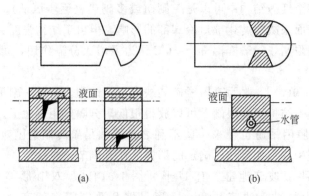

图 1-11　流液洞结构

图 1-12　流液洞图

　　流液洞有"明""暗"之分，俗称明桥与暗桥 [图 1-11(a)、(b)]。如上述，明桥暴露在外边，易于人工冷却，能减轻流液洞的蚀损，从而提高了玻璃的质量。但玻璃液的温降大，窑体散热量多。暗桥裹在窑池内，难以冷却，而且很快蚀损，也影响了玻璃液质量，虽然其结构简单，玻璃液温降小，但缺点较多，极少应用。如在暗桥内设水管冷却 [图 1-11(b)]，可减慢蚀损速度。

　　由于流液洞处于窑池深层，以单位玻璃液容量计的散热面大，冷却快，故能大大降低玻璃液的温度（能降温 80～90℃）。此外，由于只有熔化好的玻璃才能沉入深层，因此允许扩大熔化面积，提高熔化能力，并且能有效地控制制品内气泡含量。流液洞还能减少从冷却部流向熔化部的回流量，这样相应地提高了窑的热效率，降低了燃料消耗量。

　　对流液洞的降温作用要适当掌握，否则通过流液洞的玻璃液如上升到冷却部液面受到重热（由于熔化部火焰空间的影响），有可能出现大量气泡。降温过度时玻璃液会在洞内凝固变硬，使生产受到很大影响。由于从较大断面的窑池进入较小断面的流液洞，液流很紊乱，加上引入底层回流，使通过流液洞的玻璃液在成分上和温度上都不够均匀，要在冷却部和成形部内进一步均化，只有在适当控制流量时才能获得优质玻璃液。流液洞内玻璃流速很大（表面流速约 20～25m/h），使砖蚀损严重，也恶化了玻璃液质量。

　　鉴于流液洞在熔化量、玻璃质量和冷却部布置等方面适应性很大，故广泛用于熔制器皿玻璃、瓶罐玻璃、电真空玻璃、玻璃纤维、医用玻璃及各种工业玻璃的池窑内。用流液洞的池窑数量很多，已成为池窑中的两个大类之一，并称之为流液洞池窑。然而，因流液洞池窑在窑池宽度上的玻璃液流不够均匀，故一般不用于生产平板玻璃。

ⅱ.窑坎　窑坎常用的有挡墙式与斜坡式两种，窑坎实际上不完全是一个坎，其分隔玻璃液的程度可小也可大。挡墙式［图 1-13(a)］是在热点处用电熔砖砌一挡墙壁，墙高为池深的 1/2 以上，甚至达 3/4。斜坡式［图 1-13(b)］是将澄清带的池底抬高，砌成梯形斜坡，坡高为池深的 1/2 或略小于 1/2。

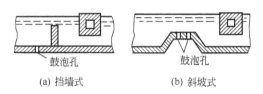

(a) 挡墙式　　　　　　　　(b) 斜坡式

图 1-13　窑坎形式

窑坎实际上起浅层澄清作用，迫使澄清带的液流全部流过窑池上层并呈一薄层。这样，玻璃液温度可进一步提高，有利于气泡排除，能大大加快澄清速度和改善玻璃液质量。另外，窑坎可延长玻璃液在熔化池内的停留时间，并可阻止池底脏料流往工作部。然而，单单使用窑坎达不到对分隔装置提出的要求，它只能设在流液洞前，加强流液洞的作用。如果窑坎结合鼓泡技术，可获得更好的效果。

对窑坎材质的要求很高，否则会影响玻璃液质量。所以，只在配有优质电熔耐火材料作为窑坎时才可以考虑采用。

ⅲ.浮筒（俗称髭）　浮筒放在成形池内，用于人工成形。浮筒为一无底的或下半部开口（流液口）的横口坩埚［图 1-14(a)、(b)］。熔化钠钙玻璃时用黏土质浮筒，熔化硼硅酸盐玻璃用石英质浮筒。浮筒规格有多种，视产品大小而定。熔化好的玻璃液经浮筒底部或流液口进入浮筒。改变浮筒沉入的深度和浮筒的大小可以选择玻璃液的质量和调节玻璃液的成形温度。浮筒不仅能阻止未熔化生料的进入，还能改善成形场地的操作环境。对玻璃液质量要求不高时，可在液面上放一个髭圈［图 1-14(c)］以阻止料皮进入成形流。成形时在髭圈内进行挑料。

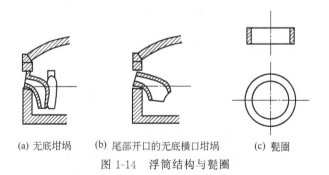

(a) 无底坩埚　　　(b) 尾部开口的无底横口坩埚　　　(c) 髭圈

图 1-14　浮筒结构与髭圈

(5) 成形部

平板池窑的成形部结构和流液洞池窑截然不同。浮法玻璃的成形部称为锡槽。

平拉池窑深池成形室结构见图 1-15，由 C 形砖、前唇砖、后唇砖、引砖等组成。

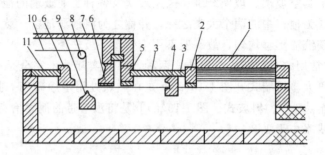

图 1-15　平拉池窑深池成形室结构

1—通路碹；2—桥砖；3—盖板砖；4—C形砖；5—大梁砖；6—唇砖；

7—引上室；8—转向辊；9—引砖；10—玻璃带；11—盖板砖

C形砖沉入玻璃液，用于分隔冷却通路与成形室的空间，其作用相当于引上室中的大梁砖，对玻璃起降温、均化、稳定液流的作用。前、后唇砖的作用是减少玻璃液暴露面，为成形室热气流导向。引砖呈弓背形，压入玻璃液中，两头深、中间浅，减少横向温差，抑制玻璃原板两边易凉现象。引砖中间开口，可改善被引上玻璃液的黏度和流向，以稳定板根。引砖压入深度与玻璃黏度和玻璃液流速有关。

成形室两侧设置电加热，加热板根两端的玻璃液，减少边部温差及玻璃板厚度差。

压延池窑的成形部就是冷却部的出口（图 1-16），由流液口平碹、挡焰砖、底砖、池壁、流槽、挡边砖组成。

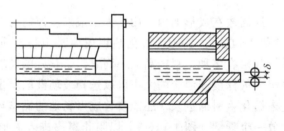

图 1-16　压延池窑成形部

流液洞池窑的成形部视供料方法而异。机械成形时的供料方法有滴料和吸料两种。用滴料法时的成形部叫供料通路，在其端部设供料机。用吸料法时的成形部叫成形池，成形机吸料头直接伸入成形池内取料。目前，普遍采用的为滴料法。吸料法只在个别工厂采用。

滴料法所用供料通路的结构见图 1-17，可分为三个系统：料槽系统、加热系统和滴料系统。

料槽系统包括供料槽和上部空间，玻璃液在供料槽内处于保温过程，得到进一步均化并具有成形相近的温度。加热系统按热源和加热方法而有所不同。热源有重油、柴油、煤气和电等。加热方法有集中和分散两种（图 1-17 为煤气分散加热）。加热系统保证了玻璃液的成形温度。如玻璃液温度比规定的成形温度高，则不需加热，只要保温，甚至还要均匀冷却。因此，有的供料通路上设有冷却装置。滴料系统包括料盆、料碗、料筒、冲头（也称泥芯）和加热空间等，起着滴料、搅拌和调节料形、料重、料温等作用。

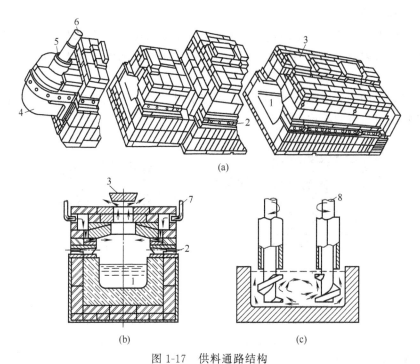

(a)

(b)　　　　　　　　(c)

图 1-17　供料通路结构

1—供料槽；2—煤气火焰烧嘴；3—冷却孔；4—料盆；5—料筒；6—冲头；7—吹风管；8—搅拌器

图 1-18 为供料通路图。

图 1-18　供料通路图

1.3.2　热源供给部分

火焰窑为供给热源（以火焰形式表现出来）的设备，设置了燃料燃烧设备，玻璃池窑内的燃烧设备俗称小炉。

小炉结构应保证火焰有一定的长度，有足够大的覆盖面积，紧贴玻璃液面，不发飘，不分层，还要满足窑内所需要的温度和气氛的要求，小炉结构随燃料种类不同而略有不同。以下以烧发生炉煤气为例说明。

烧发生炉煤气的小炉 [图 1-19（a）] 属短焰烧嘴一类。它包括空气和煤气通道、舌头、预燃室以及喷火口（也叫喷出口或出口）四部分。

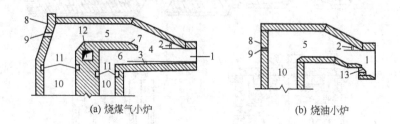

(a) 烧煤气小炉　　　　(b) 烧油小炉

图 1-19　小炉结构

1—喷出口；2—空气下倾角；3—煤气上倾角；4—预燃室；5—空气水平通道；6—煤气水平通道；
7—舌头；8—后墙；9—看火孔；10—垂直上升道；11—闸板台；12—风洞；13—喷嘴砖

(1) 空气、煤气通道

空气、煤气通道是经过加热的空气、煤气离开蓄热室后，在进预燃室会合之前流过的一段通道，空气、煤气在通道内继续被加热。空气、煤气通道也是烟气从火焰空间排至蓄热室所经过的通道。空气、煤气通道由直立通道（常称垂直上升道）和水平通道组成。

空气、煤气上升道之间的隔墙（叫风火墙，与蓄热室的中间隔墙相接）要求很严密。但该处温度较高，隔墙容易产生裂缝，造成透火现象，加速隔墙损坏。为了减轻隔墙的烧损，在墙中间开一与外界相通的风洞，通风冷却。

空气、煤气上升道中安置闸板，用以调节空气、煤气量。

(2) 舌头

舌头用于分隔空气、煤气的水平通道。

(3) 预燃室

预燃室是空气、煤气出水平通道后，借气流涡动、分子扩散和互相撞击，在入窑前预先进行部分混合和燃烧的地方。因为混合速度远较燃烧速度慢，为了保证煤气在窑内能完全燃烧，故设预燃室。

(4) 喷火口

喷火口是喷出火焰（部分预燃的燃烧气体）的地方。火焰由此入窑。喷火口的形状、大小、长度对喷出火焰的速度、厚度、宽度和方向有很大的影响。

燃油小炉结构 [图 1-19（b）] 比煤气小炉简单些。它使用喷嘴，没有煤气通道、舌头、预燃室。油喷嘴的安装位置对燃烧、传热、玻璃液质量和池窑寿命等都有很大影响。油喷嘴有窑内安装与窑外安装两种方法。窑内安装指油喷嘴装在小炉里面，需用冷却水套，以避免喷嘴损坏，换向时要将喷嘴抽到窑外。窑外安装指喷嘴装在小炉外面，安装的位置颇多，如装在小炉口下面、小炉两侧和小炉顶部等。

烧天然气小炉的结构基本上与燃油小炉相同。

1.3.3　余热回收部分

为了提高窑内火焰温度，设置了烟气余热回收设备，利用烟气余热来加热助燃空气和煤气。预热的空气、煤气可以加速燃烧，提高火焰温度和节省燃料。

烟气余热回收设备有蓄热室、换热器和余热锅炉（或余热气包）。

蓄热室是利用耐火砖作蓄热体（称格子砖）蓄积从窑内排出的烟气的部分热量，来加热进入窑内的空气、煤气。蓄热室结构简单，可加热大量气体，并且可以把冷气体加热到较高的温度。但蓄热室系间歇作业，加热温度不稳定，当用于连续式池窑时必须成对配置，并且一定要使用交换器。

格子体的排列方式传统的有西门子式、李赫特式、连续通道式和编篮式（图 1-20）等几种。一般以标形砖码砌，砖厚 65mm。

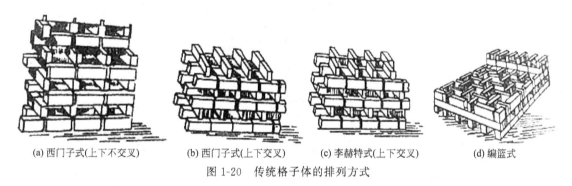

(a) 西门子式(上下不交叉)　　(b) 西门子式(上下交叉)　　(c) 李赫特式(上下交叉)　　(d) 编篮式

图 1-20　传统格子体的排列方式

近来较常见的格子体的排列方式为筒形格子砖（图 1-21）、十字形砖（图 1-22）等，不仅提高了格子体强度，而且增加了换热面积，其砖厚为 40mm。图 1-23 为码砌蓄热室筒形格子砖图片。

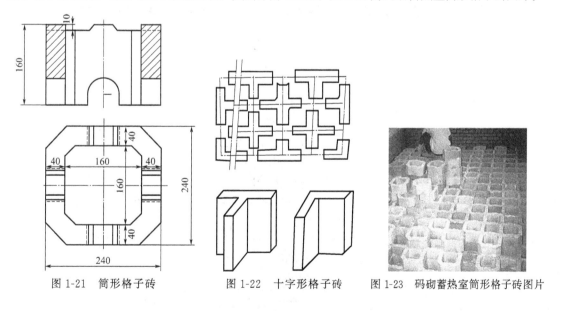

图 1-21　筒形格子砖　　　图 1-22　十字形格子砖　　　图 1-23　码砌蓄热室筒形格子砖图片

换热器是利用陶质（耐火）构件或金属管道作传热体。窑内排出的烟气通过传热体将热量不断传给进入窑内的空气、煤气。用陶质构件时只能加热空气。换热器为连续作业，其优点恰与蓄热室相反。

余热锅炉或余热气包是利用烟气余热产生蒸汽供池窑自身或窑外使用。

1.3.4 排烟供气部分

为使窑炉作业连续、正常、有效地进行，设置了一整套排烟供气系统，它包括交换器、空气烟道、煤气烟道、中间烟道、鼓风机、总烟道、排烟泵和烟囱等。图 1-24 是烧煤气窑炉的排烟供气系统。

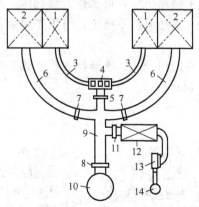

图 1-24 排烟供气系统

1—煤气蓄热室；2—空气蓄热室；3—煤气烟道；4—跳罩式煤气交换器；5—中间闸板；6—空气烟道；7—水冷闸板；
8—大闸板；9—总烟道；10—大烟囱；11—废热锅炉闸板；12—废热锅炉；13—排烟泵；14—小烟囱

交换器是气体换向设备，它能依次向窑内送入空气、煤气以及由窑内排出烟气。此外，还能调节气体流量和改变气体流动方向。

对交换器的要求是：换向迅速，操作方便可靠，严密性好，气体流动阻力小以及检修方便。

目前，国内用得较普遍的煤气交换器是跳罩式，空气交换器是水冷闸板式或闸板式。

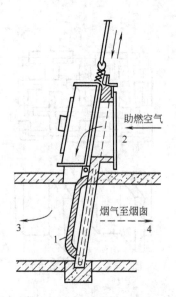

图 1-25 水冷闸板式交换器

1—水冷闸板；2—空气入口；3—空气烟道（通空气蓄热室）；4—总烟道（通烟囱）

　　水冷闸板式交换器机器布置情况见图 1-25。每侧空气烟道上装置一副水冷闸板交换器，每副水冷闸板交换器有上下两个闸板孔，上面的孔与空气管道相通，下面的孔贯通空气烟道。当右侧闸板放下时截断空气烟道（即关闭通向总烟道的孔），打开助燃空气进风孔。这时空气进入右侧蓄热室，同时左侧烟气进入总烟道排出。左右两块闸板的牵引钢绳在同一传动机构上。

　　水冷闸板式交换器操作可完全机械化、自动化，气体流过时阻力较小，检修方便，严密性好，常用于规模较大的池窑。

　　规模较小的池窑有时用无水冷的闸板式交换器，见图 1-26。两块闸板分别设在两侧空气烟道上，但其牵引钢绳仍然集中在一个传动机构上。空气引入可以是自然通风，也可以是强制鼓风，入口处设蝶阀调节进风量。

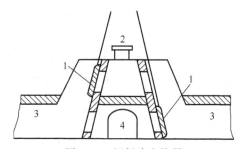

图 1-26　闸板式交换器

1—闸板；2—空气入口；3—空气烟道（通空气蓄热室）；4—总烟道（通烟囱）

　　跳罩式交换器（图 1-27）的底座上有三个排气孔，中间排气孔 B 与烟道相通，两边排气孔 A、C 各通向煤气蓄热室，底座上覆盖一外罩。外罩内有一钟罩，盖住 B 孔和 A 孔，用水封把钟罩内外隔绝。这样就形成了两条通路，一条是由煤气入口、外罩内腔和 C 孔组成的煤气通路。另一条是由钟罩内腔和 A、B 两孔组成的烟气通路。此时，煤气经煤气通路进入煤气蓄热室。窑内烟气则经烟气通路排至总烟道。隔一定时间借摇臂把钟罩移向右边，盖住 C 孔而敞开 A 孔，于是就组成了新的煤气通路和烟气通路。再隔一定时间把钟罩移向左边。煤气和烟气就按此程序定时换向。

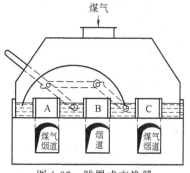

图 1-27　跳罩式交换器

　　跳罩式煤气交换器的结构简单，操作方便可靠，并能机械化、自动化，占地不多，不足之处是造价较贵，气体流过时阻力较大。

　　重油可用电磁阀或调节泵自动换向。

　　烟道除用作排烟供气外，还能通过闸板调节气体流量和窑内压力。在中间烟道和总烟道上都设有闸板。中间烟道闸板用来调节烟气在空气、煤气蓄热室中的分配，因而也就能调节空气、煤气预热温度。总烟道闸板（称大闸板）用来调节烟囱对窑内的抽力，升降大闸板直接影响窑内压力。配合窑压自动控制器，能根据窑内压力波动自动调节大闸板开度，使窑压稳定在规定的数值。在中小型池窑上可用蝶阀来代替闸板。但较重的蝶阀转动时会产生较大的惯性，不利于窑压的稳定。每条烟道的侧墙上都设有清灰孔。自然排烟时采用烟囱。有时为了弥补自然排烟抽力的不足和完全利用烟气余热，从总烟道中抽出部分烟气，通过余热锅炉和排烟泵由一小烟囱或仍由大烟囱排出。

使用烧油和天然气时的排烟供气系统比较简单，它没有煤气烟道和中间烟道。

1.3.5 池窑的特点

（1）平板玻璃池窑

平板玻璃池窑简称平板池窑，属蓄热式横焰池窑。熔化面积 $60\sim350m^2$，设 $4\sim7$ 对小炉，分隔设备多采用矮碹和卡脖，是所有窑型中唯一不采用流液洞的。平板玻璃池窑包括浮法池窑［图 1-28(a)］、平拉池窑和压延池窑等。

平板池窑采用横向火焰，横向火焰容易控制窑长方向的温度、压力、气氛制度和泡界线，并且火焰覆盖面积大。所以横焰的作业制度稳定，玻璃液质量较易控制。平板池窑除具横焰的特点外，还能符合平板玻璃的要求，如产量大、玻璃液均匀性好（尤其是原板横向温差小）。

由于平板池窑的针对性强，故适应性较差，它只用于制造板玻璃（如窗玻璃及钢化、夹层、磨光、中空玻璃等所用的加工玻璃，用浮法和平拉等成形方法）和压延玻璃（如压花玻璃和夹丝玻璃）。

（2）全氧燃烧玻璃熔窑［图 1-28(b)］

全氧燃烧玻璃熔窑使用高热值燃料，火焰与玻璃液逆向流动，采用金属换热器预热空气，喷嘴较多。熔化面积 $30\sim300m^2$，熔化池、胸墙和大碹采用电熔耐火材料。全氧燃烧器位于熔池上部结构的胸墙以交错或相对方式排列，窑炉侧面或端部设置烟道口，火焰横跨玻璃液表面燃烧加热。全氧燃烧不换向，燃烧气体在窑内停留时间长，火焰、窑温和窑压稳定，有利于玻璃的熔化、澄清，同时易于调节熔制曲线，便于实现自动化操作。最大优点是能耗低，烟气量少，烟气中 NO_x 极少，属于绿色玻璃生产。缺点是耐火材料质量要求高、窑炉寿命短、氧气成本高等。目前已逐步推广用于制造各种优质玻璃（如光伏玻璃、平板玻璃、玻璃纤维、微晶玻璃板、玻璃管等）。

（3）蓄热式马蹄焰流液洞池窑［图 1-28(c)］

简称马蹄焰池窑。与横向火焰相比，马蹄焰的优点有：火焰行程长，燃烧完全；只需在窑端部设一对小炉，占地小，投资省，燃耗较低，操作维护简便；火焰对冷却部有一定影响，在个别情况下可借此调节冷却部的温度。缺点是：窑长上难建立必要的热工制度；火焰覆盖面积小，并且窑宽度上的温度分布不均匀，尤其是火焰换向带来了周期性的温度波动和热点（即玻璃液最高温度的位置）的移动；一对小炉限制了窑宽，也就限制了窑的规模；烧油时喷出火焰可能把配合料堆推向流液洞挡墙，不利于配合料的熔化澄清，并对花格墙、流液洞盖板和冷却部空间砌体有烧损作用。

马蹄焰池窑广泛用于各种空心制品（如瓶罐、器皿、化学仪器、泡壳、玻管）、压制品和玻璃球。

（4）电熔窑［图 1-28(d)］

这种窑采用电极加热熔化玻璃，其特点是具有较高的热效率（小型窑为 $40\%\sim50\%$，大型窑可达 $75\%\sim85\%$），能生产优质的玻璃，环境条件好、无噪声，窑内温度便于调节，易实现自动化。该窑结构简单，冷修周期短，投资省，占地面积小。电熔窑分为全电熔池窑、火焰-电混合式池窑、电助熔池窑。

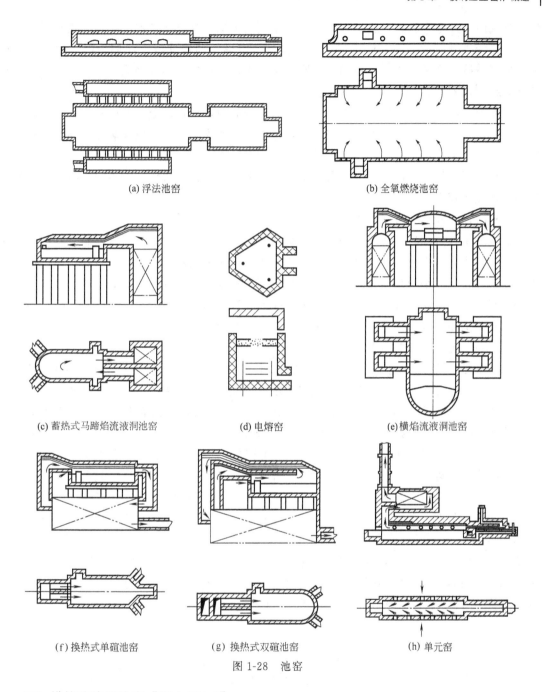

(a) 浮法池窑

(b) 全氧燃烧池窑

(c) 蓄热式马蹄焰流液洞池窑

(d) 电熔窑

(e) 横焰流液洞池窑

(f) 换热式单碹池窑

(g) 换热式双碹池窑

(h) 单元窑

图 1-28　池窑

（5）横焰流液洞池窑 ［图 1-28(e)］

本窑型属蓄热式池窑，具有横向火焰和流液洞分隔装置的双重特点。它的适应性大，在产品质量要求一般时可提高产量，在控制产量时可得到优质产品。它的规模伸缩性也大，熔化面积为 $25\sim100m^2$，设小炉 $2\sim6$ 对，但在规模较小时不如马蹄焰流液洞池窑经济，适用于生产产量大、质量要求高的产品（如光伏玻璃板）。

（6）换热式单碹池窑 ［图 1-28(f)］

这是一种古老的小型池窑，熔化面积一般小于 $20m^2$，可以烧煤、发生炉煤气、油或煤气、油两烧。烧煤时用直火式火箱者称直火式池窑，用半煤气火箱者称为半煤气池窑。烧发生炉煤气时方发生炉和圆发生炉都能用。采用纵向火焰,其情况基本上与马蹄焰相同。按火焰流动路线可分成一字形窑与T字形窑两种。一字形窑的烟气从冷却部端部排出,T字形窑的烟气从冷却部两侧排出,玻璃液用流液洞分隔,火焰空间不分隔或半分隔。换热室放在窑下面或窑两侧。

与蓄热式池窑相比,换热式池窑占地小,结构简单,操作简便,温度及气氛稳定,能用煤屑。缺点是空气预热温度低,火焰温度较低,熔化能力较小,单位耗热量较高,换热室易堵、易漏气。

本窑型适用于制造产量不大、质量要求一般的产品,如玻璃珠、小平拉平板玻璃及泡化碱等,现应用较少。

(7) 换热式双碹池窑 [图 1-28(g)]

本窑型由换热式单碹池窑发展而来,其结构特点是双层碹。烟气经内外碹之间的烟道流至换热室。由于这一特点本窑型优于单碹窑处为:窑碹散热小;火焰温度较高;窑内温度分布较均匀且稳定;小炉喷出火焰有力;冷却部不留排烟口,可多开工作口;可用劣质煤。缺点是:砌筑费事,烤窑升温难掌握;内碹易被高温和料粉蚀损。

此窑型适用场合与换热式单碹池窑相同,近年来应用较少。

(8) 单元窑 [图 1-28(h)]

单元窑是20世纪50年代初发展起来的窑型。具有窑形狭长 [长宽比(4~5):1 个别大型窑的长宽比小些]、使用高热值燃料、火焰与玻璃液逆向流动、采用金属换热器预热空气、喷嘴多等特点。熔化面积10~50m²,少数窑更大些。本窑型优点为:熔化质量好(很均匀),易于调节熔制曲线,便于实现自动化操作,结构简单,占地少,投资低,建造快等。但存在燃料消耗较大(因空气预热温度低)、动力消耗大、噪声较大等缺点。常用于制造优质玻璃和特种玻璃(如玻璃纤维、眼镜片、微晶玻璃板),近年来逐渐为全氧燃烧池窑所替代。

上述窑型现今常用的是平板池窑、全氧燃烧池窑、蓄热式马蹄焰流液洞池窑和电熔窑。此外,国内曾针对某些玻璃品种设计式用了几种专门性窑型,如熔化硼硅酸盐玻璃和光学玻璃的池窑。图1-29所示为熔化硼硅酸盐玻璃的蛇形窑。该窑单独设置熔化池,澄清均化池和成形池只以流液洞连接,玻璃液在窑内曲折流动,状似蛇形,故称蛇形窑。由于蛇形流动,延长了玻璃液在窑内的停留时间,加之三池可分别按要求建立作业制度(如低温熔化、高温澄清),所以适合于熔制挥发性大的硼硅酸盐玻璃。

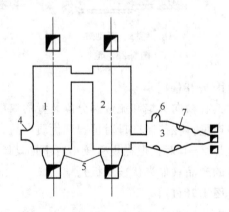

图 1-29 蛇形窑

1—熔化池;2—澄清均化池;3—成形池;4—加料口;5—小炉;6—供料槽(垂直拉管);7—人工挑料口

国外也发展了减压澄清池窑（图 1-30），该窑熔制的玻璃质量好，节能效果明显，耐火材料使用寿命长，可减少玻璃配合料中澄清剂的用量，适合高质量玻璃的生产。

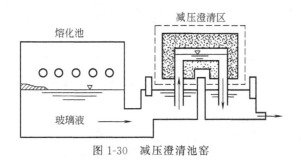

图 1-30 减压澄清池窑

1.4 工作原理与作业制度

1.4.1 工作原理

(1) 玻璃池窑内的传递过程

包括"三传"，即动量传递、热量传递和质量传递，是玻璃池窑设计和运行的基础。

动量传递表现在由压强差引起的流体流动。如窑池内的玻璃液流动、火焰空间内的气体流动、蓄热室内的气体流动、管道内的气体或液体流动等。

热量传递表现在由温度差引起的热交换。如窑体内部的热传递，玻璃液内部的热交换，配合料内部的热交换，气-固间、气-液间、液-固间的热交换。

质量传递表现在由浓度差引起的物质扩散。如玻璃液内部的物质扩散、气体空间内同组分间的扩散等。

(2) 窑池内玻璃液的流动

窑池内玻璃液的强制流动是由加料推力、生产出料、搅拌等产生的流动。而自然流动是由窑池内各部位的温度差造成，温度的不同改变了玻璃液的黏度和密度。强制流动是局部的、暂时的，而自然流动是整体的、永久的。

影响玻璃液流动的因素包括：窑的温度制度和散热情况；玻璃液密度和黏度以及随温度变化的情况；玻璃液的透热性与导热性；窑池的结构与尺寸；加料与出料等。

窑池内的液流按方向分纵流、横流及回旋流。纵流是沿窑长方向流动的液流，凡流向成形方向的液流为直流，凡向加料方向流动的液流称为回流。横流是窑中心温度高于两侧池墙，表面中心向两侧的流动。纵流与横流搅合在一起形成回旋流。

按液流位置分表面流（又称生产流）和深层流。

图 1-31 为浮法玻璃熔窑的基本几何结构及俯视表面流层分布。图 1-32 为浮法熔窑纵断面的流动基本形态。

由于实际的液流十分复杂，在实际运行的窑池内很难观察和测量，采用相似模型试验时，得到的观察和测量结果只能做定性分析。随着计算机技术的飞速进步，近年来对玻璃熔窑的计算机数值模拟取得较大进展，在熔池玻璃液模拟时也能够综合考虑配合料化学反应及熔化、气泡逸出、传热等因素，模拟出玻璃液流动与传热规律，模拟结果基本反映实况。

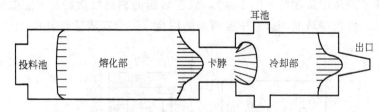

图 1-31　浮法玻璃熔窑的基本几何结构及俯视表面流层分布

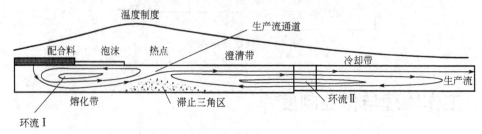

图 1-32　浮法熔窑纵断面的流动基本形态

图 1-33 为窑内玻璃液速度场模拟结果。利用和掌握玻璃液的流动规律，可有利于合理设计和正确操作玻璃窑炉，以提高玻璃产量、改善熔制质量、减少能源消耗、减轻窑体侵蚀。

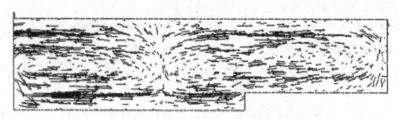

图 1-33　窑内玻璃液速度场模拟结果

（3）窑内气体流动

在全窑气体流动过程中，以燃烧设备内、火焰空间内和余热回收设备内气体流动较为复杂。

池窑火焰空间内在气体流动的同时进行着燃料燃烧与热交换过程，伴随着温度、压强、体积等的变化。气流属受限射流，受限射流的弯曲现象和循环现象对池窑的设计和操作具有一定的影响。弯曲现象会影响火焰的刚性、火焰向玻璃液的传热、火焰空间的温度分布和窑顶的使用期限等。循环现象亦同样。

喷火口的位置不同时，火焰空间内压力分布、循环情况和温度分布都不同。由图 1-34 可知喷火口接近液面时，液面上压力波动小，气流循环较差，上下温差大，致使空间压力平稳，窑顶处温度较低，有利于延长窑顶使用期限，对池窑是有利的。反之，喷火口移到空间中部或者近窑顶位置时，液面上压力波动都较大，循环亦较大，窑顶处温度较高，容易受损。

火焰空间的大小、喷火口面积与火焰空间截面积之比，对气体流动有一定影响。

（4）窑内热交换

当前大多采用的火焰加热窑中，加热过程是在窑内火焰空间、玻璃液和配合料内进行的，其中存在着固体、液体、气体本身及相互间的热交换。

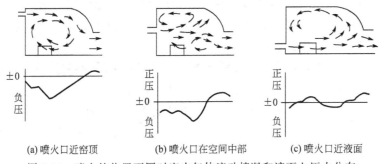

(a) 喷火口近窑顶　　　(b) 喷火口在空间中部　　　(c) 喷火口近液面

图 1-34　喷火的位置不同时窑内气体流动情况和液面上压力分布

　　① 火焰空间内的热交换　池窑火焰空间内存在着火焰-玻璃液、火焰-窑体、窑体-玻璃液之间复杂的热交换过程。传热主要包括热辐射和热对流两种。对于玻璃池窑火焰空间内综合传热过程的分析（详细推导及公式见参考文献 [1] 29～32 页）可参见图 1-35，图中的 F_m、F_w 分别表示液面和炉墙内表面面积。

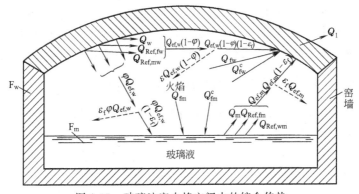

图 1-35　玻璃池窑火焰空间内的综合传热

　　火焰至玻璃液的净辐射换热量：

$$Q_{\mathrm{net,fm}} = C_{\mathrm{fm}} \left[\left(\frac{T_f}{100} \right)^4 - \left(\frac{T_m}{100} \right)^4 \right] F_m \tag{1-1}$$

　　其中火焰与玻璃液面之间的导来辐射系数 C_{fm} 为：

$$C_{\mathrm{fm}} = \frac{\varepsilon_f \varepsilon_m \left[1 + \varphi(1 - \varepsilon_f) \right]}{\varepsilon_f + \varphi(1 - \varepsilon_f) \left[\varepsilon_m + \varepsilon_f(1 - \varepsilon_m) \right]} \tag{1-2}$$

式中　　T_f——火焰温度，K；

　　　　T_m——玻璃液温度，K；

　　　　ε_f——火焰的黑度；

　　　　ε_m——玻璃液的黑度；

　　　　C_o——黑本辐射系数，为 $5.669\mathrm{W/(m^2 \cdot K^4)}$；

　　　　φ——窑体对玻璃液的辐射角系数，$\varphi = \dfrac{F_m}{F_w}$。

　　要进一步提高玻璃窑炉的熔化能力，必须要做到：正确地选择燃料；对不同燃料应采用不同的火焰黑度和尺寸；调整好火焰喷出角度及长度；增大角系数；薄层加料；提高空气预热温度；提高窑内温度；提高窑炉耐火材料质量。

② 玻璃液内的热交换　以辐射和传导为主，对流只起一定作用。

③ 配合料内的导热　层内主要是传导。薄层投料和配合料密实化对熔化有利。

(5) 玻璃形成过程耗热量计算

指配合料在熔制过程中生成 1kg 玻璃液理论上所需要消耗的热量，用符号 $q_玻$ 表示，单位 kJ/kg 玻璃液。计算前必须掌握玻璃日产量、玻璃料方、原料组成、碎玻璃掺入量、配合料含水量、玻璃熔化温度等数据。计算以 1kg 玻璃液为计算基准，从 0℃ 算起。

其中支出热量如下。

i. 硅酸盐生成热 q_1

硅酸盐生成热是指原料中各种氧化物与 SiO_2 生成硅酸盐所需要的热量，按式(1-3)计算：

$$q_1 = q_粉 \, G_粉 \tag{1-3}$$

$$q_粉 = \sum q_硅 \, G_氧 \tag{1-4}$$

式中　$q_粉$——1kg 湿粉料生成硅酸盐所需热量，kJ/kg 粉；

$q_硅$——各种氧化物生成硅酸盐的反应热，各种硅酸盐的生成热列于表 1-1；

$G_氧$——各种原料中的氧化物量，它根据料方、原料化学组成及粉料含水量等列表计算；

$G_粉$——熔化成 1kg 玻璃液需要的粉料量，kg，$G_粉 = \dfrac{100}{100 - G_气 + A_碎} = \dfrac{1}{G'_玻}$；

$A_碎$——配合料中粉料与碎玻璃的质量分数，此值除按工艺要求外，还要考虑碎玻璃来源等实际情况；

$G_气$——100kg 湿粉料中的气体逸出量，kg，它也是根据料方、原料化学组成及粉料含水量等列表计算；

$G'_玻$——$G_粉$ 的倒数，指 1kg 湿粉料能熔成玻璃液的数量，kg。

表 1-1　各种硅酸盐的生成热

序号	组分		分解产物	最后产物	耗热量/(kJ/kg)		分解出来的气体	气体含量(标准状况)/(m³/kg)		比率	
	名称	分子式			以千克分解产物计	以千克组分计		以千克分解产物计	以千克组分计	组分/分解产物	分解产物/组分
1	石灰石	$CaCO_3$	CaO	$CaSiO_3$	1536.6	860.4	CO_2	0.400	0.224	1.785	0.560
2	纯碱	Na_2CO_3	Na_2O	Na_2SiO_3	951.7	556.8	CO_2	0.360	0.210	0.710	0.586
3	芒硝	Na_2SO_4	Na_2O	Na_2SiO_3	3467.1	1514	$SO_2 + CO_2$	0.363 + 0.180	0.158 + 0.079	2.090	0.436
4	硝酸钠	$NaNO_3$	Na_2O	Na_2SiO_3	4144.9	1507.3	$NO_2 + O_2$				
5	冰晶粉	Na_3AlF_6	Na_2O	Na_2SiO_3	951.7		F				
6	碳酸钾	K_2CO_3	K_2O	K_2SiO_3	996.5	678.7	CO_2	0.236	0.160	1.470	0.680
7	硝石	KNO_3	K_2O	K_2SiO_3	3166.1	1473.3	N_2O_5	0.239	0.111	2.150	0.465
8	菱镁石	$MgCO_3$	MgO	$MgSiO_3$	3466.7	1657.1	CO_2	0.553	0.264	2.090	0.479
9	白云石	$CaMg(CO_3)_2$	CaO + MgO	$CaMg(SiO_3)_2$	2757.4	1441.5	CO_2	0.463	0.241	1.920	0.523

续表

序号	组分 名称	组分 分子式	分解产物	最后产物	耗热量/(kJ/kg) 以千克分解产物计	耗热量/(kJ/kg) 以千克组分计	分解出来的气体	气体含量(标准状况)/(m³/kg) 以千克分解产物计	气体含量(标准状况)/(m³/kg) 以千克组分计	比率 组分/分解产物	比率 分解产物/组分
10	硼酸	H_3BO_3	B_2O_3	B_2O_3	3018.7	1693.6	H_2O	0.960	0.541	1.770	0.565
11	硼砂	$Na_2B_4O_7 \cdot 10H_2O$	B_2O_3	Na_2SiO_3	1364.9		H_2O				
12	碳酸钡	$BaCO_3$	BaO	$BaSiO_3$	988.1	768.3	CO_2	0.146	0.013	1.290	0.775
13	硝酸钡	$Ba(NO_3)_2$	BaO	$BaSiO_3$	2260.9	1327.2	N_2O_5	0.146	0.085	1.710	0.585
14	硫酸钡	$BaSO_4$	BaO	$BaSiO_3$	2260.9		SO_2				
15	红丹	PbO		$PbSiO_3$	1256.0						
16	氢氧化铝	$Al(OH)_3$	Al_2O_3	Al_2O_3	1766.8	1155.6	H_2O	0.656	0.430	1.530	0.655

ii. 玻璃形成热 q_{II}

玻璃形成热是考虑固态硅酸盐熔融成玻璃液所耗热量，计算式为：

$$q_{II} = 347G_{粉}(1 - 0.01G_{气}) \tag{1-5}$$

式中　347——每千克硅酸盐熔融成玻璃液需347kJ热量。

iii. 玻璃液加热到熔化温度时耗热 q_{III}

硅酸盐生成热和熔融热都是化学热。此外，在玻璃形成过程中还有一个物理加热过程，其耗热量计算式为：

$$q_{III} = c_{玻} t_{熔} \tag{1-6}$$

$$c_{玻} = 0.672 + 4.6 \times 10^{-4} t_{熔} \tag{1-7}$$

式中　$c_{玻}$——玻璃液的高温比热容，kJ/(kg·℃)；

　　　$t_{熔}$——玻璃熔化温度，与玻璃成分等因素有关。可实测或按熔化时间常数 τ 来估计。

iv. 逸出气体加热到熔化温度时耗热 q_{IV}

湿粉料在玻璃熔化过程中会产生分解、挥发和蒸发少量气体，这部分气体亦同样被加热到玻璃熔化温度，其耗热量计算式为：

$$q_{IV} = 0.01V_{气} G_{粉} c_{气} t_{熔} \tag{1-8}$$

式中　$V_{气}$——标准状况下100kg粉料中逸出气体量，m³，与 $G_{气}$ 一样，亦由列表计算得出；

　　　$c_{气}$——逸出气体的比热容，根据逸出气体中各组成的含量与比热容按加和法计算；

$$c_{气} = 0.01\sum x_i c_i \tag{1-9}$$

式中　x_i——各气体成分在逸出气中体积百分含量；

　　　c_i——各气体成分的平均比热容，kJ/(m³·℃)。

v. 蒸发水分耗热 q_V

$$q_V = 2491G_{粉} G_{水} \tag{1-10}$$

式中　$G_{水}$——1kg湿粉料中的含水量，kg；

　　　2491——1kg水分汽化需2491kJ热量。

收入热量包括从湿粉料和碎玻璃带入的热量 q_{VI}，需在耗热量中扣除。

$$q_{VI} = G_{粉} c_{粉} t_{粉} + G_{碎} c_{碎} t_{碎} \tag{1-11}$$

式中　$c_{粉}$——湿粉料比热容，一般取0.963kJ/(kg·℃)；

$c_\text{碎}$——碎玻璃的比热容，kJ/(kg·℃)，用玻璃低温比热容公式计算；

$$c_\text{碎}=0.7511+2.65\times10^{-4}t_\text{碎} \qquad (1\text{-}12)$$

$t_\text{粉}$，$t_\text{碎}$——分别为粉料和碎玻璃入窑时的温度，℃。

综上所述，形成1kg玻璃液在理论上所需要消耗的热量（kJ）为

$$q_\text{玻}=q_\text{I}+q_\text{II}+q_\text{III}+q_\text{IV}+q_\text{V}-q_\text{VI}$$

具体计算过程见［例1-1］。

［**例1-1**］ 计算普白料酒瓶玻璃形成过程中耗热量。

① 原始依据，配合料料方及原料组成见表1-2。

表1-2 配合料料方及原料组成

原料名称	料方（以湿粉料计）/%	化学组成/%									外加水分/%
		SiO$_2$	Al$_2$O$_3$	CaO	MgO	Na$_2$O	Fe$_2$O$_3$	其他	酸(不溶)	烧失量	
石英砂	52.75	98.31	1.151	0.1972			0.0917			0.2116	10
长石	9.5	65.48	22.06	1.1		8.2	1.394			0.3968	
纯碱	14.9							Na$_2$CO$_3$ 98.42			6
芒硝	1.26	0.11		0.376	0.401	42.3		NaCl 1.39		55.42	
白云石	4.74			32.32	19.14				1.89	46.6	
方解石	4.2			53.93					1.785	43.81	
萤石	1.58						0.23	CaF$_2$ 90.67			
重碱	10					34.01				65.99	
锑粉	0.37							Sb$_2$O$_3$ 96.83			
白砒	0.7					<0.002		As$_2$O$_3$>98 Cl^{-1}<0.03			
合计	100										

碎玻璃数量，占全部配合料量的61%。配合料水分靠石英砂和纯碱的外加水分带入，不另加水。

纯碱和重碱的挥发率为3%。玻璃熔化温度为1400℃。

② 100kg湿粉料中形成各氧化物的量，如表1-3所示。

表1-3 100kg湿粉料中形成各氧化物的量

原料名称	形成玻璃液的氧化物量的计算/kg	氧化物的量/kg						
		SiO$_2$	Al$_2$O$_3$	CaO	MgO	Na$_2$O	Fe$_2$O$_3$	总数
石英砂	52.75×0.9×0.9831=46.6 52.75×0.9×0.01151=0.546 52.75×0.9×0.001972=0.0936 52.75×0.9×0.000917=0.0435	46.6	0.546	0.0936			0.0435	47.2831

续表

原料名称	形成玻璃液的氧化物量的计算/kg	氧化物的量/kg						
		SiO_2	Al_2O_3	CaO	MgO	Na_2O	Fe_2O_3	总数
长石	$9.5 \times 0.6548 = 6.22$ $9.5 \times 0.2206 = 2.1$ $9.5 \times 0.011 = 0.104$ $9.5 \times 0.082 = 0.78$ $9.5 \times 0.01394 = 0.132$	6.22	2.1	0.104		0.78	0.132	9.336
纯碱	$14.9 \times (1-0.03) \times 0.94$ $\times 0.9842 \times 0.586 = 7.836$					7.836		7.836
重碱	$10 \times (1-0.03) \times 0.3401 = 3.299$					3.299		3.299
芒硝	$1.26 \times 0.423 = 0.533$					0.533		0.533
白云石	$4.74 \times 0.3232 = 1.532$ $4.74 \times 0.1914 = 0.907$			1.532	0.907			2.439
方解石	$4.2 \times 0.5393 = 2.27$			2.27				2.27
萤石	$1.58 \times 0.9067 \times 60/(78 \times 2) = 0.551$ $1.58 \times 0.9067 \times 56/78 = 1.029$ $1.58 \times 0.9067 \times 0.0023 = 0.0033$	-0.551		1.029			0.0033	0.4813
合计		52.269	2.646	5.0286	0.907	12.448	0.1788	73.4774
玻璃成分/%		71.14	3.60	6.84	1.23	16.94	0.25	100

③ 生成硅酸盐耗热（以 1kg 湿粉料计，单位是 kJ/kg）。

纯碱由 Na_2CO_3 生成 Na_2SiO_3 的反应耗热量 q_1

$$q_1 = 951.7 G_{Na_2O} = 951.7 \times (0.07836 + 0.03299) = 106$$

芒硝由 Na_2SO_4 生成 Na_2SiO_3 的反应耗热量 q_2

$$q_2 = 3467.1 G_{Na_2O} = 3467.1 \times 0.00533 = 18.48$$

白云石由 $CaMg(CO_3)_2$ 生成 $CaMg(SiO_3)_2$ 的反应耗热量 q_3

$$q_3 = 2757.4 G_{CaO+MgO} = 2757.4 \times (0.01532 + 0.00907) = 67.25$$

方解石由 $CaCO_3$ 生成 $CaSiO_3$ 的反应耗热量 q_4

$$q_4 = 1536.6 G_{CaO} = 1536.6 \times 0.0227 = 34.88$$

萤石由 $CaCO_3$ 生成 $CaSiO_3$ 的反应耗热量 q_5

$$q_5 = 1536.6 G_{CaO} = 1536.6 \times 0.01029 = 15.81$$

1kg 湿粉料生成硅酸盐耗热

$$q_{硅} = q_1 + q_2 + q_3 + q_4 + q_5 = 242.42$$

④ 100kg 湿粉料逸出气体的组成，见表 1-4。

表 1-4　100kg 湿粉料逸出气体的组成

原料名称	逸出气体量 计算/kg	逸出气体量/kg						
		CO_2	H_2O	SO_2	O_2	NaCl	SiF_4	合计
石英砂	$52.75 \times 0.1 = 5.275$ $52.75 \times 0.9 \times 0.002116 = 0.1$	0.1	5.275					5.375

原料名称	逸出气体量 计算/kg	逸出气体量/kg						
		CO_2	H_2O	SO_2	O_2	NaCl	SiF_4	合计
长石	$9.5\times0.003986=0.0377$	0.0377						0.0377
纯碱	$14.9\times0.06=0.894$		0.894					
	$14.9\times0.94\times0.9842\times0.415=5.73$	5.73						6.624
重碱	$10\times0.3401\times0.415/0.585=2.42$	2.42						2.42
芒硝	$1.26\times0.5542\times64/80=0.56$			0.56				
	$1.26\times0.5542\times16/80=0.14$				0.14			
	$1.26\times0.0139=0.0175$					0.0175		0.7175
白云石	$4.74\times0.466=2.22$	2.22						2.22
方解石	$4.2\times0.4381=1.84$	1.84						1.84
萤石	$1.58\times0.9067\times104.06/156=0.95$						0.95	0.95
	质量/kg	12.35	6.169	0.56	0.14	0.0175	0.95	20.186
	体积(标准状况)/m^3	6.28	7.67	0.196	0.049	0.0067	0.205	14.4
	体积分数/%	43.7	53.1	1.36	0.34	0.047	1.42	99.93

⑤ 配合料用量计算。

配合料中粉料占 39%,碎玻璃占 61%。

1kg 粉料需加入碎玻璃的量为:$61\div39=1.56$

1kg 粉料加碎玻璃 1.56kg 得玻璃液为:$1-0.01\times20.186+1.56=2.358(kg)$

熔成 1kg 玻璃液需加入粉料为:$G_粉=1/2.358=0.424(kg)$

需碎玻璃为:$G_碎=1.56/2.358=0.66(kg)$

熔成 1kg 玻璃液需配合料为:$G_料=G_粉+G_碎=0.424+0.66=1.084(kg)$

⑥ 玻璃形成过程中的热平衡(以 1kg 玻璃液计,单位是 kJ/kg,从 0℃算起)。

支出热量如下。

ⅰ.生成硅酸盐耗热 $q_Ⅰ$

$$q_Ⅰ=q_硅 G_粉=242.42\times0.424=102.8$$

ⅱ.形成玻璃耗热量 $q_Ⅱ$

$$q_Ⅱ=347G_粉(1-0.01G_气)=347\times0.424\times(1-0.01\times20.186)=117.4$$

ⅲ.玻璃液加热到熔化温度 1400℃时耗热 $q_Ⅲ$

$$c_玻=0.672+4.6\times10^{-4}t_熔=0.672+4.6\times10^{-4}\times1400=1.316[kJ/(kg\cdot℃)]$$

$$q_Ⅲ=c_玻 t_熔=1.316\times1400=1842.4$$

ⅳ.加热逸出气体到熔化温度 1400℃时耗热 $q_Ⅳ$

逸出气体的平均比热容

$$c_气=0.01\sum x_i c_i$$
$$=0.01\times(2.325\times43.7+1.824\times53.1+2.277\times1.36+1.520\times0.34)$$
$$=2.02kJ/(m^3\cdot℃)(标准状况)$$

$$q_Ⅳ=0.01V_气 G_粉 c_气 t_熔=0.01\times14.4\times0.424\times2.02\times1400=172.7$$

ⅴ.蒸发水分耗热 $q_Ⅴ$

$$q_Ⅴ=2491G_粉 G_水=2491\times0.424\times0.0617=65.2$$

ⅵ. 收入热量 $q_Ⅵ$

设配合料入窑时温度为 20℃

$$q_Ⅵ = G_粉 c_粉 t_粉 + G_碎 c_碎 t_碎 = 0.0424 \times 0.963 \times 20 + 0.66 \times 0.756 \times 20 = 18.1$$

熔化 1kg 玻璃液在玻璃形成过程中的耗热量（kJ）

$$q_玻 = q_Ⅰ + q_Ⅱ + q_Ⅲ + q_Ⅳ + q_Ⅴ - q_Ⅵ = 102.8 + 117.4 + 1842.4 + 172.7 + 65.2 - 18.1$$
$$= 2282.4$$

1.4.2　作业制度

（1）池窑的熔制制度

合理的熔制制度是正常生产的保证。以往推广的池窑四稳作业（即温度稳、压力稳、泡界线稳、液面稳）曾对获得高产、优质、低消耗、长窑龄起了重要的作用。在连续操作的池窑内，沿窑长分成熔化带、澄清带、均化带和冷却带。各带有不同的要求，构成了总的制度要求。制定合理的熔制制度是正常生产的保证，对熔化能力、玻璃质量、燃料消耗、窑炉寿命等均有十分重要的意义。熔制制度包括温度、压力、气氛、泡界线、液面和换向制度。

① 温度制度　温度制度一般是指沿窑长方向的温度分布，用温度曲线表示。温度曲线是一条由几个温度测定值连成的折线。目前，测温点并不完全一致。

图 1-36 是瓶罐玻璃在连续作业池窑中的熔制温度曲线。温度曲线要满足熔化过程的要求和操作要求，有时也要顾及成形部分的要求。特别是玻璃澄清时的最高温度点（热点）和成形时的最低温度点是具有决定意义的两点。

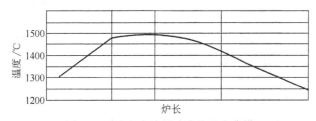

图 1-36　池窑内熔制玻璃的温度曲线

池窑的温度一般由仪表控制和自动调节。通常需要连续和定期控制的参数有：熔化部温度、冷却部温度、供料槽温度、玻璃液温度、燃料温度及助燃空气温度等。

窑内温度取决于很多可变因素，必须调节影响窑内温度的各个因素，使温度相对稳定。马蹄焰和纵焰窑的温度波动较大（尤其是马蹄焰池窑），一般不定温度曲线，只定热点的数值和位置。

热点温度：从熔化速度、澄清效果看，希望热点数值尽可能高些。但它受到耐火材料和燃料质量的限制，还要和窑炉的使用期限相平衡。考虑到这些情况，目前热点值保持在（1550±10）℃为宜，条件好时，还可作适当提高。

热点位置：根据规定的泡界线位置来定热点位置。如果池窑满负荷时，则此时热点在泡界线之前；如果池窑负荷不足，即产量较小，投入的料很快就熔化，则此时热点在泡界线之后。

马蹄焰池窑每换火一次，都要使窑内温度、热点位置、料堆和泡界线变动一次，可以从图 1-37 中看出。

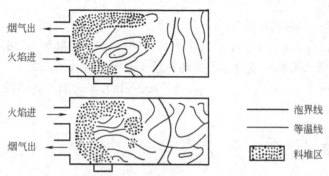

图 1-37　马蹄焰池窑（单面投料）的温度分布与液面状况

要达到成功的温度控制，就要考虑这些问题。要控制好换向时燃料的截断和开启时间、加料时间，换向结束后要迅速达到所定的温度值，减少温度的波动影响。

马蹄焰窑和纵焰窑在熔化部的测温点，一般选择在大碹或贴近液面的胸墙处。有的选择在紧靠液面的桥墙处。

横火焰池窑在熔化部的测温点，一般选择在小炉喷火口下挂钩砖或大碹处。

也有采用光学高温计进行定期测量的。在熔化部采用固定式全辐射高温计较好，测温点选择三点即可。为可靠起见，在最高温度处应装置两支高温计，每侧一支。有的在工作部也装全辐射高温计。

在蓄热室格子砖上部和供料道上，可采用铂铑-铂热电偶测量。

在其他部位，如蓄热室格子砖底部、烟道等处，也应考虑装置热电偶测量温度。

此外窑压对炉体温度也有一定的影响，尤其是对冷却部和供料道的温度。前面讲述过，在熔化部和冷却部空间相通时熔化部温度变化会对冷却部有影响，但要隔一段时间后才能在冷却部反映出来，所以调节温度时，必须注意熔化部温度的涨落趋势以及冷却部或供料道温度的滞后反应。

② 压力制度　池窑压力制度用压力分布曲线表示。窑内压力系指气体系统所具有的静压。与温度曲线相似，压力分布曲线亦是一条有多个转折点的折线。

压力分布曲线有两种，一种是整个气体流程（从进气到排烟）的压力分布（简称气流压力分布），另一种是沿玻璃流程的空间压力分布（简称纵向压力分布），一般只用前一种。

气流压力分布的实例见图 1-38，在马蹄焰、纵焰、横焰窑中都采用。该压力分布曲线中的要点是零压点位置和液面处压力。零压点应放在窑炉火焰空间内，该空间内的压力（统称窑压）是指液面处的压力。液面处的平均压力要求保持零压或微正压（小于 6Pa）。窑内呈负压是不允许的，因为它将吸入冷空气，降低窑温，增加燃耗，还会使窑内温度分布不均匀。

但过大的正压也会带来不利，它将使窑体烧损加剧，向外冒火严重，燃耗增大，并不利于澄清等。有时为了提高供料系统的温度，双碹池窑的零压点往往移后到换热室的顶部。

窑压确定后应保持稳定，窑压波动会立即影响供料系统，使成形温度不稳定。

从气流压力分布曲线中可看出气体流程中的阻力情况，还可以看出整个系统中气体流动遵循由高压向低压变化的普遍规律。

窑压的测量和控制可凭经验或用仪表来进行，凭经验是看孔眼处有无穿出火苗或火苗穿出的长短，但只能对窑压作一估计，且难以控制稳定。窑压自控仪表能精确地测量和控制窑

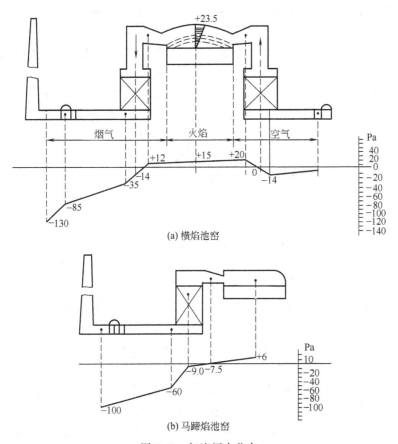

(a) 横焰池窑

(b) 马蹄焰池窑

图 1-38 气流压力分布

压，但必须注意测点位置。常取的位置是在澄清带大碹下。由于几何压头关系，大碹下的压力要比液面处的压力大 $15\sim20Pa$。有的取在下间隙砖处，但此处窑压数值低，易受冷却风干扰。

窑炉使用时间较长时，由于堵塞和漏气，窑压会相应增大。但有时窑炉投产不久，窑压就显得偏大，这可从气流阻力过大和烟囱抽力不够这两方面去找具体原因。造成气流阻力过大的原因，可能是烟道积水、烟道内杂质未清除干净、烟道及蓄热室（或换热室）有堵塞、砌筑质量差、漏气量大、闸板漏风、烟道截面较小、烟道布置不合理及窑结构设计不合理等。造成烟囱抽气不够的原因可能是进入烟囱的烟气温度过低、烟囱较低、烟囱直径较小、烟囱底部积灰及外界气候的影响（如夏季气温高）等，应针对具体原因采取措施，不要简单地只提闸板来解决。

③ 气氛制度 窑内气体按其化学组成及具有氧化或还原的能力分成氧化气氛、中性气氛和还原气氛三种。制定气氛制度就是规定窑内各处的气氛性质。

一般，玻璃池窑内要求燃料完全燃烧，所以火焰都是氧化性或中性。没有其他专门的要求，也不一定要制定气氛制度。

但在熔制某些玻璃液时对气氛性质有一定要求，需制定气氛制度。如熔化绿料玻璃时要用氧化焰，熔化黄料玻璃要用还原焰。

通常借改变空气过剩系数来调节窑内气氛性质。判断窑内气氛性质除用气体分析法外还可以按火焰亮度来估计。火焰明亮者为氧化焰；火焰不太亮、稍微有点浑者为中性焰；火焰发浑者为还原焰。

④ **泡界线制度** 在玻璃池窑的熔化部，由于热点与投料池的温差，表层玻璃液向投料池方向回流，使无泡沫的玻璃液与有泡沫的玻璃液之间有一明显分界线，称为泡界线。

泡界线的位置和形状是判断熔化作业正常与否的标志。从泡界线的成因来看，泡界线的位置不一定与玻璃液热点重合，而是许多因素综合的结果。如投料量、成形量、燃烧质量、原料组成、碎玻璃掺入量、料堆大小、配合料水分、配合料粒度和均匀度以及小炉结构等。

经常见到的泡界线不正常情况有：偏远、模糊、线外沫子多、缺角、双线、偏斜等。主要从温度曲线、风火配比、火焰长短等几方面来调节。

泡界线应整齐清楚、线外液面清亮、无沫子。保持泡界线位置是优质高产的重要条件之一。

⑤ **液面制度** 玻璃液面的波动不仅能加快池壁砖的蚀损，还严重影响成形作业。波动剧烈时会产生溢料现象，蚀损胸墙砖和小炉底板砖。一般规定液面波动值为 $\pm 0.5 mm$，要求高者为 $\pm 0.2 mm$（轻瓶生产时要求控制在 $0.1 \sim 0.3 mm$）。

玻璃液面之所以波动是由于投料量与成形量不平衡。连续成形就要求连续投料。人工投料不可能做到这一点，故人工投料时波动大，机械投料则好得多。

目前多用仪表控制液面稳定。液面自动控制器有铂探针式、气压式及激光式等多种，测点设在成形部分，完全可以满足工艺要求。

⑥ **换向制度** 蓄热式池炉定期倒换燃烧方向，使蓄热室中格子体系统吸热和放热交替进行。换向制度应该规定换向间隔时间和换向程序。换向间隔时间要恰当。过长，则会使空气、煤气预热温度波动过大，影响窑炉内温度稳定；若过短，则蓄热室余热回收量少，还会因换向过于频繁而影响熔化作业，一般为 $20 \sim 30 min$。

对于使用发生炉煤气窑炉的换向程序为：先换煤气，再换空气，这样较安全，不易发生爆炸。

烧重油熔窑换向时，先关闭油阀，然后关小雾化剂阀，留有小量雾化剂由喷嘴喷出，俗称"保护气"，为的是避免走废气时喷嘴被加热，喷嘴内重油炭化，堵塞油喷嘴。

目前，换向操作已基本上实现了自动化，操作方便、可靠。

(2) 坩埚窑的熔制制度

① **温度制度** 坩埚窑的特点是间歇作业，熔制的全部过程是在同一坩埚中，不同时间内进行的。因此温度应当随熔制各阶段的不同要求而变化。

熔制温度主要根据玻璃成分和配合料的性质进行确定。澄清、均化和冷却所需的温度，则应根据这些阶段所需的黏度来确定。澄清温度一般是相当于黏度为 $10^{0.7} \sim 10 Pa \cdot s$ 时的温度，冷却温度应控制在相当于黏度为 $10^2 \sim 10^3 Pa \cdot s$ 时的温度，其黏度可适合于玻璃液开始成形的需要。

坩埚窑内的温度应当由玻璃熔化、澄清、均化及冷却的温度和所需时间予以制定。因此窑内温度制度一般是和坩埚中的熔制过程一致的。但也有例外，如有的换热式多坩埚窑内的各个坩埚不是同时作业的，往往是在几个坩埚中刚开始熔化时，其他几个坩埚却正在进行冷却或成形过程，这时窑内不宜升温，只能维持成形温度。当然，各坩埚的温度应当受到温度制度的制约，只是在一定范围内，借助于坩埚口的启闭程度与吸火口的闸板砖来进行调节。

在坩埚窑熔制普通日用玻璃（如器皿和瓶罐）时，其过程基本相同，通常按下列五个过程进行。

ⅰ.升温　成形完毕后空坩埚内的温度一般在 1150～1250℃ 之间，为保证配合料迅速熔化，须将坩埚空烧 1～2h，使温度升高到 1400℃ 左右，再开始加料。

换用新坩埚时，应将熔窑逐渐加热升温至熔化玻璃的温度，并一昼夜不加料。长时间烧结可使坩埚耐侵蚀能力增强。

ⅱ.熔化　坩埚窑内达到预定温度时即可开始加料，一般分 3～5 次进行。后几次加料应在前一次料基本熔平后开始。有时个别坩埚第一次加料时间较晚，加料时间间隔只能缩短，亦可在坩埚中央尚存在小料堆时进行加料。一般日用玻璃从开始加料到熔化完毕需 10h。

换用新坩埚时，第一次加料不宜多加。如果先加入一些与熔化玻璃成分相同的碎玻璃，待熔化后，将玻璃液涂覆在坩埚四周，则可使坩埚壁挂上保护釉层，以减轻粉料的侵蚀作用，并缩短熔制时间，这种方法俗称"洗缸"。通常"洗缸"操作在换上新坩埚后数小时即可进行。

ⅲ.澄清与均化　配合料完全熔化后，即可进行测温并用料钎蘸料观察，此时的料丝上可以看到细小砂粒和气泡。随着热量的蓄积，窑内达到最高温度，玻璃液的黏度降到 10Pa·s 左右，澄清和均化将迅速进行。这个过程一般需要 2～4h。

ⅳ.冷却　澄清完善的玻璃液中基本不含气泡或只有极少的小气泡，这些小气泡可在冷却过程中逐渐溶解在玻璃液中。为了确保玻璃液的质量，冷却过程应谨慎缓慢地进行，约需 2h。如果条件允许，亦可适当延长。冷却应避免出现玻璃液的温度低于成形所需温度，以致需再重新加热的现象发生，以避免二次气泡的产生。

ⅴ.成形　在成形时，必须使炉内的温度适应玻璃成形操作黏度的要求。成形温度的高低将随玻璃成分、成形方式及产品的大小而有所不同。

在坩埚炉中熔化一般日用玻璃的温度-时间曲线如图 1-39 所示。在实际生产过程中，熔制制度并不如图那样规则。例如，空坩埚第一次加料前往往不经过升温阶段，而是成形完毕即行加料；又如，每个作业周期的条件不尽相同，温度制度也会相应有所变化；再如，个别坩埚加满粉料时，坩埚内温度下降的幅度要比曲线所示的大得多。但对整个炉膛温度来说，影响又不十分大。所以，图 1-39 可看成是坩埚炉中温度制度的典型示意图，它反映出熔制各个过程与温度之间的关系和变化规律。

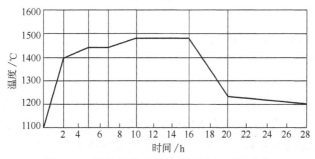

图 1-39　坩埚窑中玻璃熔制的温度-时间曲线

② 压力制度　在坩埚炉中，要求炉膛内处于微正压，这样可以减少热量损失，延长使用周期，有利于控制空气过剩系数和稳定炉内温度。

对烧煤气或烧油的坩埚炉，希望吸火孔平面保持零压，吸火孔后面排出烟气一段为负压，吸火孔前面一段为正压；对烧半煤气坩埚炉，当火箱内不鼓风时，进入炉膛的半煤气压力较小，故零压面移至喷火孔与吸火孔之间，但应尽量维持炉膛内呈微正压。为此，在坩埚炉内操作中要进行压力调节。此外，由于季节和天气变化以及炉子气密程度和燃料用量的变化，也造成坩埚炉系统压力制度的变化。因此，在坩埚炉中调整压力制度，是保证正常熔化制度的重要操作之一。

通常采用调节烟道闸板来控制坩埚炉内的压力，调节烟道闸板实质上是借助于烟道闸板开闭程度来调节气体流量、流速，从而达到调节炉内压力的目的。

(3) 锡槽的热工制度

锡槽是浮法玻璃生产的关键热工设备。在具备合理的锡槽结构和尺寸的条件下，制定正确的热工制度，将对浮法玻璃的质量产生很大的影响，因此应当充分重视。

锡槽热工制度是根据玻璃在锡槽中浮抛工艺要求来确定的，它同玻璃带在锡槽中的传热状态有关。合理的热工制度可以通过必要的加热和冷却措施来实现，而为了维持合理的热工制度，则必须为温度自动控制提供必要的参数，因此，有必要研究玻璃带在锡槽中浮抛冷却过程中的传热规律。

① 传热方式   玻璃在锡槽内的成形过程可看成是向外发散热量的冷却过程。该过程是非稳态的，传递的热量随空间和时间而变。鉴于玻璃带的长度和宽度比其厚度要大得多，所

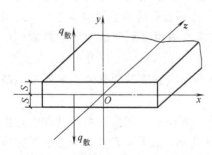

图 1-40   玻璃带在冷却过程中的热流

以，可认为玻璃带内的热流主要是沿厚度（y）方向传递（图 1-40）。由于玻璃带的下表面与锡液接触，上表面暴露在空间，因此，其上、下表面的传热方式是不相同的。上表面的传热方式主要是辐射和对流，下表面的传热方式是传导和对流。为保证玻璃质量，玻璃带在锡槽各区内，其上、下表面的散热量应相等，冷却速度应相同，即要达到对称等速冷却的条件。

② 玻璃带厚度方向的温度场   由热工基础可知，玻璃带厚度方向的导热微分方程为：

$$\frac{\partial t}{\partial \tau} = a\frac{\partial^2 t}{\partial y^2} \tag{1-13}$$

式中 a——玻璃的导温系数，cm^2/min；

t——温度，℃；

τ——时间，min。

要解式(1-13)，必须弄清楚锡槽中玻璃带导热的边值条件。边值条件包括起始条件和边界条件。起始条件为：假设玻璃液从流槽流入锡槽时温度是均匀的，即 $\tau=0$ 时 $t=$ 常数。边界条件为：根据等速冷却条件，当 $y=\pm S$（S 为玻璃带厚的 1/2）时

$$t = t_0 - c\tau \tag{1-14}$$

式中 c——冷却速度，℃/min；

t_0——开始温度，℃；

τ——冷却时间，min。

据此，边值条件可写成

$$t_表=t_0-c\tau$$

$$c=\frac{\partial t}{\partial \tau}=常数$$

按照威廉逊和阿达姆斯提出的薄板材冷却时的温度分布，对式(1-13) 求解得：

$$t=c\tau+\frac{c}{2a}(S^2-y^2) \tag{1-15}$$

式(1-15) 即为玻璃带在开始冷却后沿 y 方向各点温度随时间和冷却速度变化的关系式。当 $y=\pm S$ 时，即玻璃带上、下表面温度为：

$$t_表=t_0-c\tau \tag{1-16}$$

当 $y=0$ 时，即玻璃带中心的温度为：

$$t_中=t_0-c\tau+\frac{c}{2a}S^2 \tag{1-17}$$

玻璃带断面的平均温度为：

$$\bar{t}=\frac{1}{S}\int_0^S\left[t_0-c\tau+\frac{c}{2a}(S^2-y^2)\right]\mathrm{d}y=t_0-c\tau+\frac{c}{3a}S^2 \tag{1-18}$$

玻璃带中心和表面的温度差为：

$$\Delta t_1=t_中-t_表=\frac{c}{2a}S^2$$

因此

$$c=\frac{2a}{S^2}\Delta t_1 \tag{1-19}$$

由式(1-15) 可知，在等速冷却过程中玻璃带断面温度分布呈抛物线形（图 1-41）。

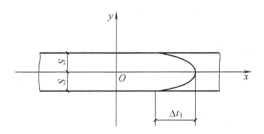

图 1-41　玻璃带在等速冷却过程中的断面温度分布

③ 玻璃带表面温度的计算　在实际生产中，玻璃带表面温度不易测量。一般是通过测得的空间介质温度来判断玻璃带表面温度的变化。

玻璃带表面温度也可通过玻璃带表面某点在 y 方向上的热平衡求出。

由玻璃带中心流向表面的热流 $q_表$ 按傅里叶定律写出：

$$q_表=\lambda\frac{\partial t}{\partial y}$$

将式(1-15) 对 y 求导，并在等式两边乘以导热系数 λ 得

$$\lambda\frac{\partial t}{\partial y}=-\lambda\frac{c}{a}y$$

当 $y=S$ 时，即流向表面的热流为

$$q_{表} = \lambda \frac{\partial t}{\partial y} = -\lambda \frac{c}{a} S \qquad (1\text{-}20)$$

将式(1-19)代入式(1-20)得

$$q_{表} = -\lambda \frac{2\Delta t_1}{S} \qquad (1\text{-}21)$$

由玻璃带表面向空间介质散失的热量

$$q_{表} = a(t_{表} - t_{空间}) \qquad (1\text{-}22)$$

式中　a——玻璃带对空间介质的综合给热系数，$W/(m^2 \cdot ℃)$；

　　　$t_{表}$——玻璃带表面温度，℃；

　　　$t_{空间}$——空间介质的温度，℃。

列出热平衡式，式(1-20)等于式(1-22)：

$$\frac{\lambda c S}{a} = a(t_{表} - t_{空间}) \qquad (1\text{-}23)$$

由式(1-23)看出，$t_{表}$与玻璃物理性能以及同周围介质的热交换条件有关。从式(1-16)和式(1-23)得知，在等速冷却过程中，玻璃带表面温度随时间成直线下降。与其相应的空间介质温度亦作相应地降低，但始终要比玻璃带的表面温度低一些，两者的温度差为：

$$\Delta t_2 = t_{表} - t_{空间} = \frac{\lambda c S}{\alpha a} \qquad (1\text{-}24)$$

由式(1-24)看出，冷却速度 c 加快时，玻璃带表面和空间介质的温度差会加大。再由式(1-19)看出，冷却速度 c 加快时，玻璃带中心和表面的温度差也会加大。同时，也会造成玻璃带横向温度的不均匀，这样就会直接影响玻璃的成形质量。最理想的冷却速度是使玻璃带在冷却过程中其表面温度均匀一致，事实上是做不到的。所以要确定一个能获得优质产品的合理冷却速度。根据实际经验得出，等速冷却速度应小于 60℃/min。

(4) 退火窑的退火制度

玻璃退火所用的热工设备称为退火窑。退火是一种热处理过程，可使玻璃中存在的热应力尽可能地消除或减小至允许值。除玻璃纤维和薄壁小型空心制品外，几乎所有玻璃制品都需要进行退火。

玻璃在成形过程中，由于经受了剧烈的温度变化，使内外层产生温度梯度，并且由于制品的形状、厚度、受冷却程度等的不同，引起制品中产生不规则的热应力。这种热应力能降低制品的机械强度和热稳定性，也影响玻璃的光学均一性，若应力超过制品的极限强度，便会自行破裂。所以玻璃制品中存在不均匀的热应力是一项重要的缺陷。

① 玻璃中的热应力　玻璃制品中的热应力，按其存在的特点，分为暂时应力和永久应力两种。

玻璃在应变点温度以下加热或冷却时，由于其导热性较差，各部位将形成温度梯度，从而产生一定的热应力。这种热应力，随着温差的存在而存在，温差越大，暂时应力也越大，并随着温差的消失而消失。这种热应力称为暂时应力。

应该注意的是，虽然暂时应力可以自行消除，但在温度均衡之前，当暂时应力值超过玻璃的极限强度时，玻璃同样会自行破裂，所以玻璃在脆性温度范围内的加热或冷却速度也不宜过快。

玻璃从应变点温度以上开始冷却时，由温差产生的热应力，到玻璃冷却至室温，内外层温度均衡后，并不能完全消失，玻璃中仍然残存着一定的应力，这种应力称为永久应力。永久应力的大小取决于制品在应变点温度以上时的冷却速度、玻璃的黏度、膨胀系数及制品的厚度等。

玻璃中的永久应力必须通过退火才能消除或减小。

② 玻璃的退火原理　玻璃的退火，就是把具有永久应力的玻璃制品重新加热到玻璃内部质点可以移动的温度，利用质点的位移使应力分散（称为应力松弛）来消除或减弱永久应力。应力松弛速度取决于玻璃温度，温度越高，松弛速度越快。因此，一个合适的退火温度范围，是玻璃获得良好退火质量的关键。

以保温 3min 能消除 95% 应力的温度为退火温度上限（或称最高退火温度），此时玻璃黏度为 10^{12} Pa·s 左右。以保温 3min 只能消除 5% 应力的温度为退火温度下限（或称最低退火温度），此时玻璃黏度为 $10^{13.5}$ Pa·s。退火温度上限与下限一般相差 50～150℃，此为退火温度范围。高于退火温度上限时，玻璃会软化变形；低于退火温度下限时，玻璃结构实际上可认为已固定，内部质点已不能移动，也就无法分散或消除应力。

玻璃在退火温度范围内保温一段时间，以使原有的永久应力消除。之后要以适当的冷却速度冷却，以保证玻璃中不再产生新的永久应力，如果冷却速度过快，就有重新产生永久应力的可能。这在退火制度中用慢冷阶段保障。慢冷阶段必须持续到最低退火温度以下。

玻璃在退火温度以下冷却时，只会产生暂时应力，因此可以采用快冷，以节约时间和减少生产线长度，但也必须控制一定的冷却速度。冷却过快时，可能会使产生的暂时应力大于玻璃本身的极限强度而导致制品炸裂。

③ 玻璃的退火制度　由退火原理可知，玻璃制品的退火过程必须包括加热、保温、慢冷、快冷四个阶段。

ⅰ.加热阶段　本阶段的任务是将送入退火窑的玻璃制品加热到退火温度。加热速度应保证制品在加热过程中产生的暂时应力不超过玻璃本身的极限强度，以防制品炸裂。若制品进入退火窑时的温度高于退火温度（使用高速成形机制时往往会有这种情况），则不需加热，反而需要尽快将其冷却到退火温度。

ⅱ.保温阶段　本阶段的任务是将制品在退火温度下进行保温，以使制品各部分温度均匀，并有足够的时间进行应力松弛，消除玻璃中已有的永久应力。

ⅲ.慢冷阶段　当玻璃中的原有应力消除后，由于温度较高，在冷却过程中将产生新的应力，新生应力的大小由冷却速度控制。冷却速度越慢，新生的永久应力越小。因此，保温后必须先进行慢冷。慢冷速度的大小取决于玻璃制品所允许的永久应力值，允许值大，冷却速度可相应加快。

ⅳ.快冷阶段　当玻璃冷却到应变点温度以下时，温差将只能产生暂时应力。这时就可以在保证玻璃制品不因暂时应力而破裂的前提下，尽快冷却，一直到出窑温度为止。

玻璃的退火过程可用图 1-42 的退火曲线表示。

对于平板玻璃和高速成形的瓶罐玻璃，由于制品进入退火窑时的温度往往高于所需的退火温度，为缩短退火时间，需要将制品先迅速冷却到高退火温度，通常将这一段称为均热带。在高退火温度与低退火温度之间需要缓冷的一段称为主要冷却带，相当于前面所提到的保温阶段。这种退火曲线见图 1-43。

由此可见，制定玻璃的退火制度，就是确定高退火温度、低退火温度、保温时间、加热速度和冷却速度。

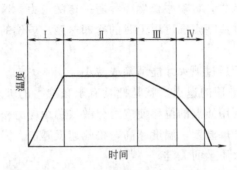

图 1-42 玻璃的退火曲线

Ⅰ—加热阶段；Ⅱ—保温阶段；Ⅲ—慢冷阶段；Ⅳ—快冷阶段

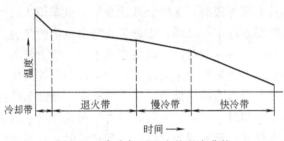

图 1-43 先冷却再退火的退火曲线

习　题

1-1 玻璃熔制过程的冷却主要发生在玻璃熔窑的哪个部位？

A. 熔化部　　　　　B. 冷却部　　　　　C. 蓄热室　　　　　D. 小炉

1-2 玻璃池窑火焰空间内的热交换方式主要是什么？

A. 热对流　　　　　B. 热辐射和热对流　C. 热辐射和导热　　D. 导热和热对流

1-3 玻璃池窑玻璃液内的热交换方式主要是什么？

A. 热对流　　　　　B. 热辐射和热对流　C. 热辐射和导热　　D. 导热和热对流

1-4 试绘制横焰玻璃池窑的熔化部剖面。

1-5 我国目前常用的玻璃池窑窑型有哪些？今后窑型的发展趋势是什么？

1-6 为什么池窑内玻璃液的自然流动是整体的、永久的，而强制对流是局部的、暂时的？

1-7 玻璃熔窑的作业制度有哪些？如何调节？

1-8 同等规模玻璃熔制生产条件下选择蓄热室池窑为什么比换热式池窑更节能？

1-9 玻璃池窑火焰空间内存在哪些复杂的热交换过程？

1-10 玻璃熔池设置流液洞为什么能提高玻璃质量？

1-11 马蹄焰池窑与换热式池窑相比哪种窑火焰温度比较稳定？说明其原因。

1-12 试绘制横焰玻璃池窑的熔化部剖面。

1-13 为什么说池窑的熔制制度十分重要？

1-14 为什么坩埚窑加料时不能一次加满坩埚，而需分 3～5 次加满？

1-15 玻璃的退火过程分几个阶段？为什么玻璃纤维和薄壁小型空心制品不需要退火？

1-16 计算器皿白料（吹制杯）的玻璃形成过程耗热量。已知玻璃成分（质量分数，%）：SiO_2 73.5，Al_2O_3 2.0，CaO 8.6，MgO 1.0，Na_2O 14.7，料方及原料组成见表 1-5，碎玻璃加入量占配合料量的 30%，配合料含水量 6%，配合料入窑温度 48℃，玻璃熔化温度 1460℃，烟气离窑膛温度 1460℃，粉料比热容为 0.963kJ/(kg·℃)，水汽比热容为 1.84kJ/(kg·℃)(1460℃)。

表 1-5 原料组成

原料名称	料方(湿基)/kg	化学组成/%(质量分数)							
		SiO_2	Al_2O_3	Fe_2O_3	CaO	MgO	Na_2O	As_2O_3	不溶残渣
石英砂	61.12	99.50	0.003	0.02					
石灰石	10.56			0.052	55.5				1.2
白云石	4.15			0.1	30	20			
纯碱	19.33						57.8		
硝酸钠	1.84		0.02				36		
氧化铝	1.49		99	0.04					
硫酸钠	0.96		0.05				42.83		
白砒	0.43							98.7	
合计	99.88								

第2章
浮法玻璃熔窑

　　浮法玻璃生产工艺产生于20世纪50年代末，它是因玻璃液漂浮在熔融金属表面获得抛光成形而得名的。用这种方法制得的玻璃表面平整，可与机械磨光玻璃相媲美。浮法玻璃具有产品质量好、产量高、生产成本低、品种多等优点。浮法玻璃表面质量、机械强度和热稳定性较好，目前已被广泛应用于汽车、轮船、飞机等领域。浮法玻璃生产线可以长时间连续生产，不仅产量大，而且机械化、自动化水平高，生产工人少，劳动生产率高、设备维修费少。另外，用浮法工艺可以生产厚度为0.55~25mm的优质平板玻璃，这是其他成形工艺所望尘莫及的。用于浮法成形工艺的玻璃窑炉称为浮法玻璃熔窑。

　　浮法玻璃熔窑和其他平板玻璃熔窑相比，结构上没有太大的区别，属浅池横火焰窑，但从规模上说，浮法玻璃熔窑要大得多，目前世界上浮法玻璃熔窑日熔化量最高可达到1000t以上。为了满足浮法成形的需要，浮法熔窑增设了流道、溜槽等特殊结构，图2-1是浮法玻璃熔窑基本结构示意图。图2-2为浮法玻璃熔窑火焰图片。

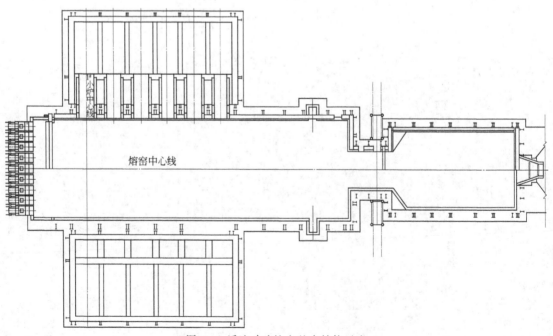

图 2-1　浮法玻璃熔窑基本结构示意

图 2-2 浮法玻璃熔窑火焰图

2.1 浮法玻璃熔窑的结构

2.1.1 投料池

(1) 投料池的尺寸

投料是熔制过程中的重要工艺环节之一，它关系到配合料的熔化速度、熔化区的热点位置、泡界线的稳定，最终会影响到产品的质量和产量。由于浮法玻璃熔窑的熔化量较大，采用横火焰窑，其投料池设置在熔化池的前端。投料池的尺寸随着熔化池的尺寸和投料方式的不同而不同。

① 采用垄式投料机的投料池尺寸 采用垄式投料机的投料池宽度取决于选用投料机的台数，可以用简单的公式计算：

$$B = Kn + 300 \tag{2-1}$$

式中 B——投料池宽度，mm；

K——投料机中心距离，mm；

n——选用投料机的台数。

投料池的长度可根据工艺布置情况和前脸墙的结构要求来确定。

② 采用斜毯式投料机的投料池尺寸 斜毯式投料机目前在市场上已得到了普遍使用，它的投料方式与垄式投料机相似，只是投料面比垄式投料机要宽得多，因此其投料池的尺寸在设计上与采用垄式投料机的投料池尺寸没有太大的区别，仍然取决于熔化池的宽度和投料面的要求。

随着玻璃熔化技术的成熟和熔化工艺的更新，浮法玻璃熔窑投料池的宽度越来越大。原因是配合料吸收的热量与其覆盖面积是成正比的，投料池越宽，配合料的覆盖面积越大，越有利于提高热效率和节能，有利于提高熔化率。因此，目前在大型浮法玻璃熔窑的设计中，均采用投料池与熔化池等宽或准等宽的模式。随着投料池宽度的不断增大，大型斜毯式投料机也应运而生，熔化池和投料池宽度均为 11m 的熔窑，采用两台斜毯式投料机即可满足生产和技术要求。

（2）投料池的结构

投料池的结构比较简单，即在熔化池前端由若干池壁砖围成的一块区域。传统的投料池上部结构为开放式的结构，与外部大气空间相通，而窑内的压力一般为正压，所以由窑内向外部的溢流和辐射热损失较大。为减少这部分损失，目前出现了全封闭结构的、具有预熔作用的投料池，采取这种结构构成的预熔池，将减少一部分热损失，使配合料进入熔化池之前就能吸收一定热量，将其中的水分蒸发并进行预熔，这样料堆进入熔化池后很快就会熔化摊平，加速了熔化过程。同时，由于料堆表面预熔后，减少了被烟气带入蓄热室的粉料量，并且减少了飞料对熔窑上部结构的化学侵蚀。投料池采用全封闭结构，还可以防止外部环境的干扰，稳定窑内的压力制度与温度制度，减少配合料对池壁以及其他结构的侵蚀，延长窑炉寿命，因此这种结构将是浮法玻璃窑炉发展的趋势。

2.1.2 熔化部

浮法玻璃熔窑的熔化部由熔化区和澄清区组成。熔化区的功能是配合料在高温下经物理、化学反应形成玻璃液，而澄清区的功能是使形成的玻璃液中的气泡迅速完全排出，达到生产所需的玻璃液质量。

（1）熔化部尺寸

为了满足生产要求，熔窑应具有一定的熔化面积。熔化面积是指从投料池末端到末对小炉中心线外一米处的区域，也称熔化区，是熔窑内火焰覆盖部分的面积。而熔化部的面积除上述熔化区外还包括其后的澄清区，应计算到卡脖前。

① 熔化面积的确定 熔化面积决定于熔化率。

$$F_m = G/K \tag{2-2}$$

式中　F_m——熔化面积，m^2；

　　　　G——熔窑生产能力，t/d；

　　　　K——熔化率，指单位熔化面积上每天熔化的玻璃液量，$t/(m^2 \cdot d)$。

由此看出，熔化率是熔窑一项重要的技术经济指标，它反映出熔窑熔化能力的大小，同时又是一项综合性指标，可以反映出整个熔化作业的水平。熔化率与多种因素有关，如熔化温度、燃料的种类、质量、热值及黑度、配合料的黑度、窑炉结构及保温情况、耐火材料的质量、玻璃液的对流、配合料的颗粒度及投料方式、辅助电加热及澄清的措施、操作技术及管理水平等。因此，熔化率是指上述诸因素综合的结果，熔化率的理论计算比较复杂，由于影响因素较多，即使计算出了熔化率，和熔窑实际熔化率相比，仍会有一定的差距，因此，在熔窑的设计中，往往是先选定一个熔化率指标，再进行其他计算，当熔窑投产后，可根据已知的熔化能力和熔化面积反推出实际熔化率。

② 熔化区宽度的确定 窑池宽度的确定也是比较复杂的，它与火焰的长度、熔化区的长度、小炉喷出口的尺寸、大碹跨度等因素有关，目前，在熔窑的设计中，窑池宽度都是根据现有熔窑的实际情况讨论而定，一般 8～13m。如需计算可根据以下经验公式计算：

$$B_m = 0.75 \times 10^{-2} G + 6.75 \tag{2-3}$$

式中　B_m——窑池宽度，m；

　　　　G——熔窑生产能力，t/d。

另外，在浮法玻璃熔窑的设计中，应合理的增大熔化部的宽度，因为较宽的熔化部有以下优点。

ⅰ.提高火焰对玻璃液的热传递长度，火焰的热量被充分吸收，提高热效率。

ⅱ.减缓配合料的流动速度，从而减小其对池壁砖的侵蚀速度。

ⅲ.减少火焰烟气对格子体的烧损和堵塞。

③ 熔化区长度的确定　已知熔化区面积和熔化区宽度，可推出熔化区的长度 L_m：

$$L_m = F_m / B_m \tag{2-4}$$

另外，根据熔化区的定义，由小炉尺寸和对数也可计算出熔化区的长度：

$$L_m = d_1 + (n-1)d_2 + 1.0 \tag{2-5}$$

式中　d_1——$1^\#$小炉中心线到前脸墙的距离，m；

　　　d_2——小炉中心距，m；

　　　n——小炉对数。

由于这两种方法都是在诸多因素影响下近似推导出来的，因此，计算出来的结果不可能相同，熔化区的长度可根据计算出来的数值，设计时作适当调整。

在熔窑的设计中，特别是在熔化区长度的确定中，应适当地加大 $1^\#$ 小炉中心线至前脸墙的距离。这样可提高 $1^\#$、$2^\#$ 小炉的温度，增强配合料的预熔效果，提高热效率和熔化率。可由以下辐射传热公式解释。

$$Q = C\left[\left(\frac{T_1}{100}\right)^4 - \left(\frac{T_2}{100}\right)^4\right]F \tag{2-6}$$

式中　Q——配合料吸收的热量，kJ；

　　　T_1——火焰的温度，K；

　　　T_2——配合料的温度，K；

　　　C——综合辐射系数，kJ/(m² · h · K⁴)；

　　　F——加热面积，m²。

配合料吸收的热量与火焰温度的四次幂和本身温度的四次幂之差成正比，在熔窑中只有 $1^\#$ 小炉这一区域两者的温差最大，这说明加大 $1^\#$、$2^\#$ 小炉的热负荷，可获得很高的热效率，加长 $1^\#$ 小炉至前脸墙的距离可提高熔化量10%以上。另外，加长这一距离，也可以减轻由于 $1^\#$ 小炉温度提高后对前脸墙的烧损和飞料对 $1^\#$、$2^\#$ 蓄热室格子体的堵塞。国外一些浮法熔窑 $1^\#$ 小炉中心线到前脸墙的距离都在4m以上，甚至达到4.5m，国内一般在3.5~4.0m。

④ 澄清区尺寸的确定　玻璃熔窑的澄清区，可定义为从末对小炉中心线后1m处到卡脖入口处的区域，澄清区的作用是使玻璃液在窑内有足够的停留时间，使玻璃液中的气泡能完全排除，以保证玻璃的质量。以前，国内平板玻璃熔窑澄清区长度较小，一般在5m左右，随着浮法熔窑的出现，特别是近年来大型浮法熔窑的问世，熔窑澄清区的长度也在不断加长，澄清区长度的理论计算由于影响因素较多，难度很大，国内目前300~800t/d熔窑的澄清区长度在10~17m范围之内，可根据现有熔窑的生产实际确定。

⑤ 熔化池的深度　国内浮法玻璃熔窑在20世纪90年代以前熔化池的深度一般为1.5m，90年代以后，逐步出现了1.2m池深的熔窑。就目前国内外浮法熔窑而言，绝大多数都是采用1.2m池深结构。采用浅池技术，池底不动层减薄，从而减少了玻璃液的重复加

热，有利于节能。另外，由于上层玻璃液厚度与熔化池的深度成正比，熔化池较浅时，上层流厚度变薄，有利于玻璃液的澄清，提高玻璃质量。

（2）熔化部结构

① 前脸墙结构　前脸墙是熔化部火焰空间的前部端墙，以阻挡熔窑前端投料口处的火焰，其与大碹之间留有胀缝，根据现状，前脸墙按其结构形式可大致分为两种，即拱碹结构和 L 形吊墙结构。

ⅰ.拱碹结构前脸墙　这种前脸墙是由两层或三层碹和砌在碹上耐火砖构成，前脸墙下

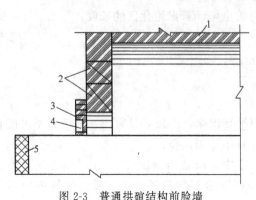

图 2-3　普通拱碹结构前脸墙
1—大碹；2—前脸墙；3—刀把砖；
4—水包；5—投料口池壁

弓形口还需加挡火墙阻挡火焰喷出，以节约燃料，保护投料机。挡火墙的承重靠一横跨投料池的大水包提供，大水包上挂刀把形耐火砖，以阻止火焰直接与水包接触，刀把砖上码砌条形砖，其结构如图 2-3 所示。采用这种结构形式的前脸墙，由于安全因素，受到其股跨比的限制，其跨度不宜太大，一般不超过 7m，即便这样，由于前脸碹和挡火墙受到火焰烧损和碱性气氛的侵蚀，很容易损坏，挡火墙和水包损坏后，可以热修更换，前脸碹一旦烧损严重，只能放水冷修，因此，这种前脸墙结构在浮法窑上正在被淘汰，浮法窑以外的平板玻璃熔窑仍在使用。

普通拱碹结构前脸墙受到跨度和安全因素的限制，而欲进一步提高熔化面积，必须加宽投料池、扩大投料面，为解决此矛盾，产生了 L 形吊墙。

ⅱ.L 形吊墙结构　L 形吊墙由耐热钢件和耐火材料构成，其结构安全性不会受其宽度的影响，L 形吊墙的宽度可与熔化池等宽，这样可满足投料池的等宽或准等宽设计需要。L 形吊墙分为直段部分和 L 形部分，通常称为"鼻部"，直段耐火材料用优质硅砖，鼻部用烧结莫来石和烧结锆刚玉材料，其结构形式见图 2-4。

② 胸墙结构　一般平板玻璃熔窑由于各个部位受侵蚀情况及热修时间各不相同，为了

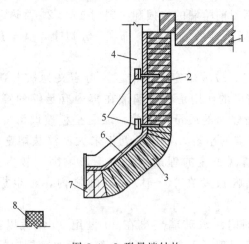

图 2-4　L 形吊墙结构
1—大碹；2—优质硅砖；3—烧结锆刚玉砖；4—吊柱；5—支撑架；6—保温板；7—烧结莫来石砖；8—池壁

分开热修损坏最严重的部分，将胸墙、大碹、窑池分成三个独立支撑部分，最后都将负荷传到窑底钢结构上。胸墙的承重是由胸墙托板及下巴掌铁传到立柱上，最后传到窑底钢结构上。

　　胸墙的设计需保证在高温下有足够的强度，其中挂钩砖是关键部位，它的作用是保护胸墙托板及下巴掌铁等铁件。一般熔化区胸墙采用 AZS33 电熔砖，上间隙砖采用低蠕变耐崩裂的烧结锆英石砖，澄清区胸墙一般采用优质硅砖。浮法熔窑常用的胸墙结构如图 2-5 所示。

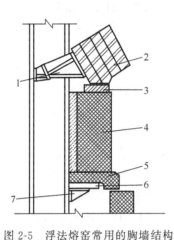

图 2-5　浮法熔窑常用的胸墙结构

1—钢碹碴；2—大碹；3—上间隙砖；4—胸墙；5—挂钩砖；6—胸墙托板；7—下巴掌铁

　　从理论上讲，只要保证胸墙用耐火材料的抗侵蚀能力，胸墙就不会成为影响熔窑寿命的关键部位，然而在实际使用中，很多熔窑因熔化区胸墙内倾导致熔窑寿命缩短，有的熔窑在后期由于放料不及时，出现了胸墙倒塌事故。究其原因，主要是由于大碹砌筑结束后紧固拉条时导致胸墙托板倾斜（外高内低）使胸墙内倾。另一原因是池壁帮砖后，胸墙托板暴露在火焰空间中，使托板变形，导致胸墙内倾。为了减少或避免这一现象的出现，对熔窑胸墙进行了如图 2-6 的设计。这种结构的特点是取消了间隙砖，大碹碹脚直接靠紧胸墙，胸墙托板降低，上层胸墙有意内倾。大碹边碹砖采用三层锆英石砖，熔化区挂钩砖取消

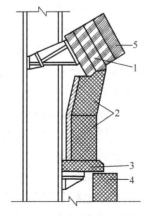

图 2-6　内倾式胸墙结构

1—锆英石边碹砖；2—胸墙；3—挂钩砖；4—池壁；5—硅质大碹

了挂钩设计，这样可避免因电熔 AZS 质挂钩砖质量原因，导致挂钩断裂而引起胸墙内倾。另外，有些大型熔窑将 50mm 厚普通碳钢托板改为 60mm 厚中硅球墨铸铁托板，也收到良好效果。

③ 大碹结构　大碹的作用是与胸墙、前脸墙组成火焰空间，同时，还可以作为火焰向物料和玻璃液辐射传热的媒介，即吸收燃料燃烧时释放的热量，再辐射到玻璃液面上。

大碹的重量是由钢碹碴通过上巴掌铁并由立柱传到窑底钢结构上。

大碹的高低和特性可通过股跨比来反映。从热工角度考虑，大碹低一些是有好处的，能尽可能地将热量辐射给玻璃液。降低大碹高度可通过降低胸墙高度和减小大碹碹股来实现，但胸墙高度是受到小炉喷出口等因素约束的；减小碹股会增加大碹的水平推力，碹的不稳定性加大。一般大型浮法熔窑的大碹股跨比为 1:8 左右。

根据熔化部的长度，大碹可分为几节，一般至少为三节以上。砌筑时每节碹之间预留的膨胀缝约为 100~120mm，前、后山墙处的碹顶膨胀缝要留宽些。

大碹一般用优质硅砖砌筑，砖型为楔形，横缝采用错缝砌筑，泥缝的大小根据所采用砌筑泥浆的具体要求确定，一般为 1~2mm。

浮法玻璃熔窑大碹碹碴大多采用钢碹碴，并要求吹风冷却。两边钢碹碴的斜面延长线须通过大碹碹弧的圆心，其形成的夹角为大碹的中心角。

大碹的寿命决定了整个熔窑的窑龄，大碹在使用中的薄弱环节为测温孔、测压孔等孔洞，大碹砖的横缝（俗称顶头缝），每节碹的碹头以及大碹的边碹砖部分。窑炉在正常作业时，窑内为正压，碹顶的各种孔洞很容易因穿火被越烧越大，边碹砖如果与钢碹碴接触不够紧密，很容易被火焰冲刷、烧损，因此，这些地方应采用性能较好的耐火材料，目前使用较多的是烧结锆英石砖。

④ 池壁、池底的结构　窑池由池壁和池底两部分组成。窑池建筑在由窑下炉柱支撑的架梁上，整个窑池的重量及其盛装的玻璃液的重量均由窑底炉柱承担，浮法熔窑的炉柱一般为混凝土质或钢质立柱。炉柱上面架设沿窑长方向的工字钢或"H"形钢主梁。大型浮法窑主梁一般为四根，在主梁上沿主梁垂直方向安放工字钢次梁。以前没有窑底保温时，直接在次梁上铺扁钢，在扁钢上铺设黏土大砖，此时次梁应避开黏土大砖的砖缝，每块砖下面要对应两根扁钢和两根次梁。目前保温技术已被普遍采用，窑底结构也随之发生改变，即在次梁上沿垂直次梁方向铺设槽钢，槽钢内卡砌垛砖，垛砖上铺设池底黏土大砖，铺大砖之前，在槽钢上焊活动钢板支撑架，并在垛砖之间，支撑架之上砌保温层。池深变浅和窑底保温后，底层玻璃液温度升高，流动性增大。为减少玻璃液对池底砖的侵蚀，在黏土砖之上铺保护层，即捣打一层厚 25mm 的锆英石捣打料，再在其上铺一层厚度为 75mm 的电熔锆刚玉砖或烧结锆刚玉砖。

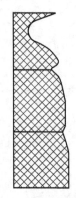

图 2-7　老式池壁砖的侵蚀情况

池壁砌筑在池底黏土大砖上。因熔化部玻璃液表面进行燃料的燃烧和配合料的熔化，玻璃液表面的温度达 1450℃以上，玻璃液的对流也较强，加上液面的上下波动，因此，池壁的侵蚀比较严重，特别是玻璃液面线附近池壁损坏较快。以前，因投资费用和其他因素的影响，池壁往往采用多层结构，下部用黏土砖，中部采用电熔莫来石砖，上部使用电熔锆刚玉砖，此种结构池壁的受侵蚀情况可以通过图 2-7 来表示。图中可见，接近液面线处侵蚀最严重，这种池壁对玻璃液的质量影响较大。目前，浮法熔窑池壁采用整块大砖竖缝干砌，材质一般为 AZS33 电熔砖，这种池壁没有横缝，材质档次提高，受侵蚀速度较慢，对玻璃液的污染小，使用寿命长，被广泛应用。池壁厚度由 300mm 减至 250mm。

随着人们对窑炉寿命的期望值不断加大，池壁结构也相应进行了许多探索，到 2000 年以后，刀把形池壁砖在浮法熔窑上得到了应用。砖形见图 2-8。材质一般为 AZS33、AZS36 电熔砖，也有少数厂家用 AZS41 电熔砖，但 AZS41 电熔砖热稳定性较差，在烤窑时容易发生炸裂。因为池壁厚度越小，冷却风的冷却效果越好，采用刀把形砖可以贴补两次砖，且侵蚀速率小，因此大大延长了池壁的寿命（可达十年以上）。

图 2-8　刀把形
池壁砖图

2.1.3　卡脖、冷却部

(1) 卡脖、冷却部的尺寸

卡脖和冷却部的尺寸在设计时，往往是由经验确定，浮法熔窑卡脖的宽度一般为熔化池宽度的 40%～50%，长度 5～6m，也有个别超过 6m 的。冷却部宽度一般为 8.5～10m，长度 15～18m。减少卡脖和冷却部的尺寸可以减小玻璃液对流量，节约能源并节省基建投资，但可能会使玻璃液的均化质量下降。表 2-1 为运行状况良好的几条浮法玻璃熔窑的实际尺寸。

表 2-1　浮法玻璃熔窑的实际设计尺寸　　　　　　　　　单位：mm

部位		生产规模/(t/d)					
		350	500(1)	500(2)	600	700	800
熔化部	池宽	9100	11000	11000	12000	12500	13000
	池长	31000	34500	35000	36000	37000	38000
卡脖	池宽	4000	3500	4400	4400	5000	5000
	池长	5000	5700	5000	5000	5000	5000
冷却部	池宽	8500	8500	8500	9000	9000	10000
	池长	15000	15000	15000	16000	18000	18000

(2) 卡脖、冷却部的结构

① 卡脖的结构　自从浮法工艺在国内诞生以来，常采用的卡脖结构主要有矮碹结构和吊墙结构。

ⅰ. 矮碹结构　国内浮法线上最早使用的矮碹，熔化部后山墙碹、卡脖碹和冷却部前山墙碹的碹跨和股高是一样的或相差很小，胸墙高度很小，有的卡脖碹碹砖直接搭在池壁上，这样做可尽可能地减小空间开度，其结构见图 2-9（不使用搅拌器的卡脖结构）。随着技术的发展以及人们对玻璃质量要求的提高，卡脖处逐渐安装了搅拌器。搅拌器有两种形式，一种是垂直式，另一种是水平式。垂直式搅拌器从卡脖碹顶预留孔插入，这种搅拌器对卡脖胸墙的高度不作要求，如图 2-10 所示。水平式搅拌器是从卡脖两边胸墙插入的，成对安装使用，此种形式在碹顶不需留孔，但在卡脖胸墙上需留有高 300mm 左右及足够长的孔，以便于搅拌器的插入，因此要求胸墙必须抬高，其结构如图 2-11 所示。这种结构也为将大水管从熔化部末端移至卡脖处创造了条件。

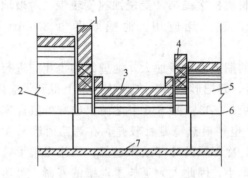

图 2-9　不使用搅拌器的卡脖结构
1—熔化部后山墙；2—熔化部；3—卡脖碹；4—冷却部前山墙；5—冷却部；6—池壁顶端；7—池底

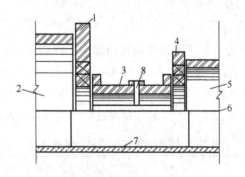

图 2-10　使用垂直搅拌器的卡脖结构
1—熔化部后山墙；2—熔化部；3—卡脖碹；4—冷却部前山墙；5—冷却部；6—池壁顶端；7—池底；8—搅拌器口

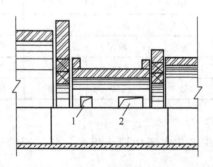

图 2-11　使用水平搅拌器的卡脖结构
1—冷却水包孔；2—水平搅拌器孔

　　ⅱ.吊墙卡脖结构　矮碹结构由于考虑到碹的安全性，股跨比不能太小，因此其空间开度比较大，其分隔效果不太好，特别是水平搅拌器的使用，胸墙高度的增加，其使用效果更差，为此出现了带吊墙的卡脖结构。此种结构可将股跨比设计的大一些，增加其安全性，空间分隔靠吊墙实现。这种吊墙目前国内外均可生产，吊墙用耐火材料多为优质硅砖和烧结莫来石砖，砖形为"工"字形或"王"字形，整面墙靠每块砖咬挂而成，两边用钢板夹紧，此种结构的卡脖如图 2-12 所示。

　　除了以上所述两种卡脖结构外，还有"U"形吊碹、双 L 形吊碹以及吊平碹等多种形式

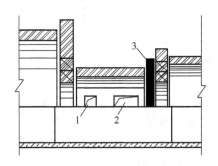

图 2-12 带吊墙的卡脖结构

1—冷却水包孔；2—水平搅拌器孔；3—卡脖吊墙

的卡脖结构，但这些卡脖结构复杂，有的投资巨大。

② 冷却部结构 冷却部结构与熔化部结构基本相同，也包括大碹、胸墙、池壁、池底等。池深可以和熔化部相同也可以略低一些，但所用耐火材料有所不同。冷却部池壁以及池底铺面砖一般采用 α-βAl$_2$O$_3$ 砖，铺面砖下的捣打层用 α-βAl$_2$O$_3$ 质捣打料，这些材料的发泡指数为零，污染指数为零，因此对玻璃液不构成污染。胸墙、大碹采用优质硅砖较好。一般浮法线在熔化部或冷却部设置一对耳池，或者不设耳池。耳池除了加大玻璃液的横向对流外，也可将投产或正常生产时因故障出现在液面上的浮渣等杂物，从耳池处清理出窑。

2.1.4 小炉、蓄热室

目前，大部分浮法熔窑是以重油作为燃料，少部分熔窑以天然气为燃料，以发生炉煤气作为燃料的浮法线也逐年增多。以下详述燃油或燃天然气熔窑的小炉与蓄热室结构。

（1）小炉

① 小炉的尺寸 目前，国内生产规模为 400t/d 以上的浮法熔窑采用六对小炉的居多，700t/d 以上的有的采用七对小炉。在小炉的设计中，一般要考虑喷出口的面积和小炉斜碹的下倾角。小炉喷出口的面积是一侧小炉喷出口的总面积与熔化面积的比值。

$$\frac{f_{总}}{F} \times 100\% = 3.0\% \sim 3.5\% \tag{2-7}$$

式中 F——熔化面积，m^2；

$f_{总}$——侧小炉喷出口的总面积，m^2。

对于烧油小炉，该比值为 3.0%～3.5%；对于烧煤气小炉，该比值为 2.5%～3.0%。

则每个小炉喷出口的面积为：

$$f = \frac{F \times (3.0\% \sim 3.5\%)}{n} \text{（烧油）}$$

$$f = \frac{F \times (2.5\% \sim 3.0\%)}{n} \text{（烧煤气）}$$

式中 n——小炉对数。

大部分熔窑最后一对小炉喷出口面积比前几对要小一些，对于 300t/d 以上的熔窑，小炉喷出口的宽度一般都在 1700mm 以上。

小炉斜碹的下倾角应视具体情况具体对待，以重油为燃料的熔窑小炉斜碹的下倾角一般为 21°左右；以天然气为燃料的熔窑小炉下倾角一般为 24°左右；以煤气为燃料的熔窑小炉斜碹下倾角要略大一些，一般为 25°左右，并且底板有约 3°的上倾角。

② 小炉的结构　小炉由顶碹、侧墙和坑底组成。小炉与熔窑连接的碹称为小炉平碹，与蓄热室连接的碹称为后平碹，中间部分碹为斜碹，见图 2-13。碹和侧墙、坑底组成小炉空间。浮法熔窑的平碹采用插入式结构，做成上平下弧形，并与熔窑胸墙匹配，前述防止胸墙内倾的措施是将胸墙设计成内倾式，并且大碹边碹砖直接压在胸墙上，因此小炉平碹也要相应设计成如图 2-14 的结构，这种结构也是目前普遍采用的。

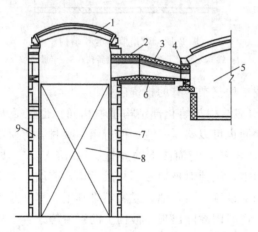

图 2-13　烧油小炉的结构

1—蓄热室顶碹；2—小炉后平碹；3—小炉斜碹；4—小炉平碹；5—熔化部；
6—小炉坑底；7—蓄热室内侧墙；8—格子体；9—蓄热室外侧墙

小炉斜碹是组成小炉的重要部位，也是容易被烧损的部位，斜碹的设计要与相应的小炉平碹结构匹配，如图 2-15 所示是与图 2-14 的平碹相对应的斜碹结构。

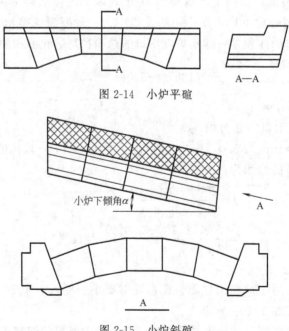

图 2-14　小炉平碹

图 2-15　小炉斜碹

后平碹、侧墙和坑底结构较简单，这里不一一叙述。

③ 烧煤气小炉的结构特点 烧煤气小炉在结构上与烧油小炉除有以上几点不同之处外，最主要的不同之处是有舌头。通常舌头伸出长度为 400～450mm，如图 2-16 所示。

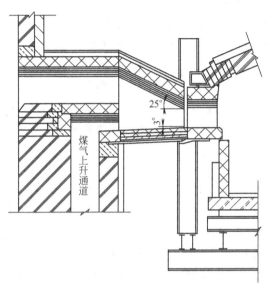

图 2-16 烧煤气小炉的结构

一般烧煤气小炉口的高度为 400～500mm，拱的股跨比为 1:10。

蓄热室烧煤气小炉的斜碹形式目前有两种：一种是直通形；另一种是喇叭形。直通形小炉的优点是：煤气呈扁平状出上升道，容易与助燃空气混合，混合气体对小炉侧墙的冲刷小，而且小炉结构简单，施工方便。喇叭形小炉的优点是：喇叭形状强制性地使火焰形成扩散状，可提高火焰的覆盖面，并能改善因煤气上升道间距较小而造成维修环境恶劣的状况。喇叭口状小炉烧煤气熔窑的平面布置如图 2-17 所示。

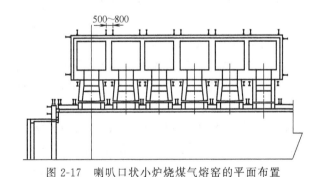

图 2-17 喇叭口状小炉烧煤气熔窑的平面布置

浮法玻璃熔窑小炉的喷出速度、热负荷、空气煤气动量比等参数的计算参照第 4 章有关内容。

(2) 蓄热室

① 蓄热室的尺寸 蓄热室的尺寸一般与熔化部的熔化面积成正比，其尺寸包括长度、宽度、高度。蓄热室的长度决定于小炉的对数及其间距，一般用下式计算：

$$L = d_1 + (n-1)d_2 + d_3 \tag{2-8}$$

式中　L——蓄热室的长度，m；

　　　　d_1——$1^{\#}$小炉中心线到蓄热室前端墙内侧的距离，m；

　　　　n——小炉的对数；

　　　　d_2——小炉中心线的距离，m；

　　　　d_3——末对小炉中心线到蓄热室后端墙内侧的距离，m。

蓄热室格子体的高度 H、宽度 B 和长度 L 之间有所谓"构筑系数"的关系：

$$构筑系数 = \frac{H}{\sqrt{BL}}$$

构筑系数是衡量格子体结构是否合理、气流分布是否均匀的一个指标，构筑系数大则有利于气流的均匀分布，反之，则气流分布不均，蓄热效果不好。但此值过大，则结构稳定性差。此值的适宜值为 0.6～1.0。高度和宽度的适宜比值为 2.0～3.0。在实际设计中，一般采用经验数据来确定蓄热室的尺寸。

② 蓄热室的结构　蓄热室由顶碹、内外侧墙、端墙、隔墙、格子体及炉条等组成。浮法熔窑蓄热室顶碹厚度一般都等于或大于 350mm，用优质硅砖砌筑，中心角为 90°～120°，要视具体情况而定。侧墙、端墙、隔墙一般厚为 580mm，一般下部用低气孔黏土砖砌筑，中、上部用碱性耐火材料砌筑，也有上部用硅质材料的。

ⅰ.蓄热室的形式　为了提高蓄热室的蓄热性能以及使用寿命，国内外蓄热室有很多形式，但就国内浮法熔窑而言，最常见的有分隔式结构、两两连通式结构、全连通式结构。

分隔式结构是将蓄热室以各个小炉为分隔单元，各个室的气体不能串通，气体分配靠各个室的分支烟道上的闸板来调节。这种结构形式的优点是气体分配调节比较便利，热修格子体比较方便，但由于隔墙较多，减少了格子体的体积，格子体的热交换面积较小，热效率不高。

两两连通式结构是将每两个小炉分隔成一个室，而一个小炉一个分支烟道，来调节每个小炉的气体分配，这种结构较分隔式结构，减少了隔墙数量，增加了格子体的热交换面积，提高了热效率，但由于减少了隔墙数量，侧墙稳定性会差一些。另外，由于两两连通，给热修格子体带来了一定的困难，必须两个小炉一起修，会严重影响生产。这种形式的蓄热室目前在大型浮法窑上应用较多。

全连通式结构形式是将熔窑一侧的蓄热室连为一个室，而分支烟道又按每个小炉一个来调节各个小炉的气体分配。这种结构蓄热室最大限度地增加了格子体的热交换面积，热效率较高，但由于没有隔墙，侧墙的稳定性较差。另外，如果局部格子砖倒塌、堵塞，无法进行热修，目前，这种结构形式，也使用在大型浮法窑上。

ⅱ.炉条　炉条是承受格子体重量的耐火材料结构，炉条碹的宽度和高度，要根据炉条所承受的格子体重量计算来确定，一般宽度不小于 150mm，高度不小于 300mm，每条炉条间距不小于 150mm。为了使单一的炉条稳定性增加、整体性增强，通常在炉条碹上加两道加强筋碹砖，如图 2-18 所示。炉条部位耐火材料一般用低气孔黏土砖砌筑。

ⅲ.格子体　格子体是蓄热室的传热部分，是蓄热室结构中最重要的组成部分。格子体的结构是否合理，不仅影响蓄热室的使用寿命，而且直接影响蓄热室的蓄热

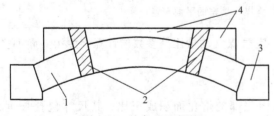

图 2-18　炉条碹示意图

1—炉条碹砖；2—加强筋碹砖；

3—碹碹砖；4—找平砖

效能，进而影响整个熔窑的热效率。因此要求组成格子体的耐火材料能耐高温、耐侵蚀、蓄积热量多、传热快、热震稳定性好，并要求整个格子体具有很好的结构稳定性。

格子体的热交换面积是判断蓄热室蓄热效能的重要指标。浮法熔窑中一般要求格子体的热交换面积（蓄热面积）为熔化面积的 20～25 倍。蓄热室热交换过程中，热废气传给空气的热量可用传热方程式来表示：

$$Q=RF\Delta t_{\mathrm{m}} \tag{2-9}$$

式中　Q——蓄热室的热回收热量，即每一换向周期热废气传给空气的热量，kJ/周期；

　　　R——一个换向周期的平均综合传热系数，kJ/（m^2·℃·周期）；

　　　F——格子砖的热交换面积，m^2；

　　　Δt_{m}——烟气与空气间的平均温度差，℃。

由式(2-9) 可以看出，热交换面积越大，积蓄的热量就越多，换热效率就越高。不同排列方式的格子体，对应不同单位格子体的热交换面积、单位格子体中格子砖的体积以及单位格子体横断面上气体的流通断面，这些都是衡量格子体效能的重要指标。格子体的排列方式很多，传统的排列方式有西门子式、李赫特式、编篮式等，这几种形式都很难避免结构稳定性差、码砌困难等缺点。目前在浮法熔窑上使用最多的是筒形砖格子体（图 1-21）。少数长寿命、高级别的熔窑采用"十字"形（图 1-22）砖格子体。筒形砖格子体在单位体积内的热交换面积、砖的重量和单位横断面上的气体流通断面等指标都优于传统的条形砖码砌方式。并且每块筒形砖都是对称的结构，施工操作方便，容易码砌，不会造成差错。"十字"形格子砖是电熔 AZS 浇铸砖，它具有耐高温侵蚀性能好、热容量高、导热系数大、使用寿命长、蓄热效能高、结构稳定性好等特性，是一种非常理想的格子体，但由于价格非常昂贵，因此在国内浮法窑上使用很少。

随着耐火材料技术的进步，浮法熔窑格子体寿命明显增长，可以做到整个窑期不更换格子体。其一般配置为：下部格子体温度波动大、承重较大，采用低气孔黏土砖比较合适（具有较高的抗压强度及较好的热震稳定性）；中部用热震性好且抗碱侵蚀的镁铬砖（用直接结合镁铬砖较好）；上部因受飞料、高温以及温度变化的影响，采用气孔率低、抗碱侵蚀性强、热震稳定性好、高温强度大的高纯镁砖较好；最上部 3～5 层格子砖用镁锆砖。

2.1.5　烟道

(1) 烟道的布置

① 烧重油或天然气的浮法玻璃熔窑烟道布置比较简单，烟道布置在蓄热室内侧即窑池下方，其基本布置形式如图 2-19 所示，由总烟道、支烟道和分支烟道组成。在分支烟道上设有烟气闸板和助燃风进口，在支烟道上设有空（烟）气交换机闸板（俗称大闸板或换向闸板），在总烟道上设有转动闸板以调节窑压。在烟囱根设一道闸板以调节抽力。

② 烧煤气的浮法玻璃熔窑由于有空气和煤气两条烟道，并且有煤气换向跳罩，其烟道布置就较复杂，目前采用的基本布置方式如图 2-20 所示。

(2) 烟道的基本结构

烟道为拱碹结构，浮法熔窑烟道碹厚一般为 230mm，中心角一般为 90°，下面为矩形断面（其断面的大小要根据烟气流速来计算）。烟道内侧为黏土砖，黏土砖外面有保温砖，保温砖外面砌红砖（见图 2-21）。

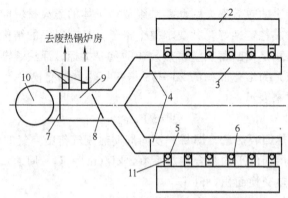

图 2-19　烧油浮法玻璃熔窑烟道布置

1—废热锅炉闸板；2—蓄热室炉条下部；3—支烟道；4—空（烟）气交换机闸板；5—助燃风支管；6—分支烟
道闸板；7—烟囱跟大闸板；8—转动闸板；9—总烟道；10—大烟囱；11—分支烟道

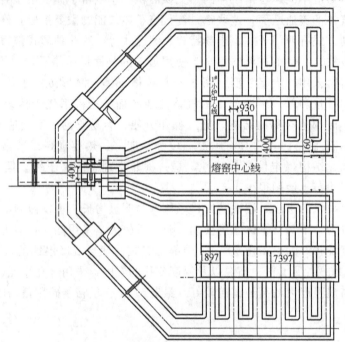

图 2-20　烧煤气浮法玻璃熔窑烟道布置

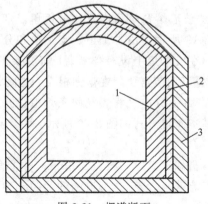

图 2-21　烟道断面

1—黏土砖；2—保温砖；3—建筑用红砖

2.1.6　浮法玻璃熔窑设计方案

表 2-2 给出各种不同生产能力的浮法玻璃熔窑的设计方案数据，供参考。

表 2-2　浮法玻璃熔窑设计方案

项目	熔化能力/(t/d)						
	350	500	600	700(1#)	700(2#)	800(1#)	800(2#)
投料口							
池宽/mm	7000/9100	9000/11000	10000/12000	10500/12500	10000/12000	11000/13000	10500/12500
池长/mm	2300	2300	2300	2300	2300	2300	2300
熔化部							
池宽/mm	9100	11000	12000	12500	12000	13000	12500
池长/mm	33100	35000	36000	37000	39000	38000	40000
池深/mm	1200	1200	1200	1200	1200	1200	1200
1#小炉之前长/mm	3500	3600	3600	4000	3800	4000	4000
1#小炉至末号小炉长/mm	15500	16200	17100	17500	19500	17700	19600
末号小炉之后长/mm	14100	15200	15300	15500	15700	16300	16400
熔化区长/mm	19800	20800	21700	22500	24300	22700	24600
澄清区长/mm	13300	14200	14300	14500	14700	15300	15400
熔化部面积/m²	301	385	432	463	468	494	500
熔化区面积/m²	180.2	228.8	260.4	281.3	291.6	295.1	307.5
熔化率/[t/(m²·d)]	1.94	2.185	2.304	2.490	2.401	2.711	2.602
澄清区比率/%	40.18	40.57	39.72	39.20	37.69	40.26	38.50
熔化部长宽比 k_1	3.637	3.182	3.000	2.960	3.250	2.923	3.200
熔化区长宽比 k_2	2.176	1.891	1.808	1.800	2.025	1.746	1.968
卡脖							
池宽/mm	4000	4400	4400	5000	5000	5000	5000
池长/mm	5000	5000	5000	5000	5000	5000	5000

续表

项目	熔化能力/(t/d)						
	350	500	600	700(1#)	700(2#)	800(1#)	800(2#)
冷却部							
池宽/mm	8100	8500	9000	9000	9000	10000	10000
池长/mm	13500	15000	16000	18000	18000	18000	18000
冷却部面积/m²	109.4	127.5	144.0	162.0	162.0	180.0	180.0
冷却部面积比/[m²/(t·d)]	0.312	0.255	0.240	0.231	0.231	0.225	0.225
小炉							
小炉对数	6	6	6	6	7	6	7
小炉中心线间距/mm	3100	3300/3000	3500/3100	3600/3100	3300/3000	3600/3300	3300/3100
小炉喷火口宽度/mm	1800/1600	1900/1200	2000/1200	2200/1200	1900/1200	2200/1600	1900/1200
小炉喷火口总宽度/mm	10600	10700	11200	12200	12600	12600	12600
火焰覆盖系数/%	50.96	51.44	51.61	54.22	51.85	55.51	51.22
蓄热室							
通道形式	全连通	全连通	2+3+1	2+3+2	2+3+1	2+3+2	
通道内宽/mm	4180	4284	4744	5204	5204	5204	5204
格子孔尺寸/mm	165	165	165	165	165	165	165
格子体高度/mm	7352	8150	8150	8150	8150	8150	8150
格子孔数量		1584	1880	2024	2178	2024	2178
单侧格子体体积/m³		680	810	870	939	880	939
单侧换热面面积/m²		7230	8580	9240	9940	9240	9940
换热面积比	31.6		32.95	32.84	34.09	31.3	32.33
烟道							
分支烟道宽/mm	1160	1160	1160	1400	1280	1400	1400
分支烟道高/mm	1265	1360	1496	1360	1564	1564	1564
总烟道宽/mm		2550	2670	2900	2900	3130	3130
总烟道高/mm		2380	2720	2720	2720	2720	2720
总烟道断面面积/m²		6	7	8	8	9	9

2.2　浮法玻璃熔窑的生产操作

(1) 温度制度

玻璃熔窑的温度制度是否合理，对熔制过程具有决定性意义。温度制度不合理或受到干扰而不稳定，就会使一系列平衡遭到破坏，甚至使含有石英砂的泡沫层越过泡界线，造成玻璃产品的各种缺陷。为了建立一条合理的温度曲线，必须科学地分配热量。温度曲线是沿窑长方向由几个温度测定值连成的折线，有"山"形、"桥"形和"双热点"三种类型。温度曲线呈"山"形时，热点突出明显，泡界线清晰稳定，窑池各处液流轨迹稳定。采用六对小炉的浮法熔窑，生产操作中，一般将料山（又叫料堆）控制在 2# 、3# 小炉之间，泡界线在 3# 、4# 小炉之间，热点在 4# 小炉处。但各个浮法窑吨位大小和操作习惯的不同，温度制度也会有一定的差别，如有些大型浮法熔窑中采用"双热点"温度制度，也能起到良好的生产效果。因此，在浮法熔窑的生产操作中，保证稳定的温度、稳定的窑压、稳定的液面及稳定的泡界线是至关重要的，是玻璃生产中常强调的"四小稳"。

(2) 液面及其控制

生产中将投料机和液面仪组成液面控制系统。目前浮法熔窑采用最多的是连续薄层投料。

(3) 窑压及其控制

浮法熔窑在正常生产时，一般要求贴近玻璃液面处为微正压，如果采用胸墙取压，可设定窑压指标为 5Pa 左右，如果采用碹顶处取压，可设定窑压指标为 25Pa 左右。通常以调节总烟道上调节闸板的开度来增加或减小气体阻力，以达到控制窑压的目的。调节闸板以转动闸板或升降闸板等形式实现。

(4) 换向操作

浮法熔窑一般每 20min 换向一次，改变火焰、空气、烟气的方向，这样格子体不断地吸热、放热，并最终被用来加热助燃空气。

浮法熔窑多数采用重油为燃料，换向比较安全简便。重油的换向通过电磁阀来实现，一侧电磁阀打开，另一侧电磁阀关闭，每 20min 互换一次。雾化气的换向同重油的换向一样，也通过电磁阀来控制，但和重油不同的是，当雾化气一侧电磁阀关闭时，要经过旁通通入少量的保护气体来保护喷枪，避免喷枪被烧坏。助燃空气的换向是通过助燃风支管上的气动蝶阀的开、关来实现的。烟气的换向通常是通过设在支烟道上空交机闸板来实现的。

以上各换向步骤必须符合一定的顺序，并在方向上要保持一致，符合燃烧及烟气流程规律。一般换向过程从停火到开火，可控制在 50s 以内，其换向程序可简单地概括如下：关油阀→开卸油阀→空交机闸板换向→助燃风换向→雾化气换向→开油阀→关卸油阀。

浮法熔窑的换向通过计算机编程后进行自动控制，使换向的各个动作以及时间都可以实现精确控制。如果自动控制失灵，要按以上换向程序通过换向仪表盘上的手动开关进行人工换向。如果以天然气为燃料，其换向程序和以重油为燃料的换向程序相同。

2.3 浮法玻璃熔窑的烟气处理

2.3.1 玻璃熔窑烟气特性

玻璃熔窑采用的燃料不同、工艺不同，其产生的烟气具有温度高（400～500℃）、烟气量较燃煤锅炉要小、NO_x 浓度高、腐蚀性较强且成分复杂等特点。玻璃熔窑常采用的燃料为天然气、重油、石油焦粉和发生炉煤气等，燃烧产生的烟气往往具有腐蚀性。不同燃料的烟气污染物含量见表 2-3。

表 2-3 不同燃料的烟气污染物含量质量浓度　　　　单位：mg/m^3

燃料	ρ(颗粒物)	$\rho(SO_2)$	$\rho(NO_x)$
天然气	80～280	100～500	1800～2870
重油	150～900	1500～4000	1850～3000
石油焦粉	200～1200	2000～6500	1800～3300

同时玻璃原料中含有的纯碱、芒硝等高温下易挥发分物质随烟气排出，使烟气成分更具有强的黏附性、腐蚀性。这些颗粒物随不同的燃料有很大的不同（表 2-4）。如果不对颗粒物前端预处理，极易造成后续脱硝处理的 SCR 催化剂中毒，大大缩短催化剂的使用寿命。

表 2-4 不同燃料烟气中颗粒物成分

燃料	成分/%（质量分数）								损耗量 /%
	SiO_2	Al_2O_3	Fe_2O_3	CaO	MgO	SO_3	K_2O	Na_2O	
天然气	5.83	2.20	2.77	3.06	1.26	—	1.31	29.19	—
石油焦粉	16.61	7.04	6.61	4.47	—	31.72	0.96	13.28	19.77

此外，玻璃熔窑由于 20～30min 的换向间隔，换向燃烧时烟气中 NO_x、SO_2、O_2 等含量会发生剧烈的变化，大大增加了烟气治理的难度。

GB 26453—2011《平板玻璃工业大气污染物排放标准》规定烟气排放限值为：$\rho(NO_x) \leqslant 700mg/m^3$，$\rho(SO_2) \leqslant 400mg/m^3$，$\rho$(颗粒物)$\leqslant 400mg/m^3$。

2.3.2 玻璃熔窑烟气处理技术

（1）NO_x 排放处理技术

玻璃熔窑烟气中 NO_x 的来源主要是原料分解（原料型 NO_x）、燃料燃烧生成（燃料型 NO_x）和空气高温反应生成（热力型 NO_x）三种。其中热力型 NO_x 的产量与温度关系密切。玻璃熔窑主要为热力型 NO_x，且其中 NO 约占 95%，NO_2 约占 5%。

烟气脱硝技术有气相反应法、液体吸收法、吸附法、液膜法和微生物法。

气相反应法中的选择性催化还原法（简称 SCR 法）在玻璃熔窑中应用较多。SCR 法是利用 NH_3 作为还原剂，在催化剂钛、锆等稀有金属的作用下，在一定温度条件下，NH_3 有选择地将废气中的 NO、NO_2 等 NO_x 还原为 N_2 和 H_2O。SCR 法还原剂用量少，催化剂选择余地大，还原剂的起燃温度低。

气相反应法中另一种方法是选择性非催化还原法（SNCR 法）。此法是在不需要催化剂的情况下，利用还原剂有选择性地与烟气中的 NO$_x$（主要是 NO、NO$_2$）发生化学反应，生成 N$_2$ 和 H$_2$O，正常反应温度在 800～1100℃。优点在于克服了 SCR 法催化剂中毒失效的问题，但使用条件有一定限制。已在部分玻璃企业使用。

液体吸收法包括碱溶液吸收法、碱-还原剂还原吸收法（液相还原吸收法）、氧化剂氧化-碱液吸收法等。因玻璃窑炉产生的烟气中 NO 含量较高，烟气脱硝一般采用氧化剂氧化-碱液吸收法等。

吸附法脱硝效率高，但因吸附剂吸附容量小、吸附剂用量较大、运行成本高、设备庞大、吸附剂再生频繁等缺点，应用受到限制。

液膜法和微生物法目前工业上应用还不成熟，无法广泛应用。

（2）SO$_2$ 排放处理技术

烟气中 SO$_2$ 主要来源于燃料燃烧。湿法脱硫工艺应用最多，常见的有石灰石-石膏法、氨法、钠钙双碱法、氧化镁法等。其中石灰石-石膏法脱硫工艺较为完善，技术较为成熟。湿法脱硫的脱硫效率高，但如处理不当会出现腐蚀与结垢，同时因排烟湿度大形成大量的白雾。干法脱硫相对排烟湿度小，无白雾现象，但脱硫效率较低。而半干法脱硫不仅脱硫效率高，还兼备干法脱硫排烟湿度小的优势，是玻璃熔窑烟气脱硫技术的主流技术。

玻璃熔窑普遍采用 R-SDA 半干法脱硫技术，通过高速旋转雾化将浆液制成微小雾滴，与烟气中的 SO$_2$ 迅速反应脱硫。此技术脱硫效果明显，既能保证脱硫效率，又可解决结晶堵塞和排烟问题，适用于以石油焦粉为燃料的高硫分烟气。

（3）粉尘排放处理技术

在烟气治理过程中，烟气除尘是重要的一环。除尘效果的优劣，不仅关系到烟气排放的浓度是否达标，也直接影响环保设备的运行效果和使用寿命。常用旋风除尘、袋除尘、电袋复合除尘以及湿式电除尘等。

玻璃熔窑出口烟气温度在 450℃左右，因此采用高温电除尘技术是解决问题的有效途径。

2.3.3　玻璃熔窑烟气排放处理技术路线及应用

（1）技术路线

依据玻璃熔窑烟气特性和燃烧特点，在确定玻璃行业烟气减排路线时应遵循以下原则：玻璃熔窑的窑压是玻璃生产的关键，必须保证烟气处理中窑压的稳定，不影响正常的生产；玻璃熔窑换向期间烟气中成分变动较大，烟气的处理设施应能满足负荷要求，确保排放达到标准；使用重油、石油焦等不同燃料时，烟气的处理均能稳定运行，有效去除污染物；在烟气成分复杂条件下，减少其成分对脱硝催化剂的毒害。

综合以上原则，并依据玻璃熔窑烟气污染物成分特点，采用图 2-22 减排技术路线。

（2）应用举例

某日产 700t 的玻璃工厂玻璃熔窑进行烟气减排改造，其烟气数据为：烟气量 140000m^3/h，烟气浓度 ρ(NO$_x$) 为 3000～3500mg/m^3，ρ(SO$_2$) 为 4000mg/m^3，ρ(颗粒物) 为 1000mg/m^3。

依据图 2-22 的技术路线，采用的工艺流程为：

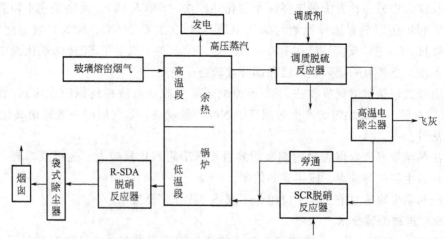

图 2-22　玻璃熔窑烟气减排技术路线

熔窑烟气→高温段余热锅炉→干法调质脱硫→高温电除尘器→SCR 脱硝→低温段余热锅炉→R-SDA 脱硝→布袋式除尘器→烟囱。

经过处理后的烟气浓度 $\rho(NO_x) \leqslant 150mg/m^3$，$\rho(SO_2) \leqslant 100mg/m^3$，$\rho(颗粒物) \leqslant 20mg/m^3$，达到国标排放要求。

习　题

2-1　浮法玻璃池窑的熔化面积指哪个区域的面积？

2-2　前脸墙采用 L 型吊墙结构有何优势？试绘制 L 型吊墙结构简图。

2-3　一般大型浮法玻璃熔窑的大碹股跨比为多少？碹股减少对大碹结构有何影响？

2-4　卡脖结构类型有哪些？各有什么特点？

2-5　冷却部设置耳池有何作用？

2-6　为什么玻璃池窑会发生池底"漂砖"的故障？

2-7　浮法玻璃池窑的蓄热室形式有哪些？各有什么特点？

2-8　如何制定合理的玻璃熔窑温度制度？

2-9　烟气脱硫技术的脱硫方法主要有哪几种？

2-10　烟气脱硝技术有哪几种？

第3章
全氧燃烧玻璃熔窑

　　全氧燃烧玻璃熔窑（以下简称全氧窑）是指把全氧燃烧技术用于玻璃熔化的玻璃熔窑。应用全氧燃烧技术能提高玻璃熔窑的产量和质量，降低生产成本，减少能耗与污染排放，成为玻璃工业发展与改革的方向。全氧燃烧技术由美国康宁公司于 20 世纪 40 年代在玻璃熔窑上开创使用。近年来在玻璃熔窑上应用全氧燃烧技术在国内外已成为一种趋势，应用范围覆盖各种玻璃产品和窑型。图 3-1 为全氧窑外侧图片。

图 3-1　全氧窑外侧图

　　2001 年，我国以安彩集团显像管玻壳全氧燃烧生产线为契机，开始了全氧燃烧技术的开发和应用。至 2020 年国内已有近百条全氧燃烧超白光伏压延玻璃、玻璃纤维和超耐热微晶玻璃生产线建成投产。2012 年，陕西彩虹集团电子股份有限公司日产 250t 光伏玻璃的全氧燃烧生产线引板成功，其生产线的新型全氧等宽复合型吊墙、大型空心窑坎结构、超窄卡脖结构、全氧窑溢流系统、通路温度调节系统等均为国内全氧玻璃生产线首次应用的先进技术。该线的玻璃熔化能耗不超过 5500kJ/kg，烟气中 NO_x 排放量小于 $500mg/m^3$（标准状况），具有国际先进水平。目前国内最大规模日产 750t 光伏玻璃的全氧燃烧玻璃生产线已投产运行。

3.1　全氧窑结构

　　全氧窑的结构、喷枪布置及烟气排放方式与单元窑相似，无金属换热器及小炉、蓄热室，窑体呈一个熔化部单体结构，图 3-2 为全氧窑结构示意图。

3.1.1　熔化池

　　全氧窑的熔化池与蓄热式玻璃熔窑相似，呈现长方形结构。全氧窑的熔化能力相比蓄热

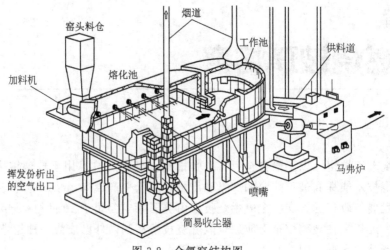

图 3-2　全氧窑结构图

式窑可提高约 20%，同吨位全氧窑的熔化面积可以适当减少。全氧窑熔化面积的计算方法可参考蓄热式玻璃池窑。

　　全氧窑的长宽比是一项重要指标。大中型全氧窑的长宽比有两个指标，即熔化区长宽比和熔化部的长宽比。熔化区也可称之为熔化面积，其长度通常计算到末只喷枪中心线外 1m。熔化区长度加上澄清带长度就是熔化部的长度。全氧窑的澄清带长度较横焰窑短，这是由于纯氧燃烧的火焰产生的烟气水汽含量较高，使玻璃液中 OH^- 含量较大，因而玻璃液黏度变小导致澄清速度加快。

　　日用玻璃全氧窑的长宽比确定主要考虑以下因素：玻璃组成、燃料种类、熔化能力、燃料消耗量、燃烧器特性及排布、加料口及排烟位置等。总的来说，主要是确保火焰覆盖面较大、燃料消耗少、满足熔化工艺、产品质量稳定以及保证窑炉使用寿命长，其长宽比的确定相比马蹄焰窑更加灵活。

　　确定全氧窑熔化池的深度的因素与蓄热式窑基本相同。

　　全氧窑投料口根据窑炉规模设置在熔化池端面或两侧面。设置在前端时与浮法窑相似。设置在两侧时与马蹄焰窑相似，可考虑采用螺旋式、弧毯式、摆杆式等加料方式，同时对投料口进行合理密封。图 3-3 为全氧窑内部图片。

图 3-3　全氧窑内部

池壁与池底部位的耐火保温材料结构与蓄热式窑基本相同。由于玻璃液中的 OH^- 含量较大，黏度降低，对池壁耐火材料的侵蚀加大，因此须使用抗侵蚀较好的低玻璃相无缩孔电熔锆刚玉砖，关键部位可采用电熔铬锆刚玉砖。接触玻璃液的通路须选用 α-β 电熔刚玉砖，以增加抵抗玻璃液侵蚀的能力，保证玻璃的熔化质量。

3.1.2 火焰空间

(1) 火焰空间结构要求

全氧窑的火焰空间结构与横焰窑和马蹄焰窑的结构差异较大，全氧窑去掉了空气助燃所必须的蓄热室和小炉，增加了纯氧喷枪（以下简称氧枪）和烟道。

氧枪的布置跟氧枪的种类、大小有密切的关系，根据燃料性质、玻璃种类、窑炉大小等因素确定氧枪结构后，再根据模拟和经验确定布置方案。氧枪的布置对配合料粉料的挥发、耐火材料的侵蚀、玻璃的质量都有一定的影响。对氧枪的布置除一般要求（如符合温度制度、温度均匀性和火焰覆盖面）外，特别要优化空间气流流型，也就是要做到以下几个方面。

ⅰ.延长烟气停留在火焰空间的时间，全氧窑火焰空间内烟气停留时间希望延长到25～30s。停留时间长短是与空间大小、窑顶结构、排烟口大小和排烟速度等因素有关；

ⅱ.减轻对窑顶和胸墙的冲蚀；

ⅲ.不会引起局部过热，尤其是对料粉的局部过热，它会加强粉料逸出和挥发；

ⅳ.氧枪在窑上布置要合理，根据分区供给熔化所需的热量，确保窑宽上的温度均匀性；

ⅴ.窑体死角处要增设补充氧枪。

(2) 氧枪布置结构

全氧窑主要有侧烧和顶烧两类布置结构如下。

① 侧烧结构　如图 3-4 所示为氧枪在窑上的侧烧结构。氧枪在胸墙两侧的相对排列方式可分为错排列（图 3-4）或顺排（图 3-5）。此结构采用圆形或扁平式氧枪，火焰较长，覆盖面广，传热效率高。

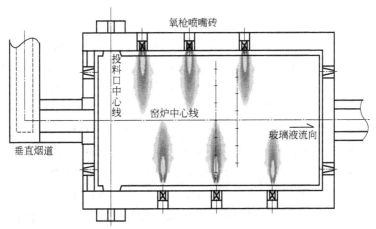

图 3-4　氧枪侧烧结构

② 顶烧结构　如图 3-6 所示为氧枪的顶烧结构。此结构氧枪在大碹顶部进行垂直向下燃烧。

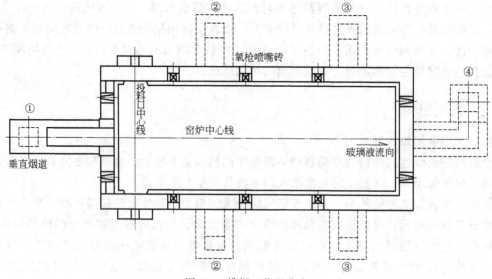

图 3-5　排烟口位置分布

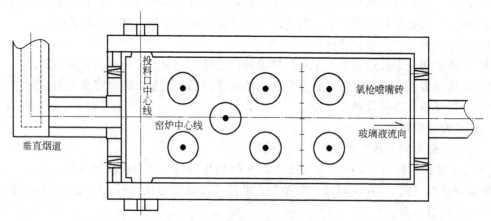

图 3-6　氧枪顶烧结构

全氧窑主要采用侧烧结构，其优点是窑炉温度均匀，玻璃液纵向温度梯度均匀易调节，受玻璃液成分及产品方案变化影响小，适合多种玻璃成分的熔制。顶烧结构的优点是火焰集中，与火焰接触点玻璃液受热强度高，加快局部熔化速度，后期加减燃烧枪数量易实现。主要缺点是对原料有一定要求，一般要求无氟无硼配方。

全氧窑侧烧氧枪的布置采用错排或对排，窑炉侧面或端部设置烟道口，火焰呈现横跨玻璃液表面燃烧。燃烧产物通过熔池，在另一端离开窑炉，通过废气烟道，进入热回收装置。全氧燃烧不换向，燃烧气体在窑内停留时间长，火焰、窑温和窑压稳定，有利于玻璃的熔化、澄清，减少玻璃体内的气泡、灰泡及条纹。实践证明，窑炉火焰空间不宜太大，如太大将降低火焰空间热负荷，同时也会增加不必要的能源消耗，增大生产运行成本。

(3) 排烟口位置与烟气走向

排烟口位置与投料口有关。当投料口设置在两侧时，烟道设置在端面或两侧（图 3-4、图 3-5）。当投料口在端面时，烟道口设置在两侧并靠近加料口（图 3-8）。

排烟口的位置很重要，对熔窑燃料消耗和使用寿命具有很大的影响。应注意事项如下。

ⅰ. 远离投料口和火焰区时，平均温度整体上提高，火焰覆盖面积更为宽广；

ⅱ. 靠近投料口时，配合料产生的碱蒸汽容易排出，减轻了对大碹耐火材料的侵蚀，有利于提高熔窑的使用寿命；

ⅲ. 排烟口位置要有利于稳定窑压；

ⅳ. 根据熔窑大小可以设置 1 只、1 对或多对排烟口；

ⅴ. 对于小型全氧窑，投料口和排烟口可以排列在窑炉前端。

排烟口位置可按图 3-5 中位置①、②、③、④布置。为了减少废气中的粉尘，把排烟口靠前设计，增加了烟气在窑内的停留时间，使烟气中的粉尘尽快熔化掉。甚至把排烟口预留到料道上（图 3-5 位置④），通过烟气的余热给料道里玻璃液加热。当然这也存在一定的风险性，会把粉尘带入到熔化好的玻璃液表面，影响玻璃质量。但对于一些质量要求不高的产品，如水淬料，这种布置是有利的，可进一步节约能耗。图 3-7 为全氧窑排烟口及氧枪喷嘴口的图片。

图 3-7　全氧窑排烟口及氧枪喷嘴口图

图 3-8 为 600t/d 浮法玻璃全氧窑的设计方案。氧枪采用侧烧结构的错排方式，共采用 14 只扁平式纯氧喷枪，天然气用量为 80000m³/d（标准状况），窑宽为 11m，投料口设置在端面，排烟口设置在侧面，为 2 对。

大型全氧窑的排烟口可以设置 2 对或多对，具体位置、数量由实际经验和计算结合仿真软件模拟结果予以确定。通过对 600t/d 浮法玻璃熔窑的分析对比，玻璃熔窑采用全氧燃烧技术后，建设投资略有下降。

氧枪错排和对排的温度场对比表明，选用对排时空间的整体温度很高，存在碹顶温度过高的情况，因此对碹顶耐火材料的要求较高。而采用错排时，虽然空间的整体温度有所降低，但碹顶温度可大大降低，同时沿窑长方向的玻璃液温度制度曲线比较光滑，热点突出，是一种较为优良的燃烧器排列方式。实际应用时全氧窑采用错排较多。

（4）火焰空间耐火材料

采用纯氧燃烧后，窑内排出烟气组分中，水汽含量高达 42%～53%，玻璃液中的 OH^- 含量增加，同时碱蒸气浓度也猛增，这加剧了对耐火材料的侵蚀，如果火焰空间使用硅质耐火材料，其寿命在一年半左右，使用电熔材料（电熔 AZS 或电熔 β-刚玉）代替硅质耐火材料，其寿命可以达到八年以上。

由于全氧窑内气氛变化较大，使得玻璃熔体表面碱（Na_2O）的挥发反应增强，碱蒸气（NaOH）浓度增加数倍，造成碹顶硅砖侵蚀加剧，从而大大减少熔窑的使用寿命。反应式(3-1) 描述了耐火材料表面被侵蚀的化学反应。

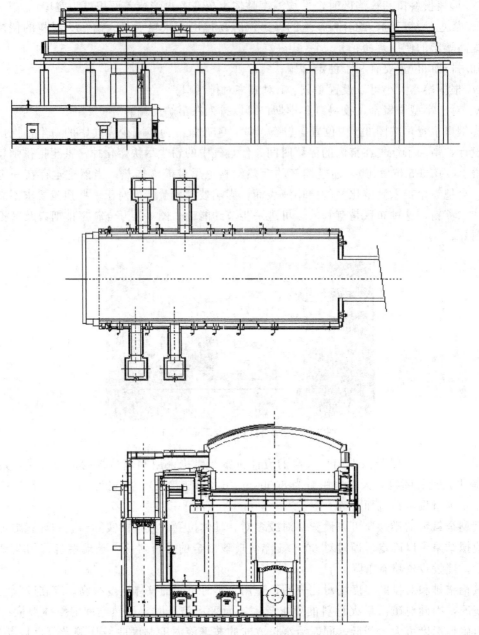

图 3-8　600t/d 浮法玻璃全氧窑设计方案

$$2x\,\mathrm{MOH} + y\,\mathrm{SiO_2} \longrightarrow x\,\mathrm{M_2O \cdot y\,SiO_2} + x\,\mathrm{H_2O} \qquad (3\text{-}1)$$

式中，MOH 和耐火物中的 $\mathrm{SiO_2}$ 反应产生液态硅酸盐 $x\,\mathrm{M_2O \cdot y\,SiO_2}$。

　　火焰空间胸墙和大碹采用普通浇铸电熔锆刚玉砖即可，大碹表面加纵向突起，防止碱液沿碹顶向胸墙流动，减少对耐火材料的侵蚀提高玻璃质量，延长窑炉使用寿命。部分熔制碱含量不高的火焰空间也可以选用锆莫来石材料。烟道高温段因燃烧废气温度较高，宜采用电熔锆刚玉砖或锆莫来石砖。

　　氧枪喷嘴砖是重要的配套材料之一，其材质包括 33[#] 电熔锆刚玉、烧结锆刚玉、烧结锆莫来石等三种，表 3-1 是三种材质性能的对比。

表 3-1　电熔锆刚玉砖、烧结锆刚玉砖、烧结锆莫来石砖的性能对比

物化性能		产品种类	33#电熔锆刚玉砖	烧结锆刚玉砖	烧结锆莫来石砖
化学成分/%（质量分数）		SiO_2	16	≤20	10～25
		Al_2O_3	50	≥58	40～60
		Fe_2O_3	0.05	—	—
		TiO_2	0.05	—	—
		ZrO_2	33	≤20	约20
		CaO	—	—	—
		Na_2O	1.1	—	—
加工难易程度			难	容易	容易
显气孔率小于等于/%			2.0	20	18
抗热冲击性能			差	好	好
荷重软化温度/℃ ≥			1680	1650	1600
体积密度/(g/cm³)			3.45	≥2.9	2.85～2.95

从表 3-1 中可以看出，通过对电熔锆刚玉、烧结锆莫来石以及烧结锆刚玉砖的性能对比，采用烧结锆刚玉砖的主要优点是加工难度小，抗热冲击性能好。

烧结锆刚玉砖的显微结构特征是细小的（$10\mu m$ 以下），斜锆石微粒均匀地分散在主晶相莫来石和刚玉间，形成致密的结晶网络，含玻璃相极少。它有一定量的气孔（气孔率小于20%），但是没有液相渗出现象。与电熔锆刚玉砖相比，耐玻璃液侵蚀能力较差，但抗热震性好。

3.1.3　全氧窑热工分析

（1）热平衡计算

采用权威评估计算方法，对国内典型的 600t/d 浮法玻璃生产采用全氧窑和空气助燃蓄热式窑进行热工计算。计算结果表明全氧窑比蓄热式窑炉燃料单耗降低 26.3%，热效率提高 14.6%（折合节约重油 25.08t/d），见表 3-2、表 3-3。

表 3-2　600t/d 浮法玻璃蓄热式窑炉热平衡

收　入　热　量			支　出　热　量		
项目	kcal/h	%	项目	kcal/h	%
重油潜热	39621709	69.01	玻璃形成过程耗热	14201500	24.74
重油物理热	228281	0.40	加热去气产物耗热	2224466	3.87
压缩空气物理热	16039	0.03	加热燃烧产物耗热	30418906	52.98
助燃空气物理热	17547891	30.56	加热回流玻璃液	1558500	2.71
			窑体散热	4094429	7.14
			辐射热损失	3352466	5.83
			冷却水带走热量	1000000	1.75
			池壁通风散热量	563568	0.98

续表

收 入 热 量			支 出 热 量		
项目	kcal/h	%	项目	kcal/h	%
共计	57413920	100	共 计	57413835	100
主要指标计算	熔化部热负荷值=(39621709+228281)/432=92245kcal/(m² • h) 单位耗重油量=3970×24/600=158.8kg/t玻璃(折合 6634kJ/kg 玻璃) 窑热效率 $\eta_热$ =(14201500+2224466)/(39621709+228281)=41.2%				

注：1cal=4.1868J。

表 3-3　600t/d 浮法玻璃全氧窑热平衡

收 入 热 量			支 出 热 量		
项目	kcal/h	%	项目	kcal/h	%
重油潜热	29170442	99.29	玻璃形成过程耗热	14201500	48.39
重油物理热	168066	0.57	加热去气产物耗热	2178443	7.42
氧气物理热	41073.91	0.14	加热燃烧产物耗热	6325134	21.55
			加热回流玻璃液	1558500	5.31
			窑体散热	2742584.9	9.36
			辐射热损失	855487.71	2.91
			冷却水带走热量	1000000	3.40
			池壁通风散热量	488520	1.66
共计	29379582	100	共 计	29350169.64	100
主要指标计算	熔化部热负荷值 Q=(29170442+168066)/341.3=85961kcal/(m² • h) 单位耗重油量=2923×24/600=117kg/t玻璃(折合 4863kJ/kg 玻璃) 窑热效率 $\eta_热$=(14201500+2178443)/(29170442+168066)=55.8%				

注：1cal=4.1868J。

(2) 烟气排放

全氧窑燃烧的烟气产物中氮气的含量大量减少，数值模拟和计算结果表明，燃天然气窑炉 NO_x 排放量由空气助燃时的 $2014mg/m^3$（标准状况）降为 $106mg/m^3$（标准状况），排放总量减少 94.7%，考虑到全氧燃烧烟气体积仅为空气燃烧时的 30%，按单位玻璃制品计 NO_x 排放量降低更大，环保效果非常明显。由表 3-4 可知纯氧燃烧时熔窑内烟气中的水蒸气和二氧化碳的体积浓度极大提高，两者的浓度和高达 94.46%，在熔窑的热工计算中，主要影响辐射能放射和吸收的是 CO_2 和 H_2O（蒸汽）两种气体，因此纯氧燃烧产生的烟气几乎全都具有热辐射能力。在玻璃熔窑火焰空间内的烟气温度很高，因而窑内传热以热辐射为主，占总窑内传热的 90%～97%。

表 3-4　600t/d 浮法玻璃蓄热式窑与全氧窑标准状况下烟气排放计算

产物名称	蓄热式窑		全氧窑	
	m³/h	%	m³/h	%
H_2O(燃烧产物)	5407	9.33	3981	31.93
H_2O(配合料带入)	1396	2.42	1396	11.20
H_2O(总量)	6803	11.75	5377	43.13

续表

产物名称	蓄热式窑		全氧窑	
	m^3/h	%	m^3/h	%
CO_2（燃烧产物）	6404	11.06	4715	37.81
CO_2（配合料带入）	1686	2.92	1686	13.52
CO_2（总量）	8090	13.98	6401	51.33
SO_2（燃烧产物）	4.2	0.007	2.8	0.02
SO_2（配合料带入）	94.5	0.163	94.5	0.76
SO_2（总量）	98.7	0.17	97.3	0.78
O_2	1819	3.14	0	0
N_2	41068	70.96	594	4.76
总计	57878.7		12469.3	

在实际的全氧窑案例中，由于采用变压吸附技术制氧时，氧气的原始浓度仅为 92%，再加上原料、燃料中引入的氮气以及孔口溢流的作用，烟气中的 NO_x 原始浓度可能会比较高 [500~900mg/m³（标准状况）]，但由于烟气量少且温度高，在烟道中高温段（900~1100℃）采用简易的 SNCR 低成本脱硝技术可以很好地实现 NO_x 的超低排放。表 3-5、表 3-6 为全氧窑和空气助燃窑主要技术指标对比，可以看出，对于重油、天然气等高品质燃料来说，玻璃熔窑全氧燃烧技术作为燃烧过程中的节能减排技术，效果和运行成本都优于属于末端治理的脱硫脱硝除尘一体化技术。

国内某 110t/d 中碱玻璃球全氧窑炉采用 SNCR 脱硝技术（不需催化剂，只需加尿素脱硝），每天尿素用量 600kg，烟气中 NO_x 浓度达到了 30mg/m³（标准状况）的超低排放水平。

表 3-5　光伏压延玻璃全氧燃烧和空气燃烧的窑炉对比（燃料为天然气）

技术指标	空气助燃	全氧助燃	备注
窑型	蓄热室横火焰	单元窑	不换火、减少窑炉建设费
熔化量/(t/d)	250	298	熔化能力提高 20%
熔化热耗/(kJ/kg)	7110	4560	热耗降低 35%
天然气消耗量/(m³/h)（标准状况）	2080	1650	
天然气热值/(kcal/m³)（标准状况）	8500	8200	
氧气用量/(m³/h)（标准状况）		3300	
烟气量/(m³/h)（标准状况）	约28000	约6000	减少约70%
成品率/%	85	90	

表 3-6　600t/d 浮法玻璃生产线主要节能减排技术比较（天然气）

技术指标	现状	全氧燃烧	除尘脱硝一体化
窑型	蓄热室横火焰	单元窑	蓄热室横火焰
熔化热耗/(kJ/kg 玻璃液)	7000	5300	7000
熔窑热效率/%	43.0	54.4	
烟气量/(m³/h)（标准状况）	85000	25000	85000

续表

技术指标		现状	全氧燃烧	除尘脱硝一体化
年燃烧成本/万元		约 13400	12600	约 14600
熔窑热效率/%		43.0	54.4	提高 26
烟气中有害气体及粉尘	NO_x/(mg/m³)(标准状况)	>2000	<500	<400
	烟气中 SO_2/(mg/m³)(标准状况)	260	139.3	260
	粉尘/(mg/m³)(标准状况)	100~200	<50	<50

(3) 传热分析

纯氧燃烧时烟气辐射发射率在热辐射起作用的波长范围内都比空气燃烧时的辐射发射率大（图 3-9），特别是在波长小于 $4\mu m$ 的近红外范围内的发射率显著增大。在澄清部，因为玻璃液对波长小于 $5\mu m$ 的投射热辐射具有高度的透射性，所以传热的效率和温度均匀性得到改善，因此定性地解释了纯氧燃烧时玻璃液质量得到了提高，在熔化部配合料对处于红外范围的热辐射具有较高的吸收率，因此辐射传热也得到了增强。

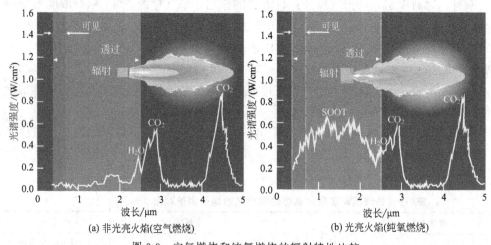

图 3-9 空气燃烧和纯氧燃烧的辐射特性比较

(4) 全氧燃烧技术的优点

ⅰ.玻璃熔化质量好　全氧燃烧时玻璃黏度降低，火焰稳定，无换向，燃烧气体在窑内停留时间长，窑内压力稳定，有利于玻璃的熔化、澄清，减少玻璃的气泡及条纹。

ⅱ.节能降耗　全氧燃烧时废气带走的热量和窑体散热同时下降。研究和实践表明，熔制普通钠钙硅平板玻璃熔窑可节能约 20%~35%。

ⅲ.减少 NO_x 排放　全氧燃烧时熔窑废气中 NO_x 排放量从 2200mg/m³（标准状况）降低到 500mg/m³（标准状况）以下，粉尘排放减少约 80%，SO_2 排放量减少 30%。

ⅳ.改善燃烧　提高了熔窑熔化能力，可使熔窑产量得以提高。玻璃熔窑采用全氧燃烧时，燃料燃烧完全，火焰温度高，配合料熔融速度加快，可提高熔化率 10% 以上。

ⅴ.熔窑建设费用低　全氧燃烧窑结构近似于单元窑，无金属换热器及小炉、蓄热室。窑体呈一个熔化部单体结构，占地小，建窑投资费用低。

ⅵ.熔窑使用寿命长　全氧燃烧可使火焰分为两个区域，在火焰下部由于纯氧的喷入，使火焰下部温度提高，而火焰上部的温度有所降低，使熔窑碹顶温度下降，减轻了对大碹的烧损，同时，火焰空间使用了优质耐火材料，窑龄可提高到 10 年以上。

ⅶ.生产成本总体下降　如 600t/d 优质浮法玻璃熔窑采用全氧燃烧技术，油价按照 3500 元/吨测算，每年可为企业创造 1600 多万元的附加直接经济效益，而且从长远看燃料价格的进一步上升是必然趋势。

ⅷ.天然气/氧气预热技术效果好　可以通过利用废气余热把天然气和氧气预热到 400℃ 以上进行燃烧，在普通全氧窑炉的基础上还能再节约 5%～10% 能耗。

ⅸ.热化学蓄热技术效果好　利用废气中 H_2O、CO_2 与燃料 CH_4 热裂解反应生成 CO 和 H_2，然后再进入窑炉内燃烧。相当于给燃料预热，同时提高火焰辐射能力。

由于发生炉煤气等低热值燃料本身含有大量 N_2 和 CO_2，用它做全氧窑炉燃料时节能减排效果不佳，同时由于燃料成本低廉，节省的燃料费用难以抵消氧气的制备费用，因此很少采用全氧燃烧技术。当前环保要求玻璃窑炉采用清洁燃料天然气，由于天然气成本居高不下，采用全氧燃烧窑炉的优势越来越明显。

3.2　氧枪及氧气供给系统

3.2.1　氧枪的作用与类型

氧枪是全氧窑的关键设备之一，它对火焰状况、温度分布、传热效果、窑炉耐火材料的寿命长短起着很重要的作用，目前主要适用于重油、天然气、石油焦粉、焦炉煤气等高热值燃料。氧枪在玻璃熔窑使用应符合以下条件。

ⅰ.如采用液体燃料应雾化效果好，使燃料和氧气混合充分，在熔窑内部能完全燃烧；如采用气体燃料应有较小的氧气系数；

ⅱ.火焰的覆盖面积大，使燃料燃烧的热量尽可能多地传递给配合料和玻璃液，尽可能少地传递给上部结构，火焰对耐火材料砌体烧损要尽可能得少；

ⅲ.火焰有较高的亮度，且有一定长度，能合理组织火焰，使喷出火焰符合熔化要求，并保证玻璃窑宽度方向的温度均匀性，防止在玻璃液表面形成不必要的热点；

ⅳ.气体流动阻力小，火焰的冲量低；

ⅴ.可控制炭黑的形成，黑度大；

ⅵ.氮氧化物的排放量少；

ⅶ.所需的氧气压力小；

ⅷ.燃烧过程稳定；

ⅸ.不需要水冷，便于操作和维修，使用寿命长；

ⅹ.含高浓度碱蒸气的空间气体会冷凝在氧枪上，产生强烈腐蚀作用，故氧枪的材质必须耐碱性。

氧枪的结构形式主要有以下几种。

ⅰ.圆形氧枪系统　圆形氧枪系统发展得比较早，也较为成熟，从事全氧燃烧技术研发的几家主要公司都能提供，它适用的燃料种类比较广泛，可以是天然气、重油、煤焦油、石油焦粉等。国产圆形天然气、重油两用纯氧燃烧喷枪经过试用，各项性能指标指标良好，能够满足燃烧使用要求。

ⅱ.扁平式梯度燃烧氧枪　此氧枪具有燃烧充分、火焰覆盖面大、火焰黑度大、NO_x生成少、梯度燃烧、温度高、维修少、可用低压氧等一系列优点，特别适用于天然气、重油等气体或液体燃料。国外主要有美国 Air Products and Chemicals 公司、美国天时燃烧设备有限公司、法国液化空气集团等在研制生产，其产品各有特点。国内秦皇岛玻璃工业研究设计院等也研制成功了扁平式梯度燃烧纯氧喷枪系统，并得到了实际应用。

ⅲ.其他　世界上其他气体或装备公司也都分别推出了各种类型的氧枪，虽结构各异，但工作原理基本相同。图 3-10 为圆形氧枪图片。图 3-11 为扁平式氧枪图片。

图 3-10　圆形氧枪

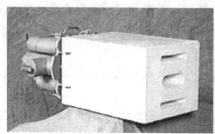

(a) 带喷嘴砖的氧枪(前)　　　　　　　(b) 带喷嘴砖的氧枪(后)

图 3-11　扁平式纯氧喷枪图

图 3-12 为纯氧燃烧火焰呈梯度燃烧的特性，一部分氧气和燃料在氧枪中预燃时，温度较低，可以增加火焰的燃烧长度，同时减少 NO_x 的生成；下部氧气与没有完全燃烧的富燃料火焰会合后，在火焰下部靠近玻璃液面附近完全燃烧，形成底部富氧温度高、上部缺氧温度低的梯度火焰分布，这有助于提高玻璃液表面附近的温度，使其更好、更均匀地熔化。这

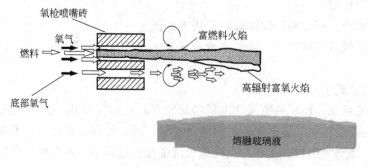

图 3-12　纯氧燃烧火焰呈梯度燃烧的特性

种火焰特性有利于控制熔窑内不同位置的氧化还原气氛，有利于玻璃的排泡和澄清。图 3-13 为纯氧燃烧火焰图片。

图 3-13　纯氧燃烧火焰图

3.2.2　氧气供给系统

玻璃熔窑全氧燃烧技术的开发，有赖于具有较低的制氧成本、运行可靠的纯氧气体制备技术和设备的成熟和完善。

氧气是工业生产的重要原料，广泛应用于冶金、化工、电力、化肥、玻璃、水处理和医疗领域，在空气分离领域中，深冷空分制氧技术（深冷分馏法，简称空分法）是传统的制氧方法，在国内外的制氧行业中占统治地位，空分法生产量大，氧气纯度高（O_2 含量大于 99.6%）。

真空变压吸附法（VPSA 法，简称变压吸附法）基于分子筛对空气中的氧、氮组分选择性吸附而使空气分离获得氧气。变压吸附法是一种新颖的制氧方法，我国研究变压吸附法制氧始于 20 世纪 60 年代末期，到 90 年代初期实现小型装置的工业化。变压吸附法在近十年来，其在灵活、多变的用氧场合中很有优势，很有竞争力，被迅速普及。变压吸附法的氧气纯度只能在 60%～95% 范围内调节，该方法所生产的氧气纯度最高只能达到 95.5%（此时气相中 Ar 气有 4.5%），所以只适合对氧气纯度要求不高的场合。表 3-7 为变压吸附法制氧装置与空分法制氧装置对比。

表 3-7　变压吸附法制氧装置与空分法制氧装置对比

项目	变压吸附法制氧装置	空分法制氧装置
型号	HX-6000 型 VPSA-O_2	KDONAr-6000/6000/200
氧气（气态）产量/(m³/h)（标准状况）（0℃,101.325kPa）	6452	6024
氧气纯度/%	≥93	≥99.6
折合纯氧量/(m³/h)（标准状况）（100%O_2)(0℃,101.325kPa)	6000	6000
液氧产量/(m³/h)（标准状况）	无	200
液氧纯度/%		≥99.6
液氩产量/(m³/h)（标准状况）	无	200
液氩纯度/%		≤2ppmO_2＋3ppmN_2

续表

项目		变压吸附法制氧装置	空分法制氧装置
制氧能耗/[(kW·h)/m³](标准状况)(100%O₂)		0.38 注:装置综合能耗每年比深冷装置省电1419.12万kW·h	0.65 注:含液氧、氮气、液氩的综合能耗
启动时间	开车时间/h	≤0.5	≥36
	停车时间/h	≤0.33	≥24
操作人员/(人/班)		1~2	8~12
运转周期/年		2	2
结论		优点:能耗低,流程简单,自动化程度高,开停车方便,在常温常压下生产,无爆炸危险,年维护费用少 缺点:纯度不高(90%~95%O₂),产品单一	优点:纯度高,副产品多 缺点:流程复杂,能耗高,开停车时间较长

注:1ppm=1mg/kg。

近年来,变压吸附法与空分法都得到了较快发展,通过比较,从用户要求、基建投资、经营成本、节能等方面来说,对于供氧量大于 $6000m^3/h$ 的全氧燃烧工程,采用空分法作为现场制氧方案经济指标较好,而对于规模较小的制氧方案来说,变压吸附法也是一种理想的现场制氧方案。以上两种氧气制备技术既可独立使用,也可联合使用。图 3-14 为氧气制备方案的选择。

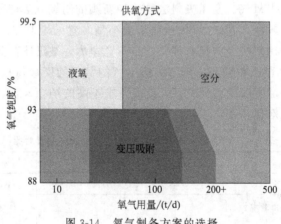

图 3-14　氧气制备方案的选择

(1) 空分法

空气的主要组分是氧气和氮气,利用制冷设备制取氧气的原理是,把空气加压到 7 个大气压,并通过换热器,降到液化温度。然后利用氧、氮的沸点不同(在大气压力下氧的沸点为−182.98℃,氮的沸点为−195.8℃),在一定的设备——精馏塔内,通过温度较高的蒸气和温度较低的液体的相互接触,蒸汽中有较多的氧被冷凝,液体中有较多的氮被蒸发,通过多次接触,借此来实现把空气分离为氧、氮的目的。富氧液化气体在塔底通过低温吸收系统净化处理,得到高纯度氧气。该工艺制氧纯度高(98%~99.8%),耗能也相当可观,一般是250kW·h/t。作为传统成熟的制氧方法,低温精馏深度冷冻法适用于大规模、连续性生产高纯度氧气。目前所用的制氧机几乎都是采用这种方法。但该方法设备复杂，一次性投资额度大，生产能耗较高，运行成本较高。浮法玻璃厂的氮氢站采用该法制氮时亦可分离出一定量的高纯氧气。

空分法主要工艺流程以苏州制氧机有限公司 KDON-1200/2600-80Y 型空分设备为例。

① 压缩、预冷及净化　此装置用 1 台离心式空气压缩机提供原料空气，原料空气经空气压缩机压缩到 0.98MPa（G）后进入预冷机组冷却到 10℃ 左右，经水分离器分离掉水分，进入纯化器组。空气在纯化器组中脱除 H_2O、CO_2、C_2H_2 及其他碳氢化合物，出纯化器组的空气，其露点低于 $-65℃$，CO_2 含量小于 1ppm。纯化系统中的吸附器由二台立式容器组成，当一台吸附器由来自冷箱的污氮经加热器加热后进行再生和冷吹时，另一台吸附器进行吸附，两台吸附器自动切换，吸附剂采用 13X 分子筛。

② 空气精馏（氧/氮的制取）　出纯化系统的加工空气分成两路，其中大部分进入冷箱内的主换热器，在主换热器中被返流的产品氧气、氮气以及污氮等低温气体冷却到接近露点。这些接近露点的空气进入下塔，在下塔中与下塔的回流液进行热质交换，在下塔的顶部得到纯氮，在下塔底部是富氧液空。

下塔回流液是由设在下塔和上塔之间的冷凝蒸发器提供的。下塔顶部的气氮进入冷凝蒸发器冷凝成液氮，作为下塔的回流，同时放出冷凝潜热使冷凝蒸发器另一侧的液氧得到蒸发，成为上塔精馏的热源。

上塔底部的富氧液空，经节流后进氧塔精馏，在氧塔底部得到产品氧气，氧塔顶部的废气进入膨胀机膨胀，膨胀后与空气在热交换器中复热后出冷箱。一部分氮气从下塔抽出后，在氧塔中冷凝作下塔的回流。为改善氧塔精馏工况，还从下塔抽出一股液氮参与上塔精馏。

作为精馏的产品，氧塔底部产出纯氧，氮塔顶部产出纯氮。氧塔产出的产品氧气、氮塔出的氮气及抽取的污氮均经主换热器复热后出冷箱。复热后的污氮作为分子筛纯化系统用的再生气及冷吹气。

③ 冷量制取　为了把空气分离成产品氧气和氮气，为了平衡空分装置的冷损，空分装置需要冷量。本套装置的冷量主要是靠膨胀机产生的。氧塔顶部废气，经主换热器复热到膨胀前温度，进入空气轴承透平膨胀机膨胀，制取装置所需的冷量。

④ 产品　气态氧气以 0.1MPa（G）的压力从冷箱送出，氧气纯度为 99%。气态氮气以 ≥0.25MPa（G）的压力从冷箱送出，氮气纯度为 ≤1ppmO_2。液氮以 ≥0.25MPa（G）的压力从冷箱送出，氮气纯度为 ≤1ppm O_2。

（2）变压吸附法（VPSA）

① 工艺原理　变压吸附法是利用分子筛对空气中的氧、氮组分的选择性吸收而分离空气获得氧气。该系统工艺分为单床吸附和多床吸附。

氮和氧都具有四极矩，但氮的四极矩（0.31Å）比氧的（0.10Å）大得多，因此氮气在锂基（或钙基）分子筛上的吸附能力比氧气强（氮与分子筛表面离子的作用力强）。当空气在加压状态下通过装有锂基（或钙基）分子筛吸附剂的吸附床时，氮气被分子筛吸附，氧气因吸附较少，在气相中得到富集并流出吸附床，使氧气和氮气分离获得氧气。当分子筛吸附氮气至接近饱和后，停止通空气并降低吸附床的压力，分子筛吸附的氮气可以解吸出来，分子筛得到再生并重复利用。两个或两个以上的吸附床轮流切换工作，便可连续生产出氧气。变压吸附制氧原理见图 3-15。

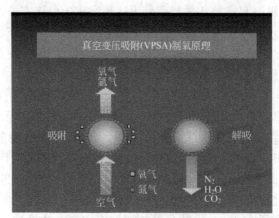

图 3-15　变压吸附制氧原理

图 3-16 为变压吸附制氧工艺流程。由鼓风机将空气加压至 15kPa，再进入填有脱硫剂的脱硫塔除去空气中的二氧化硫，净化后的压缩空气直接进入吸附塔的底部，在多种吸附剂组成的复合吸附床内依次选择吸附，在吸附塔内吸附剂除去空气中水分、大部分氮气、二氧化碳及部分氧气后，获得 O_2 纯度大于 93％的富氧气体产品从吸附塔流出。当一吸附塔处于吸附生产状态时，另一吸附塔处于真空解吸再生状态，吸附塔连续交替进行吸附和再生，吸附饱和后的吸附剂则通过真空解吸得以再生，再生出的富氮气因无污染直接排入大气。

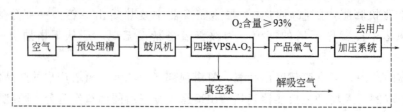

图 3-16　变压吸附制氧工艺流程

② 制氧工艺流程　整个过程由自动控制液压程控阀门进行切换，每一个吸附塔总循环时间为 1～2min，整个工作循环过程由以下几个步骤组成。

ⅰ.吸附过程　原料压缩空气经吸附塔底部依次进入吸附塔，经多种吸附剂的选择吸附后，得到纯度大于 93％的产品富氧气体从塔顶排出；

ⅱ.均压降压过程　将塔内较高压力气体回收进其他已完成再生的较低压力吸附塔的过程，该过程也回收了吸附床层内空间的富氧层气体；

ⅲ.真空解吸过程　通过真空泵将吸附剂内被吸附的水分、氮气、二氧化碳等杂质抽出吸附塔，使吸附塔内的吸附剂得以再生；

ⅳ.均压升压过程　该过程与均压降压过程相对应，利用其他吸附塔的均压降压气体从吸附塔顶部对吸附塔进行升压；

ⅴ.产品气升压过程　经过均压升压过程后，吸附塔压力已升至接近于吸附压力，吸附塔便完成了整个再生过程，开始第二次循环。

③ 变压吸附法制氧系统的设备组成　该制氧工艺通常由以下设备组成。

ⅰ.鼓风机　将环境大气中的空气压缩至吸附塔的工作压力；

ⅱ.脱硫槽　由于空气中含有少量的二氧化硫，易造成吸附剂失效，在压缩空气进入吸附塔前，对空气进行脱硫处理；

ⅲ.吸附塔　吸附塔为该装置的核心部分，所用的吸附剂具有选择性吸附特性，达到生产富氧的目的；

ⅳ.真空泵　真空泵用于吸附剂的解吸脱附再生，经真空泵抽出的水分、氮气、二氧化碳等气体通过消音器排入大气；

ⅴ.氧气缓冲罐　位于吸附塔之后，对整个装置起稳定作用；

ⅵ.氧压机　将产品富氧气体加压至用户所需压力；

ⅶ.中压氧气储罐　位于氧压机之后，起稳定供气的目的；

ⅷ.主要控制设备　由一套 PLC 控制器及微机系统组成，实现液压程控阀门的程序切换动作。另有一台分析仪和流量计，可以连续监控产品氧气纯度和流量；

ⅸ.集成液压控制操纵系统。

④ 制氧的注意事项

ⅰ.真空变压吸附制氧装置根据其制氧规模（即氧气产量），一般分为 4-2-1/V&P 工艺（即 4 个吸附塔，2 个塔同时吸附，1 次均压）、3-1-1/V&P 工艺、2-1-1/V&P 工艺。这几种工艺制氧设备的初次投资和单位氧气的能耗以及运行的稳定性各不相同。当然，吸附塔的吸附筒数目越多，投资就越大，运行也越稳定，能耗也相对较低。目前的趋势是：使用锂基高效制氧吸附剂，尽量减少吸附塔的数量，并采用短操作周期，以提高装置的效率，尽可能节约投资。

ⅱ.变压吸附法唯一的缺点是在制取氧气过程中不产生液氧，而全氧玻璃窑一旦投产，就不能中断供给氧气。这就需要在制氧站内增设一个 $20\sim50\mathrm{m}^3$ 左右的低温液体储槽和一台适合全氧窑用氧气量的空温（或水浴）式蒸发器，平时用外购的液氧把储槽装满，一旦设备出现故障或停电，空温式蒸发器就能立即把液氧汽化成常温氧气［$1\mathrm{m}^3$ 的液氧能汽化成约 $800\mathrm{m}^3$（标准状况）的氧气］自动补充到氧气总管中，以满足生产的需要。

ⅲ.一般情况下液氧系统的备用时间以 $7\sim10\mathrm{h}$ 为佳，因为变压吸附法的主要问题是可控气动蝶阀的膜头或电磁阀容易发生故障，此时可利用切换程序减少塔的运行来检修阀门，无须补充太多的液氧。再者就是鼓风机的故障，一般更换其轴承也花不了多少时间，有条件的可在建设初期增设一台备用鼓风机。如果选择太大容积的低温液体储槽会带来浪费，一是初次投资增加，二是低温液体储槽都有自蒸发率（一般日蒸发量为总容积的 0.4%），这样储槽体积越大，自蒸发量就越多。我们知道变压吸附法制出的单位立方氧气的成本仅是外购液氧成本的 1/3 以下，因而不宜采用液氧系统备用时间过长的方案。图 3-17 为变压吸附现场制氧系统图片。

图 3-17　变压吸附现场制氧系统

(3) 玻璃熔窑的氧气备用及连续供给系统

全氧窑的氧气供应不能中断,需要采用液氧储存和汽化系统。根据氧压机后氧气输出总管上的压力自动开启液氧汽化系统,系统上采取了流量计(或压力表或兼用之)、液氧加压泵、电动或气动低温调节阀和 UPS 不间断电源(视液氧加压泵的功率和欲持续使用的时间选配 UPS 容量)等措施,若制氧设备出现故障或停电等情况,备用系统将自动工作来保证氧气压力和流量的稳定,连续供应。图 3-18 为氧气不间断供气原理图。

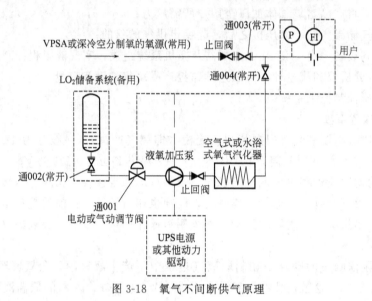

图 3-18 氧气不间断供气原理

3.3 全氧窑的生产操作

3.3.1 熔制制度

合理的玻璃熔制澄清制度是提高玻璃质量的重要保证。传统的玻璃澄清工艺多采用与熔化温度一致或比熔化温度更高的澄清温度,以促进气泡的长大和玻璃液黏度的降低。而降温澄清工艺澄清温度比熔制温度低 $50\sim100℃$,由此制得的玻璃中亚铁含量、气泡个数也相对较低,玻璃的质量更好。全氧燃烧熔制气氛下采用降温澄清方式,得到的玻璃中含水量小于恒温澄清方式,且玻璃中亚铁含量、气泡个数也相对较低,但硫含量相对较高。对全氧熔制的料性较长的玻璃,适度降低澄清温度,对改善玻璃澄清质量更有效。

全氧窑与蓄热式横焰窑的温度制度和燃烧工艺有一定的相似性,但全氧窑控制温度较低,更节能。以一座光伏压延玻璃全氧窑为例,窑炉主要指标见表 3-8。各纯氧燃烧器(氧枪)天然气用量分配见表 3-9。

表 3-8 窑炉主要指标

项目	指标
产品及规模	光伏压延玻璃一窑六线
窑型	全氧窑

续表

项目	指标
日出料量/(t/d)	750
燃料及低热值/(kJ/m³)(标准状况)	天然气,35581
天然气用量/(m³/h)(标准状况)	4117~4411
玻璃单耗/(kJ/kg)	5000
氧枪布局	两侧各 6 只

表 3-9　氧枪天然气用量分配

项目	组号×氧枪数量/只								备注
	1#×2	2#×2	3#×2	4#×2	5#×2	6#×2	7#×2	8#×2	
能耗分配/%	15%	25%		30%		15%	10%	5%	100%
每组天然气消耗量/(m³/h)(标准状况)	662	1103		1323		662	441	220	合计4411
单只枪天然气消耗量/(m³/h)(标准状况)	331	276		331		331	220	110	
碹顶温度/℃	1413	1504		1554		1564	1537	1446	仅为参考

　　全氧窑与马蹄焰窑的温度工艺制度是不一样的。如果仅仅在原有的马蹄焰窑炉上改造增加纯氧喷枪,并不能改善玻璃的质量,甚至将造成大量气泡问题,从两者的熔制温度比较就可说明。

　　从图 3-19~图 3-21 可以看出空气燃烧的窑炉改为全氧燃烧后,窑内不同区域温度分布的变化,可以得出以下结论。

　　ⅰ.全氧窑的空间温度会整体下降。这主要是因为废气量大大减少,减少了空间热负荷,这对大碹的保护有重要意义。

　　ⅱ.全氧窑的热区整体向投料口方向移动。主要是因纯氧火焰中心温度高,对玻璃液辐射能力强,加快玻璃熔化速度,这有利于增加澄清均化时间,提高玻璃液质量。

　　ⅲ.全氧窑的池底整体温度提高了。这是因为纯氧火焰的辐射穿透能力强,但对于窑炉设计,要求有不动层玻璃液厚度,应特别注意池深和池底保温层的设计,否则将增加池底侵蚀,严重影响玻璃质量。

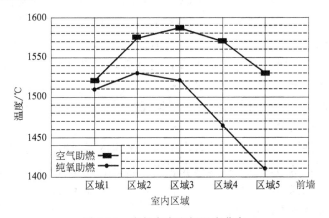

图 3-19　窑长方向空间温度分布

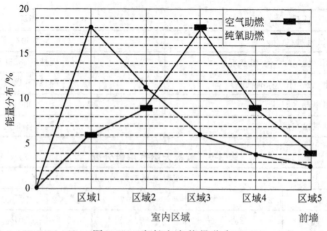

图 3-20　窑长方向能量分布

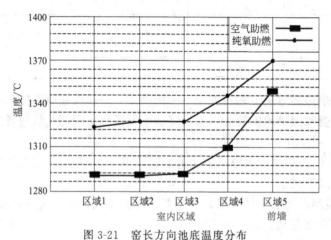

图 3-21　窑长方向池底温度分布

3.3.2　原料的氧化还原控制

　　玻璃熔窑采用全氧燃烧技术后，火焰空间气体组分发生了较大变化，玻璃熔窑火焰空间水汽含量高达 50% 以上，玻璃含水量将从传统的 $300\sim400\mathrm{ppm}$（$1\mathrm{ppm}=1\mathrm{mg/kg}$）上升到 $500\sim600\mathrm{ppm}$。水分对玻璃熔体气氛产生了影响，使玻璃中 Fe^{2+}/Fe^{3+} 比例受碳粉用量的影响规律不如空气燃烧时明显。如仍采用熔制普通浮法玻璃时 3.5%、4% 的芒硝用量，全氧条件熔制的玻璃中气泡数量比空气熔制时多，但在玻璃出料成形时发现玻璃液的流动性变好。与空气燃烧相比，全氧燃烧气氛下玻璃的最佳澄清区向 Redox 数（还原和氧化势）减少的方向偏移。因此在全氧燃烧条件下，可以适度降低碳粉用量、芒硝用量，以减少玻璃中的气泡数量，提高玻璃质量。

　　如果全氧燃烧条件下玻璃配合料的氧化还原平衡调整不到位，澄清部的玻璃熔体可能存在微小气泡，这时可以采用调节火焰气氛或使用消泡技术的方法来解决。消泡技术是在窑炉火焰空间喷入一种特殊消泡液，它在调整玻璃液氧化还原特性的同时，减小玻璃液的表面张力，可以有效消除玻璃液面的浮泡。

3.3.3 热工控制系统

为了对生产过程进行先进控制和科学管理，通常采用西门子计算机控制系统（DCS）对熔窑热工参数进行采集检测、数据处理和自动控制。DCS 主要由工程师站、操作员站、过程控制器、I/O 站、通信网络等部分组成。熔炉的过程监测信号及状态信号全部引入自控系统中完成监视、控制、报警功能。窑压控制、氧气控制、天然气流量控制后备手动操作器，以便系统手动调试或紧急状态下可手动控制窑炉。

纯氧喷枪及燃烧系统可提供玻璃熔制过程中所需的热能。燃烧系统是以气动和手动的方式操作。系统内包括安全互锁装置和自动切断阀来防止不安全的操作，而且氧气和天然气皆有流量自动显示装置以便于监视。

(1) 天然气全氧窑 DCS 电气控制系统

① 燃料及氧气总管流量控制　每个分区天然气流量定值自动控制，并与天然气-氧气比值系统协调配合，实现合理燃烧。天然气及氧气流量检测采用孔板气体流量计，带温度和压力补偿，以提高流量检测精度。流量计算便于考核窑炉燃烧质量，合理分配燃料，节能降耗，控制生产成本。

② 温度检测　主要在碹顶设置测温点进行窑炉温度检测和控制。对于大型窑炉，需要结合喷枪设置多个测温点。中小型全氧窑炉，一般在熔化部碹顶热点部位设置 2 个热电偶，一个闭孔，一个开孔；排烟口顶部、底部要设置热电偶；池底特定位置要设置热电偶；上升道、流道、总烟道等部位也要设置热电偶；另外熔化池前左右两侧可以各安装一台红外测温仪实时监测熔化温度，与碹顶热电偶测温对比参照，保证熔制工艺稳定。

③ 火焰控制　以大碹碹顶前点温度为准，采用串级比值控制方式：温度→天然气流量→氧气流量，根据实际温度与工艺设定温度之间的偏差自动调节天然气流量。氧气流量根据天然气流量的变化自动进行比值控制。

④ 窑压自动控制　采用在两侧胸墙取压方式，选用高精度的微差压变送器取压，以保证窑压信号检测精度，减少窑压的波动。窑压采用反馈调节控制，以改善系统的动态调节品质。由于全氧窑采用不换向对烧形式，窑压稳定度高，因此，采用反馈调节可很好地保证窑压稳定。

⑤ 玻璃液面　采用液面计来检测熔窑玻璃液面。对于液面控制来说，液位是一个滞后对象，系统较难稳定，投料后一段时间内几乎不反应，过一段时间液位慢慢上升，这是比较典型的纯滞后对象。在窑头仪表室设有一台投料机变频器，通过变频调节投料电机的转动速度，来调节投料速度，以控制熔窑的液面。控制液面精度为 ±0.2mm。

⑥ 温度显示记录　所有温度、压力等过程信号除数字仪表显示，还采用 PLC 采集，电脑操作站显示，并记录报警信号、趋势曲线、报表，方便管理人员查阅参考。

(2) 全氧窑燃烧系统

燃烧阀组是燃烧控制组件，通过调节氧气与天然气的量对温度进行精确控制。燃烧阀组由四部分构成，包括氧气主阀组、燃气主阀组、支路阀组和阀组控制系统。

ⅰ.窑炉熔化部分的喷枪采用每支枪配备天然气、氧气流量控制调节阀及气体流量计的方式，确保天然气、氧气燃烧的精确配比并可以及时调节窑炉温度，使窑炉达到安全、稳定、经济地运行。

ⅱ.窑炉主盘天然气、氧气减压阀可以选用自力式调压器，此调压器能够在入口压力波动及各燃烧器流量调节变化时，使输出气体压力稳定（压力设定值），正常使用寿命 10 年以上。

ⅲ.窑炉主盘天然气、氧气安全切断采用气动或电动关断阀。

ⅳ.主盘及分盘天然气、氧气所配手动切断阀采用不锈钢 304 球阀，确保开关可靠，阀关闭后无内漏现象。

ⅴ.每个主盘、分盘为独立模块化设计，可依据生产现场情况安装。

ⅵ.主、分盘设有控制回路电气箱，预留 DCS 控制系统接口。

ⅶ.窑炉天然气管道可采用碳管管道；阀组氧气管道全部采用不锈钢管道，氩弧焊接。

燃烧系统安装及操作准备事项如下。

ⅰ.所有设备应安全平放至相关场所，且确定平面无倾斜及地面负荷无沉陷现象。

ⅱ.管路衔接完成后，设备应以 15mm 膨胀螺丝固定 4 个角落，以防止设备移位。

ⅲ.确认氧气及天然气燃烧系统可能造成的危害状况。

ⅳ.确认所有部件皆按照图纸上所示位置安装。

ⅴ.确认所有管路接头皆无安全隐患。

ⅵ.检查氧气和天然气的阻断阀是否在切断的位置。

ⅶ.检查控制线路衔接是否正确，电源供应是否正常。

ⅷ.确认所有警告信号安置于适合位置，信号灯必须能让每一个人在工作环境中能容易看见。

ⅸ.确认所有管路皆有明显的标示，管内流体的流向必须明白显示。

ⅹ.确认所有管路皆按照规定试漏：所有管道都采用气体打压，强度试验在 0.4MPa 压力情况下，1h 无泄露为合格。严密性试验在气压 0.25MPa、试验时间 24h 情况下，保持气压在 0.23MPa 以上为合格。

3.3.4 氧气使用安全规定

为了保证安全使用，操作人员对于氧气及全氧燃烧设备应有一个基本的认识。

(1) 氧气的危害

ⅰ.人体暴露在液态氧或低温氧气的环境里，若不小心接触会导致严重的冻伤。

ⅱ.液态氧在储槽内的温度，约−186℃。若让液态氧或低温氧接触到人体组织，只需数秒钟即可将组织冻结。一般来说，危险区域是在液态储罐放区或在储罐和蒸发器之间，蒸发器下游出口的管路中氧气为常温状态。

ⅲ.当工作人员接近低温液体或低温气体管路时，必须穿着防护衣服、皮手套及安全眼镜。

ⅳ.压缩气体管路有危害设备和伤害人员的可能性。当氧气管路操作压力高于 1.37MPa 时，若因工作需要断开管路衔接，必须将管路中的气体排放至常压，并穿戴面罩保护。

ⅴ.高浓度的氧气会加速物质的燃烧，有危害设备和伤害人员的可能性。

ⅵ.氧气浓度超过 23% 将增加工作人员和机器设备暴露于火灾的危险，一些在空气中可能燃烧的物质，将会在高浓度氧气的条件下更猛烈地燃烧。

ⅶ.为降低危害需要制定一些氧气使用规则，管理及操作人员必须认识到氧气的危害性，同时要了解氧气系统的安全规定。

（2）电力的危害

电击可能造成严重的个人伤害或死亡。控制系统的电路使用 220VAC/24VDC 伏特的交流电，50Hz。在电源尚未关闭时不要在系统上做任何的操作。

（3）安全操作的练习

慢慢地打开所有的阀。因为氧气会加速许多物质的燃烧反应，氧气管路如果快速填充氧气，从一个压力高度到另一压力高度，将会因为绝热压缩而导致管线中的氧气温度上升。管路应慢慢加压以减少温度的上升。

氧气专用设备使用不适当的材质将会增加管线着火及控制的危险性，不要任意更换设备的组件。

满足纯氧使用需要清洁的要求：所有的设备和管件在接触氧气时必须是干净的（除锈、脱油、脱脂）。设备和管路如果不干净会增加着火的危险性。在设备使用之前要将清洗的溶剂完全清除干净，在组合、安装、修护时要维持各项的清洁要求。

在氧气设备附近禁止点火、抽烟或者产生火花。许多材质都会在氧气中燃烧，避免起火最好的方式就是排除着火来源。在氧气控制设备使用时或氧气浓度高于 25% 时，要避免点火或靠近热源。

不用纯氧取代压缩空气。若用纯氧来取代压缩空气是危险的，因为使用压缩空气的设备并不是与使用纯氧的设备材质相同，也未作过纯氧清洁处理。用纯氧清理设备或脏污衣物时可能起火燃烧。有时即使氧气来源被关闭了，氧气的浓度仍然居高不下。

3.3.5　纯氧喷枪的安装点火

（1）喷枪和喷嘴砖的安装要求

① 氧枪的安装要水平　在研制氧枪时，要考虑氧枪是需要绝对水平安装的，不能有上倾或下倾现象出现。因为氧枪喷出的火焰较短，温度很高，需严格防止火焰上扬或下冲，造成局部过热，烧损窑碹或冲击液面，影响玻璃液质量。

② 严密封闭安装缝隙　喷嘴砖四周与胸墙间的缝隙（约 3mm 左右），一定要严密封闭，防止火焰气体逸出引起烧损氧枪外壳的事故。

③ 氧枪的安装高度是一个重要的技术参数　合理的氧枪安装高度可避免高温火焰在液面和窑碹顶处出现局部过热现象，并能充分利用烟气对热辐射的缓冲作用。

（2）安装

ⅰ.拆除预定安装纯氧燃烧喷枪处的耐火保温材料。

ⅱ.安装燃烧喷枪耐火砖之前，将耐火砖放置于熔炉附近 24h 以上。

ⅲ.将燃烧喷枪支撑架固定于燃烧喷枪耐火砖上。

ⅳ.将喷枪耐火砖安装于指定的熔炉位置，但注意已固定的燃烧喷枪支撑架需安装在熔炉的冷端。

ⅴ.安装纯氧燃烧喷枪前，应先将连接燃烧喷枪的氧气软管及天然气软管皆安装完毕。

ⅵ.将纯氧燃烧喷枪安装于支撑架上，使用位于燃烧喷枪本体两侧的钳型锁将燃烧喷枪本体与支撑架固定。

（3）点火

ⅰ.将纯氧燃烧喷枪安装于支撑架并固定后，即可进行点火作业。

ⅱ.点火作业时，应先将氧气通入熔炉内，之后立即按照氧气与天然气比例（约 2 : 1），将天然气通入熔炉。

ⅲ.点火时，先确认熔炉内温度已达天然气自燃的温度要求，否则应加装母火。待熔炉内温度上升至天然气自燃温度之上后，方能移除母火。

ⅳ.随着操作的需要，依照氧气及天然气的比例要求，逐步增加或减少氧气及天然气。

(4) 调整

ⅰ.扁平式天然气纯氧燃烧喷枪燃烧火焰的长度、明亮度及温度取决于天然气管的位置。当天然气管推进到熔炉热端时，会使火焰较长，且明亮度不足。反之，则会使火焰变短且明亮度较高。

ⅱ.燃烧喷枪支撑架出现红热现象，表示耐火砖内已出现堵塞，请关闭此燃烧喷枪并排除状况后方能再度点火。

(5) 观察

建议每班的操作人员在检视熔炉燃烧状况时，一并检查纯氧燃烧喷枪的情形，检查重点如下。

ⅰ.火焰形状和外观；

ⅱ.燃烧喷枪耐火砖外观；

ⅲ.燃烧喷枪和耐火砖是否有过热现象；

ⅳ.氧气及天然气的燃烧备压；

ⅴ.若情况有明显差异时，需立即检查。

(6) 停喷枪

ⅰ.逐步降低天然气及氧气流量，但仍保持所需要的流量比例。

ⅱ.待完全关闭天然气及氧气流量后，立即关闭所有相关阀件，并将纯氧燃烧喷枪移出。

ⅲ.移出燃烧喷枪后，立即用耐火材料封住耐火砖的开口。

ⅳ.燃烧喷枪移出后，必须将氧气使用的部分清理干净，并将软管部分用管栓封住。燃烧喷枪则用干净的塑料袋封存。

ⅴ.若停喷枪的状况仅为安全互锁所造成，其状况于 15min 内排除后应立即点火，这时不需移出燃烧喷枪。若停喷枪时间超过 15min，而且没有移出燃烧喷枪，则燃烧喷枪将因无冷却而产生过热毁损。

3.4 全氧窑的数值模拟研究

3.4.1 数值模拟的概念与步骤

(1) 数值模拟的概念

数值模拟亦称计算机模拟。它是以计算机作为研究工具，研究对象包括工程物理问题以及自然界各类问题，通过采用数值计算和图像显示的方法，达到认识了解和深入研究的目的。

通过对实际运行的玻璃熔窑的观察和试验，以及物理模型和数学模型的研究，可进一步了解玻璃熔窑运行的规律，提高熔制质量，改进窑炉设计水平。

目前熔窑的现场实测是对玻璃熔制过程中的各种现象和各物理量之间关系的直接测量分

析。实测反映的情况真实，但是测试困难，且测量结果不能广泛推广。

物理模型法费用小，获得数据方便，但只能近似模拟熔窑部分或局部的局限参数，不能全面和准确地模拟熔窑各参数。

数学模型是以特定工作条件下影响玻璃熔窑运作时的物理量的函数关系式作为研究依据，利用计算机进行数值求解的方法。

玻璃熔窑中流体与传热问题的数学模型采用计算流体力学（英文名 Computational Fluid Dynamics，缩写 CFD），是基于离散化的数值模拟和分析的计算方法。自 1981 年以来，出现了如 PHOENICS、CFX、STAR-CD、FIDAP、ANSYS FLUENT 等多个商用 CFD 软件。其中，ANSYS FLUENT 是 CFD 软件中相对成熟和运用最为广泛的商业软件。目前，玻璃熔窑应用 ANSYS FLUENT 的数值方法为有限体积法，对流场迭代求解的方法主要有 SIMPLE 算法和 PISO 算法。实践证明，SIMPLE 及其相关算法用于玻璃熔窑液流的流动和传热模拟是合适的。目前数值模拟的发展方向为不断采用新的或改进的计算方法，不断地从实际结果对所采用的数学模型进行修改以使其更适合实际情况；同时结合最新的计算机图形和图像技术，对熔窑中各部分实行可视化分析和计算，以求更直观地反映熔窑内部的变化。

（2）数值模拟的步骤

玻璃熔窑的数值模拟包含以下几个步骤：第一步是建立能够反映问题各量之间的微分方程及相应的定解条件，这是数值模拟的根本出发点；第二步是寻求准确度高和效率高的计算方法，包括微分方程的离散化方法及求解方法，体坐标的建立，边界条件的处理等；第三步就是编制 PDF 程序和计算。

数值模拟流程如图 3-22 所示。

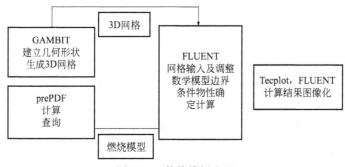

图 3-22　数值模拟流程

利用 Gambit 软件建立玻璃熔窑三维几何模型和划分 3D 网格；通过 prePDF 软件建立非预混燃烧模型，得出查询表；然后将生成 3D 结构化六面体网格的三维几何模型和燃烧模型（查询表）导入到 FLUENT 软件，在 FLUENT 里进行网格调整、选择模型、设定边界条件、确定材料物性，然后初始化，进行数学模型的迭代计算；计算结果可以通过 FLUENT 自带的后处理软件进行结果的后处理，用图像来拟合计算结果，直观地表示温度场的分布情况。

3.4.2　ANSYS FLUENT 数值模拟的应用

以下内容是 ANSYS FLUENT 应用于全氧燃烧玻璃熔窑的实例。

（1）全氧窑氧含量变化的数值模拟

研究了氧含量对玻璃熔窑喷枪口火焰空间速度场、温度场分布及其 NO_x 质量分数场的影响。得到了在全氧助燃条件下，火焰空间速度场、最高火焰温度、NO_x 排放量的规律。图 3-23 是喷枪在玻璃熔窑中 YZ 面温度的分布图，可为纯氧燃烧喷枪的设计与优化提供参考依据。

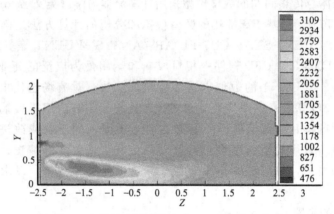

图 3-23　喷枪在玻璃熔窑中 YZ 面温度的分布

（2）全氧窑喷枪结构的数值模拟

对新型扁平式喷枪和传统的圆形喷枪的火焰空间进行了数值模拟。模拟结果表明，新型扁平喷枪具有火焰扁平、火焰长度长且均匀，同时火焰温度高、火焰覆盖面大等优点，见图 3-24。这种喷枪独特的设计更有利于玻璃配合料的熔化，对提高玻璃质量、减少火焰空间耐火材料侵蚀有利。

图 3-24　扁平式燃烧器中心切面上的火焰外形模拟

（3）全氧窑火焰空间的数值模拟

对 600t/d 全氧窑作了全面详细的模拟研究。如图 3-25、图 3-26 分别模拟研究了 7

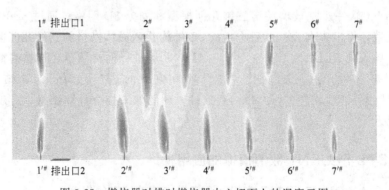

图 3-25　燃烧器对排时燃烧器中心切面上的温度云图

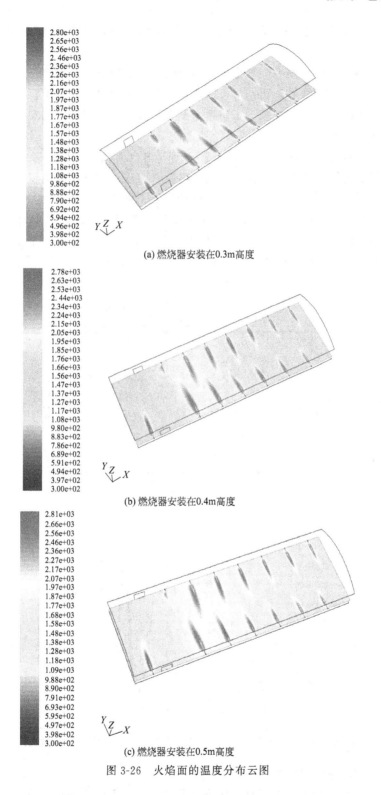

(a) 燃烧器安装在0.3m高度

(b) 燃烧器安装在0.4m高度

(c) 燃烧器安装在0.5m高度

图 3-26　火焰面的温度分布云图

对、6 对圆形和扁形燃烧器全氧燃气玻璃熔窑火焰形状、火焰空间温度场、碹顶温度分布，气氛浓度场等，并作了详细的比较，得到了全氧火焰刚度规律、高温烟气在窑内的环流特点、火焰长度的分布特点、熔窑横截面温度场的特点、燃烧气体中 CO_2 和 H_2O 分布、燃烧器对数对燃料比例分配的变化影响、纯氧燃烧器产生的火焰形状对熔窑的适应性等研究成果。

以优化玻璃熔窑结构、提高全氧窑寿命为目的,对高碹顶玻璃熔窑全氧燃烧火焰空间进行了三维数值模拟,研究结果表明:与普通碹顶全氧窑相比,高碹顶熔窑改善了窑内气体流动与温度分布,提高了热效率,减少了碹顶水蒸气浓度,这对保护窑墙和碹顶耐火材料、延长全氧窑的使用寿命有利。

对 600t/d 全氧窑胸墙高度、烟道口位置和烟气出口面积对窑压的影响作了详细的数值模拟。研究成果揭示了全氧燃烧条件下,胸墙高度、窑压、烟气出口面积、排烟温度之间的影响因素,为全氧浮法熔窑的排烟系统优化设计提供了指导。

由图 3-27、图 3-28 可以看出,在天然气燃烧的全氧窑中,水蒸气的含量比较大,占到火焰空间气体成分的 $1/3 \sim 1/2$,而且在玻璃液面的热点位置含量最高,达到 $1/2$。水含量增加,使 OH^- 增加,玻璃液黏度降低,易于玻璃液中气泡的排除,有利于澄清和均化;同时较高的玻璃液面温度,可加速熔化过程。

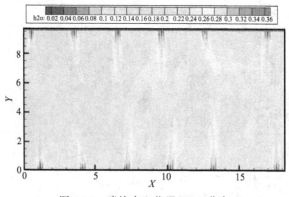

图 3-27　喷枪中心位置 H_2O 分布

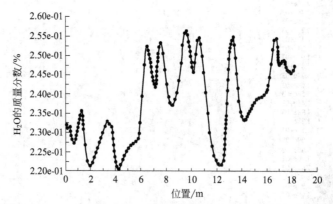

图 3-28　$Y = 4.8m$(熔窑中心位置)X 轴方向 H_2O 的质量分数曲线

(4) 全氧窑玻璃液的数值模拟

数值模拟了全氧燃烧工况下熔窑内玻璃液温度场、速度场的分布规律,建立了全氧窑内玻璃液传热与流动的三维数学模型。探索了在兼顾模拟精度与运算速度的前提下,大尺度模拟空间网格划分的有效方法。此外,如图 3-29 所示,还建立了模拟结果图视化手段,从而可将模拟结果直观地用图像表现。

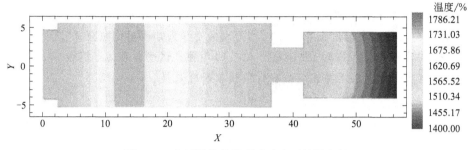

图 3-29　全氧燃烧条件下玻璃表面的温度场

　　为了验证以上工作结果，对浮法玻璃熔窑玻璃液的速度场和温度场进行了模拟，在不改变熔窑基本结构参数的情况下，通过改变玻璃液表面的温度制度，研究玻璃液的速度场和温度场的变化。同时还模拟验证了窑池几何尺寸、卡脖宽度、水泡压入深度等与玻璃液流场及回流量的关系。

　　优化研究结果表明如下。

　　ⅰ. 燃烧器的安装高度对火焰空间的温度场分布情况影响很大。600t/d 全氧窑炉燃烧器的合理安装高度应该在 0.4m 附近。

　　ⅱ. 增加火焰空间高度时，即增加胸墙高度或增加大碹的高度时，空间的平均温度略有提高，火焰流速下降，可使碹顶温度和碱蒸气浓度下降，有利于保护大碹。但是高碹顶结构会使窑体的散热量增大，全氧燃烧需要较小的火焰空间，合适的火焰空间有利于减少能源消耗。

　　ⅲ. 排烟口的位置很重要，远离投料口时，平均温度整体上提高了，火焰覆盖面积更为宽广，但具体位置还要有利于提高熔窑使用寿命。

　　ⅳ. 氧枪在窑上布置要合理，根据分区供给熔化所需的热量，确保窑宽上的温度均匀性。氧枪在窑上作错位排列。

　　ⅴ. 对 600t/d 级玻璃熔窑玻璃液的速度场和温度场进行了模拟，研究了玻璃液的速度场和温度场的变化。模拟结果表明，在全氧燃烧状况下，由于玻璃液表面温度提高，玻璃液有更大的流速，这不仅有利于提高玻璃液的熔化质量，而且可以提高熔窑的产量。

　　ⅵ. 全氧燃烧状况下，玻璃熔化部仍然要分成熔化区和澄清区两部分。由于玻璃液黏度降低，玻璃液温度的均匀性提高，熔化区和澄清区的面积可以同时减小 10%，其中澄清区面积占总熔化面积的 35%～50%。

习　　题

　　3-1　为什么说全氧燃烧是玻璃熔窑技术发展史上的第二次革命？

　　3-2　对照图 3-2 的全氧燃烧玻璃熔窑示意图，与马蹄焰池窑相比减少了哪些结构？

　　3-3　全氧燃烧技术的优势和不足都有哪些？

　　3-4　玻璃熔窑采用全氧燃烧技术后的经济效益和社会效益如何？

　　3-5　为什么说全氧燃烧技术是玻璃行业实现节能减排的必由之路？

3-6　全氧燃烧熔窑的胸墙和大碹选用哪种耐火材料？为什么？

3-7　大型全氧燃烧玻璃熔窑的氧枪是怎样布置的？

3-8　全氧燃烧喷枪的结构形式有哪几种？

3-9　为什么玻璃熔窑采用全氧燃烧技术可大幅增加火焰辐射传热效果？

3-10　全氧燃烧技术所用氧气的制备方法有哪几种？试述各自的适用性。

3-11　试述国内外全氧燃烧玻璃熔窑数值模拟研究进展。

第4章
马蹄焰池窑

大量的玻璃熔制生产仍采用马蹄焰池窑，优点是能耗较低、便于操作、造价不高，因此本章用了大量的篇幅详细论述该窑的结构、设计和操作，并实例详解一马蹄焰池窑的设计过程和主要图纸，学习后将大大提高玻璃熔窑的设计能力。

窑内火焰呈马蹄形流动（在窑内呈 U 形），仅在熔化部的前端设置一对小炉的玻璃池窑称为马蹄焰池窑（有时亦称 U 形池窑），如图 4-1 所示。

马蹄焰池窑的优点如下。

ⅰ.热利用率高。马蹄形火焰在窑内呈"U"形，长度可达熔化池长度的 1.3～1.5 倍，行程较长，因而燃料燃烧充分，同时窑体表面积小，热散失量较少，这可提高热利用率，降低燃料消耗。目前先进的大型马蹄焰池窑比相同熔化面积的横焰池窑热耗量低 15%～20%。

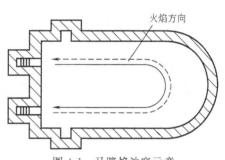

图 4-1　马蹄焰池窑示意

ⅱ.结构简单，造价低，只有一对小炉布置在熔化池端墙上，而横焰池窑一般有 3 对以上的小炉，且布置在熔化池两侧，这将使横焰池窑结构复杂，砌筑困难。同时横焰池窑占地面积大，建窑和建厂房的费用都比马蹄焰池窑高，建一座马蹄焰池窑的费用比建同等规模的横焰池窑低 25%～30%。

马蹄焰池窑的缺点如下。

ⅰ.沿窑长方向难以建立必要的热工制度，火焰覆盖面积小，在炉宽度上的温度分布不均匀，尤其是火焰换向带来了周期性的温度波动和热点（即玻璃液最高温度的位置）的移动；

ⅱ.一对小炉限制了炉宽，也就限制了炉的规模；

ⅲ.燃料燃烧喷出的火焰有时对配合料料堆有推料作用，不利于配合料的熔化澄清，并对花格墙、流液洞盖板和冷却部空间砌体有烧损作用。

马蹄焰池窑与横焰池窑的比较见表 4-1。

表 4-1　马蹄焰池窑和横焰池窑的比较

项目	马蹄焰池窑	横焰池窑
熔化池面积/m^2	最大 130	最小 20
目前最大熔化率(瓶罐玻璃)/[t/(m^2·d)]	3.2	3.0
池窑纵向温度可调性	较差	较好
相同熔化率时燃料消耗	较低	较高
上部结构	简单	复杂
占地面积	较少	较多
建造费用	较低	较高

由于以上特点，马蹄焰池窑已被广泛用于制造对玻璃质量无特别要求的各种空心制品（如瓶罐、器皿、化学仪器、泡壳、玻管）、压制品和玻璃球等，其最大熔化面积可达 $160m^2$。

4.1 马蹄焰池窑的结构

马蹄焰池窑结构设计的内容是根据生产规模的大小来因地制宜地确定窑池各部位的形式、尺寸和材料。设计要依据窑炉热工理论、池窑工作原理和生产实践经验，还要进行必要的经验计算。

4.1.1 窑池尺寸

窑池是玻璃熔窑的主要部分。它的熔化面积、长宽比和池深等几何尺寸必须符合工艺与结构的要求。

(1) 熔化面积

熔化部窑池面积按已定的熔窑规模（日产量）和熔化率（常用 K 表示）估算。见式(4-1)。

$$F_{熔} = \frac{Q}{K} \tag{4-1}$$

式中　F——熔化面积，m^2；

　　　Q——熔窑出料量，t/d；

　　　K——熔化率，$t/(m^2 \cdot d)$。

熔窑的出料量是根据生产规模的大小确定的。马蹄焰池窑的生产规模，通常是按照生产产品、成形方法、厂房大小和耗热多少等因素，通过对比分析，按最好的经济效益确定。一般窑的规模越大，其生产效率越高，单位耗热量也愈低，所以马蹄焰池窑的规模在其许可范围内有朝大型化发展的趋势。

熔化率是指窑池每平方米熔化面积每昼夜熔化的玻璃液量，单位为 $kg/(m^2 \cdot d)$ 或 $t/(m^2 \cdot d)$。熔化面积的计算方法为：对有冷却部的流液洞池窑来说，熔化面积算到流液洞挡墙处，对无冷却部的流液洞池窑来说，其实际熔化面积为上述熔化面积的 80%～85%。

熔化率的选择与玻璃品种、原料组成、配合料中碎玻璃的掺入率、熔化温度、燃料种类与质量、制品质量要求、窑型结构、熔化面积、加料方式和新技术的采用等有关。

考虑熔化率时还要考虑玻璃的熔制质量、窑炉寿命和管理水平，要从实际出发，全面考虑，力求取得较好的经济效果。熔化率根据经验选取，一般情况下，首先调查相似池窑熔化率，而后进行分析比较，最后确定一个技术上可行、经济上合算的熔化率。

表 4-2 中列出了国内流液洞池窑的熔化率数据。

必须指出，确定或计算熔化率时一定要有玻璃质量标准。一般以制品内允许的气泡数为质量标准。对瓶罐、器皿、医用、仪器、电子玻璃和玻璃球是 20～200 个/100g 玻璃，对平板玻璃是 5～50 个/100g 玻璃，对显像管玻壳是 0.05～0.5 个/100g 玻璃。

一般蓄热式马蹄焰池窑的熔化面积为 20～120m^2。国内最大的马蹄焰池窑的熔化面积达 160m^2 左右。

表 4-2 国内流液洞池窑的熔化率   单位：t/(m² · d)

品种料别		熔化部面积					
		20～50m²		51～90m²		≥91m²	
		发生炉煤气	天然气（或油）	发生炉煤气	天然气（或油）	发生炉煤气	天然气（或油）
玻璃瓶	高白料	1.0～1.4	1.2～1.6	1.1～1.5	1.4～1.7	—	—
	普白料	1.5～1.8	1.6～1.9	1.7～2.1	1.8～2.3	1.9～2.3	1.9～2.5
	颜色料	1.4～1.7	1.5～1.8	1.6～2.0	1.7～2.2	1.8～2.2	1.9～2.3
玻璃器皿	吹制品	1.0～1.4	1.2～1.6	1.1～1.5	1.4～1.7	—	—
保温瓶	吹制品		0.8～1.35				
玻璃仪器	高硼硅	0.4	0.5				
玻璃球	中碱	0.5	0.7				
	无碱	0.4	0.5				
泡壳	吹制品	0.9～1.0	1.0～1.3				
玻璃管	安瓿管	0.9～1.0	1.0～1.3				
	灯管,芯柱	0.8	1.0				

（2）长宽比

熔化池面积确定后，还要确定熔化池的长和宽。

马蹄焰池窑的长度要保证玻璃熔化与澄清良好，并考虑砌体材料的质量，还要与火焰的燃烧相配合。试验证实，在马蹄形火焰的转弯处常形成一定的气漩涡，产生强烈的混合作用，可获得一个明显的热点，有助于玻璃的澄清，所以要求火焰在窑长的 2/3 处转弯，并要求在整个马蹄形火焰流动过程中都处于燃烧状态，使窑宽两侧的温度保持均匀。在比较长的窑内，要使火焰在预定的位置转弯，火焰必须以较高的速度喷出，但这会导致风、火迅速混合，造成在喷火口与转弯点之间就完全烧净，使熔化池的表面积只有一半被火焰覆盖，在窑宽两侧（即排气一侧与喷火一侧）出现明显的温度差。如果窑池较窄，这种温差虽可减小，但由于窑池侧墙的冷却作用比较强烈，也会使窑宽两侧的温度差扩大。为此，又发展了一种正方形窑池，这样可得到一条有利的火焰行程。只要喷火口的横截面适当，并使火焰的喷出口速度适当减慢，火焰行程轨道就近似圆形，转弯很均匀，涡流也不明显，火焰能一直到达排烟口。并且由于窑压小，沿火焰的行程传给玻璃液的热量比长方形池窑要均匀很多。

马蹄焰池窑的宽度要考虑火焰的扩散范围，它取决于小炉宽度、中墙宽度（即小炉之间的间距）和小炉与胸墙的间距。中墙宽度要保证中墙的使用寿命和火焰的流动。中墙不能过窄，否则会加快烧损，容易使火焰过早转弯，一般要求不小于 0.6m。小炉与胸墙的间距必须大于 0.3m，以免胸墙过快烧损。通常马蹄焰池窑的池宽度为 3～8m。

窑池的长和宽有一定的比例，称为长宽比。窑池的长宽比是一重要的结构指标，通常用长宽比的指标来作设计参考或复核设计是否合理。决定长宽比指标时要考虑熔化、澄清与均化情况、料性与成形温度、火焰与燃烧情况、有没有冷却部等因素。

马蹄焰池窑和横火焰窑熔化池的长宽比与熔化面积的关系见图 4-2。

国内蓄热式马蹄焰池窑的长宽比数据见表 4-3。

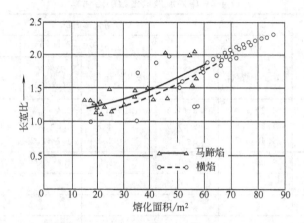

图 4-2 马蹄焰池窑和横火焰窑熔化池的长宽比与熔化面积的关系

表 4-3 国内蓄热式马蹄焰池窑的长宽比

熔化面积/m²	燃料	
	烧天然气（油）	烧发生炉煤气
≤50	1.6~2.0	1.6~1.9
51~90	1.5~1.9	1.4~1.8
≥91	1.4~1.8	1.3~1.7

由表 4-3 看出，烧油时马蹄焰池窑的长宽比值较烧发生炉煤气时稍大些，这是由于由于采用了高压外混喷嘴，特别是直流式，喷出的火焰射程长，冲量大，刚性强，火焰转弯困难。为避免冷却部温度过高、流液洞盖板砖过早烧损以及窑池横向出现明显的温度差，必须把窑池放长。另外，烧油后火焰温度提高了，加快了熔化速度，增大了出料量，为确保玻璃液的质量，也有必要将窑池适当放长。但长宽比过大时，在火焰喷出的正前方空间，燃烧产物排出困难，逐渐积聚，压力增大，会迫使火焰变短。基于此原因，马蹄焰池窑的池长不宜小于 4m，熔化部面积较大时长宽比可取低限，否则窑池过长，火焰很难同时满足熔化与澄清的要求。

已确定的熔化面积和长宽比值应与池底砖规格（如常用的 300mm×300mm×1000mm 和 300mm×400mm×1000mm）和池底砖排列规则相配合。排列结果与确定值可能稍有出入，需按照排好的方案计算出实际的长宽比、熔化部面积和熔化率。

(3) 窑池深度

窑池深度一般根据经验确定。确定合理的池深，必须综合考虑到玻璃颜色、玻璃液黏度、熔化率、制品质量、燃料种类、池底砖质量、池底保温层情况、鼓泡、电助熔以及新技术的采用（如富氧燃烧）等因素。

目前我国池窑熔化池池深的数据列于表 4-4。

对于烧油池窑，由于火焰的辐射强度大，底层玻璃液的温度相应升高，再加上池底保温，底层玻璃液温度更高，如不适当加深窑池，会加快池底砖的侵蚀。采用池底鼓泡时，为发挥鼓泡的作用，也需要适当加深窑池深度。另外，为了提高熔化率，也可通过加大池深来增加池内玻璃液的容量，以保持一定周转量。因此，无色和浅色玻璃池窑熔化带的池深有加大的倾向。

表 4-4　池窑熔化池深（池底保温）

玻璃品种		池深/mm
瓶罐玻璃	高白料	1300～1600
	普白料	1200～1500
	颜色料	1100～1400
器皿玻璃		1300～1600
保温瓶玻璃		1200～1500
中性玻璃		900～1200
硬质玻璃		600～900

澄清池的深度根据玻璃液的温度梯度值和熔窑的出料量而定，一般比熔化池加深 100～800mm。

20 世纪 80 年代，德国工业界从控制热流和液流的角度进行模拟试验并在生产中使用了深澄清（Deep Refiner）结构（图 4-3）。它将流液洞前的澄清区大大加深（最深为熔化池深的两倍，约 3m），并从澄清区至供料道沿途安插电极跟踪加热，保证液流畅通。深澄清结构的原理是将平行液流改成垂直液流。原来平行液流时，同时加入的粉料经过熔化、澄清等过程后，并不能同时到达流液洞，故液流的成分和温度都不均匀。而在垂直液流中，由于密度的作用，迫使进流液洞的液流的成分和温度均匀，尤其在电辅助加热的配合下。鉴于此，深澄清池可减少玻璃液回流量，延长液流在澄清池内的停留时间和增加配合料

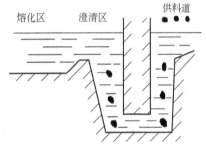

图 4-3　深澄清结构

覆盖面积，从而可以大幅度提高熔化率 ［最高达 4t/(m² · d)］ 和玻璃质量，并且增强了对出料量变化的适应性。

池深可按沿池深玻璃液的温降情况进行计算（复核）。对于无色玻璃液层，每深 25mm 降温 20～30℃（实验数据）。另外，窑池不保温时，池深（h）也可按式(4-2)计算：

$$h=0.4+(0.5\pm a)\lg V \tag{4-2}$$

式中　V——熔化池容积，m³；

　　　a——系数，其值 0～0.135（由玻璃液的颜色和窑的熔化率来定，无色玻璃 $a=0$）。

4.1.2　窑池结构形式

(1) 池壁
池深确定后就要进行池壁砖材的选择和池壁砖的排列。

池壁砖材的选择十分重要，直接影响到熔窑的寿命。玻璃液的主要侵蚀为横向砖缝处，因此应尽量避免在高温区域出现横向砖缝，通常采用整块大砖立砌。但即使是立砌的竖向砖缝也是熔窑的薄弱部位，因而要求立砌排砖的尺寸必须相当精确，结合面应磨制加工达到砖缝密接，其目的并不是为了防止玻璃液的流出，而是为减少玻璃液对砖材的侵蚀。

除了少数特种玻璃池窑外，大部分玻璃池窑池壁均采用电熔锆刚玉砖。如采用倾斜浇铸电熔锆刚玉砖，浇铸口位置应在下部并朝向池外，主要目的是提高液面处砖材的抗侵蚀能

力。池壁厚度以前一般为 300mm，现在可减薄为 200mm。对于高熔化率、长寿命的熔炉，目前推荐使用 250mm 厚刀把形准无缩孔电熔锆刚玉砖。为减少热量损失，池壁除上部约 200mm 以外均需保温。上部液面处为减轻蚀损应采用人工冷却装置，如吹风冷却或水冷却。图 4-4 为池壁砖侵蚀情况。

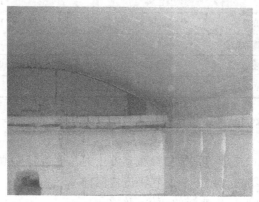

图 4-4 池壁砖侵蚀情况

如果窑池较深，而且熔制的玻璃含铁量较高，则不采用立砌排砖结构，可采用多层池壁砖结构。这样下层池壁可采用价格较便宜的砖材，如普通浇铸电熔锆刚玉砖或浇注高岭土大砖，以节约材料费用。

（2）池底

池底部分存在向下钻孔、向上钻蚀和机械磨损三种损坏特征，为此要求池底砖能耐磨且具整体性。以前的池底结构比较简单，不采用保温结构，用单层黏土大砖即可。随着熔制温度的提高、出料量的增加、炉龄的延长，更主要的是为减少散热损失节约能源，现代熔窑池底多采用多层式复合池底结构。这种多层式结构一般是在主体层黏土大砖的下面砌筑保温层，保温层厚度一般为 280～350mm。玻璃中重金属元素较多时池底侵蚀会加剧，此时熔化带部位应减少保温层的厚度或不采用保温层。黏土大砖的上面设防护层和耐磨层。防护层用锆英砂捣打料或电熔锆刚玉捣打料，一般厚度为 30～40mm。耐磨层在防护层上面，保护捣打层，直接接触玻璃液。常用 75～120mm 的无缩孔电熔锆刚玉砖。

在熔制含重金属元素的玻璃（如铅玻璃）或侵蚀性极重的玻璃（如乳白玻璃）时为有效防止漏料，可采用双层防护层和耐磨层结构。

（3）加料池

马蹄焰池窑的加料有双面加料和单面加料之分。双面加料虽然优点较多，但送料系统较复杂，因此，中小型马蹄焰池窑还是多采用单面加料。为克服单面加料的缺点，一般把加料池改为预熔池（图 4-5）。预熔池就是将原有的加料池拉长放宽，加料口加高，让其能充分地利用窑内火焰空间的辐射热量和溢流热量。为保证预熔效果，加料口断面应尽量扩大，有时将预熔池平面做成梯形（外窄，内宽）。经验表明预熔池有以下优点：既能提高熔化率又能克服跑料现象；能适当提高热点附近的玻璃液温度；可大大减少窑内飞料现象，使加料制度不受换火操作的影响；格子砖不易堵塞，喷火口和大碹蚀损减轻；能延长加料口砌

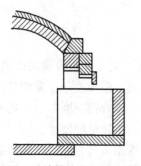

图 4-5 马蹄焰池窑预熔池结构

砖和加料机的使用寿命。但由于马蹄焰池窑上加料口断面较小,其效果不够显著。

(4) 流液洞

流液洞的形式如图 4-6 所示。

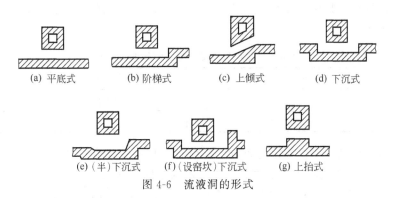

(a) 平底式   (b) 阶梯式   (c) 上倾式   (d) 下沉式

(e) (半) 下沉式   (f) (设窑坎) 下沉式   (g) 上抬式

图 4-6　流液洞的形式

选用流液洞的形式,要根据日产量、玻璃料别、产品质量要求、熔化及成形温度、池窑的结构尺寸等情况而定。例如,在出料量大、熔化普通白料、熔化温度高或要求缩小冷却部时,可采用下沉式流液洞;而在熔化深色玻璃时,一般不采用下沉式,而多采用半下沉式,以免玻璃液冻凝在流液洞内。

马蹄焰池窑一般只设一个流液洞。当流料量过大或要求窑池宽度上的玻璃液温度和组成均匀时,可以在一窑内并列设 2～3 个流液洞 (国外称多道流液洞)。洞与洞之间用水包冷却。

流液洞的形状呈扁长方形,这样降温效果大,流过玻璃液的质量好。个别也有正方形的。

流液洞的长度控制着玻璃液的降温程度。愈长,则降温愈多。为配合砌砖规格和冷却孔尺寸,洞长一般为 900～1200mm。当流料量增多或池底玻璃液温度升高时,为加强冷却和均化,可把流液洞适当加长。有时为了减弱流液洞的冷却作用,提高供料道内玻璃液温度,可将冷却孔缩小或取消,洞长也可缩短些,最短为 600mm。

流液洞的宽度控制着流过玻璃液的均匀性,越宽越均匀,而对温降值的影响甚微。洞窄则不均匀,且使玻璃液流速加快,砌砖蚀损加剧。由于洞高取决于其他因素,所以洞宽与玻璃液流量有直接关系。出料多时洞要放宽,以不使玻璃液的流速变大。马蹄焰池窑的洞宽在300～500mm 范围内。图 4-7 为流液洞侵蚀情况。

图 4-7　流液洞侵蚀情况

　　流液洞的高度控制着流过玻璃液的质量，越低质量越好，而温降值也越大。这就要注意勿使洞内的玻璃液凝固并符合成形温度的要求。确定洞高时还要考虑玻璃液的颜色，深色玻璃透热性差，底层玻璃液的黏度大，故洞高些。马蹄焰池窑的洞高在 200～400mm。洞高确定后可用沉浸深度这一指标来复核。流液洞上平面与玻璃液面的间距称为流液洞沉浸深度，其经验数据列于表 4-5。

表 4-5　流液洞沉浸深度（窑体保温时）　　　　　　　单位：mm

流液洞形式	明料、白料、青白料	黄料、翠绿料	特硬料
平底式流液洞	600～900	500～700	300～650
下沉式流液洞	800～1100	—	—

　　池深不同时，流液洞沉浸深度也不同。据统计，用平底式流液洞者，其沉浸深度一般为池深的 2/3～3/4，用全沉降式流液洞者，其沉浸深度即为池深。

　　流液洞处的砖缝要小，盖板砖要压住，液面与砖缝要错开，以防止漏玻璃液。前后挡砖之间要用异型砖或用角钢和方钢嵌紧，以顶住玻璃液的推力。为防止流液洞的侵蚀，在盖板砖上面前后挡砖之间留一与外界贯通的冷却孔（或叫风洞），孔的大小一般为 300mm×300mm。

　　流液洞的断面积虽有理论计算，但一般都按通过流液洞的玻璃液量来定。每小时通过流液洞每单位断面积的玻璃液量叫做流液洞的流量负荷，用 $K_流$ 表示，单位为 $kg/(cm^2 \cdot h)$。$K_流$ 值一般为 2～4。小窑偏低值。$K_流$ 过大时，流液洞砖的蚀损加剧，$K_流$ 值过小时，向上的钻蚀作用增强。表 4-6 综合了国内外采用的数据供参考。

表 4-6　流液洞流量负荷与流料量的关系

流料量/(t/d)	洞宽×洞高/mm×mm	洞面积/m²	流量负荷/[kg/(cm² · h)]
15～60	300×300、400×300、400×250	0.09～0.12	1～2.5
60～120	400×300、500×300	0.12～0.15	2.1～4
120～200	600×300、600×400、500×400、500×300	0.15～0.24	2.8～4.6

4.1.3　火焰空间

　　火焰空间的长度与窑池相等，宽度比窑池宽 200～400mm（每侧宽出 100～200mm），对马蹄焰池窑来说这是为了能牢固地托住胸墙并使火焰覆盖液面而不烧蚀胸墙。

　　火焰空间的高度由胸墙高度和大碹碹股的高度合成（图 1-6）。

　　一般用大碹升高（碹股 f/碹跨 s）值来反映碹的高低和特性，马蹄焰池窑的大碹升高一般取 1/7～1/8。

　　确定胸墙高度时，要考虑燃料种类和质量、熔化率、熔化耗热量、熔窑规模、散热量、气层厚度等因素，并留有一定的发展余地。

　　火焰空间可用其热负荷的指标来核定其容积，火焰空间的热负荷是指每单位空间容积每小时燃料燃烧所发出的热量，也叫火焰空间容积热强度，单位为 W/m^3。马蹄焰流液洞池窑常用的火焰空间热负荷值见表 4-7。

表 4-7　火焰空间热负荷值　　　　　　　单位：$×10^3 W/m^3$

烧发生炉煤气	烧重油
93～128	58～93

我国马蹄焰池窑火焰空间的结构指标列于表4-8。

表 4-8　蓄热式马蹄焰池窑火焰空间的结构指标

窑型	胸墙高/mm		大碹升高
	烧发生炉煤气	烧重油	
蓄热式马蹄焰池窑	500~800	800~1500	1/7~1/8

4.1.4　冷却部

冷却部的设计内容有面积、形状、池深等。

(1) 设计尺寸

冷却部的形状颇多，有圆形、半圆形、扇形、矩形等，由生产品种、质量要求和成形方式所决定。图4-8为典型的工作部形状。

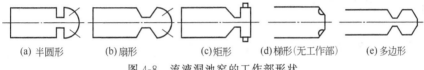

(a) 半圆形　　(b) 扇形　　(c) 矩形　　(d) 梯形(无工作部)　　(e) 多边形

图 4-8　流液洞池窑的工作部形状

马蹄焰流液洞池窑的适应性较广，故冷却部情况复杂多样，现从成形方法着手来讨论。

① 人工成形时的冷却部　人工成形时冷却部和成形部合二为一，通称工作部。在工作部的工作面上开工作口，在工作口内放浮筒或鬏圈（图1-14），从其中挑取玻璃液成形制品。

工作口大小按鬏尺寸和换鬏方便决定。工作口底边稍高于液面。有时将工作口砌成喇叭形（外小内大），以减少向外散热，且便于操作。

人工成形时挑料温度要高，故气体空间多半不分隔（此时工作部与熔化部等宽）。只有在使用高热值燃料时才用花格墙予以分隔。

玻璃液分隔用流液洞加浮筒。也有不设流液洞单用浮筒的，它的面积比设流液洞时稍小些。如果所用燃料质量不是太差，从提高玻璃液质量出发，最好用流液洞。

工作部面积先按所需工作口只数和工作口布置安排。然后考虑安排的面积能否满足玻璃液质量和温度的要求。

在定工作部面积的同时，也就决定了工作部的形状，常用半圆形或扇形。

从浮筒内挑料时要有一定的池深（一般不小于600mm），过浅会影响挑出玻璃液的质量。

池深确定后可算出工作部容量，即取料量。存料量和出料量之间要有一个适宜的比例，一般是考虑两者相等。

② 机械成形时的冷却部　机械成形时按冷却部面积的大小和有无，可将冷却部分成大冷却部、小冷却部和无冷却部三种。

大冷却部可使玻璃液停留较长的时间，有利于玻璃液的均化，成形温度亦较易控制。但会产生较大的回流量，这不仅降低窑产量，还增加燃料消耗。此外，大的冷却部也容易存在"死角"，恶化玻璃液质量。

小冷却部克服了大冷却部的缺点。但要注意均化要求和分配要求。

无冷却部时，流液洞直接与供料通路相连，气体空间全分隔（图4-9）。此时，冷却部的作用由熔化部和供料通路分担。为此，熔化部需放长。熔化部的放长还能降低流液洞的玻璃液温度，延长流液洞的寿命。

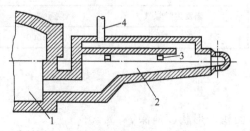

图 4-9　无冷却部池窑的局部结构
1—熔化部；2—供料道；3—加料口；4—小烟囱

供料通路负担加重后需要合理设计，正确操作。这样，可取得稳定成形作业、改善玻璃液质量、降低燃料消耗和稍许提高熔化率的效果。目前主要用于生产黄料瓶、青霉素瓶、泡壳等产品。

马蹄焰流液洞池窑冷却部面积与熔化部面积之比见表4-9。

表 4-9　马蹄焰流液洞池窑的冷却部面积与熔化部面积之比　　　　单位：%

大冷却部	小冷却部
20~25（个别达 35）	7~13

根据玻璃品种、供料通路条数、成形机部位和操作条件等来决定冷却部的形状。常用扇形和半圆形，扇形比半圆形的单位散热表面大，并减少了两侧死角。矩形用于机械拉管。

冷却部面积尺寸一般以半径表示。在空间部分隔时冷却部宽大，半径与熔化部相等，而在空间全分隔时，冷却部宽不受熔化部限制。冷却部池深应与流液洞形式一起来考虑，现在用浅冷却部的较多，一般比熔化池浅 300mm，有些甚至浅 600mm。浅冷却部可减小池深上玻璃液的温差，减少存料和避免产生死料。如果在减少冷却部池深的同时加厚池底（从 300mm 加厚到 600mm）这样不仅可增加保温作用，还能使熔化部和冷却部的池底下平面在同一水平面上，便于钢梁铺设。

③ 机械-人工联合成形时的冷却部设计原则同上述。通常是设一条供料通道和两只鐾口。冷却部布置和形状可参考图 4-8(d)、(e)。池深要考虑到人工成形。

在熔化硼硅质玻璃、铅玻璃和对质量要求特别高的电视玻璃时要设刮料孔，以刮去液面上的料皮和脏物。此外，通常还设溢料和泄料装置。

(2) 分配料道

为使冷却部能够较好地实现玻璃液的均化、调温和分配功能，采用分配料道结构可满足需要。分配料道采用火焰空间分隔，不受熔化部火焰的干扰，同时为满足不同产品的温度要求，分配料道的空间再用隔墙分隔，以便分区进行各自温度调节。这种结构从根本上解决了传统冷却部温度和熔化部温度的相互牵制问题。

分配料道不但适合于瓶罐玻璃的生产，也可用于器皿玻璃、安瓿玻璃等生产。用于瓶罐玻璃生产时，可以与两台六组单滴行列式制瓶机相匹配，也可与两台六组双滴行列式制瓶机和一台八组双滴行列式制瓶机相匹配。其典型结构如图 4-10 所示。

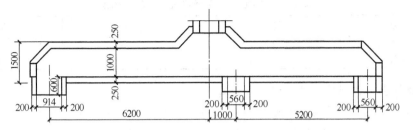

(a) 配备两台六组双滴和一台八组双滴行列式制瓶机

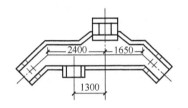

(b) 配备两台六组双滴和一台四组单滴行列式制瓶机

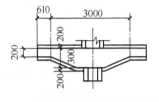

(c) 配备三条钢化玻璃器皿生产线

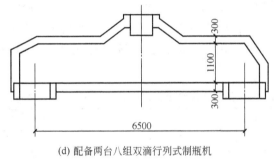

(d) 配备两台八组双滴行列式制瓶机

图 4-10　分配料道典型结构

4.1.5　小炉

小炉结构随燃料种类不同而略有不同。对应于发生炉煤气、重油和天然气三种燃料，则分别有烧发生炉煤气小炉（烧煤气小炉）、烧油小炉和烧天然气小炉等。烧天然气小炉的结构与烧油小炉的结构基本相同。

（1）烧煤气小炉

① 烧煤气小炉形式的确定　设计小炉之初，先要确定用那种形式的小炉。一般有两种形式的小炉："小交角"式与"大交角"式。图 4-11 为烧煤气小炉形式。

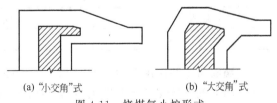

(a) "小交角"式　　　　　　(b) "大交角"式

图 4-11　烧煤气小炉形式

确定小炉形式时要考虑火焰的要求、厂房条件及操作习惯。马蹄焰池窑绝大部分用"小交角"小炉。马蹄焰池窑用烧煤气小炉结构指标见表 4-10 所示。

表 4-10　马蹄焰池窑用烧煤气小炉的结构指标

小炉形式	空气下倾角/(°)	煤气上倾角/(°)	预燃室长度/m
"小交角"式	16~20(最大 24)	0(个别 5)	1.4~1.6(最大 1.8)
"大交角"式	11~20	45	1.0~1.4

② 烧煤气小炉各部分尺寸的确定及计算

ⅰ.喷火口　喷火口是喷出火焰（部分预燃的燃烧气体）的地方。火焰由此入窑。喷火口的形状、大小和长度对喷出火焰的速度、厚度、宽度和方向有很大影响。喷火口面积 $F_{喷}$ 按式(4-3)计算：

$$F_{喷} = \frac{(V_{0空} + V_{0煤}) \dfrac{t_{喷} + 273}{273}}{W_{喷}} \qquad (4\text{-}3)$$

式中　$V_{0空}$，$V_{0煤}$——每秒钟流过小炉的空气、煤气量（标准状况），m^3/s；

　　　　$t_{喷}$——喷火口处火焰温度，℃；

　　　　$W_{喷}$——火焰喷出速度，m/s。

式(4-3)未考虑小炉内空气、煤气的预燃，所以计算结果稍偏大。

当空气、煤气量及喷出火焰温度一定时，喷火口面积决定于火焰的喷出速度。

马蹄焰池窑的火焰喷出口速度一般根据经验计算式计算，经验计算式及适用范围见表 4-11。

表 4-11　马蹄焰池窑火焰喷出口速度 $W_{喷}$ 经验计算式及适用范围

经验计算式	适用范围(火焰温度 1450℃时)/(m/s)
$W_{喷} = 6 + 1.6 \times$ 熔化池长 或　$W_{喷} = 8 +$ 熔化池长	12~17

按式(4-3)计算出的喷火口面积，需用它与熔化部面积的比值这一经验数据来复核。此比值范围如下：

马蹄焰池窑：$\dfrac{一只喷火口面积}{熔化部面积} = 2.5\% \sim 3.5\%$（熔化部面积小于 $25m^2$ 时）

$$= 1.7\% \sim 2.5\%（熔化部面积大于 25m^2 时）$$

马蹄焰池窑一只喷火口的宽度约占窑池宽度的 25%~30%。为减轻胸墙的烧损，要求小炉口边与胸墙的间距大于 300mm，中墙厚度要在 600mm 以上，喷火口碹的升高范围为 1/10~1/8。另外，为减轻窑碹的烧损，所得喷火口的高度还要保证喷火口碹与窑碹的最小间距不小于 300mm。其喷火口结构参数见表 4-12。

表 4-12　烧煤气喷火口结构参数

窑型	喷火口宽/喷火口中心高	喷火口碹升高
马蹄焰池窑	1.5~2.0(最大 2.5)	1/10~1/8

为了去除或减少火焰与玻璃液面之间温度较低的气体层，以增强火焰对玻璃液的传热，必须注意火焰喷出角度（即火焰与液面的交角）和喷火口与液面的间距。喷出角越大，喷火口接近液面的效果较好，但喷出角过大或喷火口过低反而不利，它会加剧料粉飞扬，使火焰不正常，温度分布不均匀，直接影响熔化质量。一般要求火焰喷出（下倾）角为 5°~10°，喷火口离液面约 150~200mm。

ⅱ. 预燃室　预燃室长度是一个重要的结构指标，它是空气、煤气混合燃烧的通道，也反映了混合燃烧的时间。

预燃室长度要根据所需空气、煤气的混合程度，亦即火焰的长度来确定。下面介绍一种比较接近实际的预燃室长度的计算方法。

求空气、煤气的混合程度 α

$$\alpha = \frac{t_{\text{喷}} c_{\text{混}} - i_{\text{显}}}{i_{\text{化}}} \tag{4-4}$$

式中　$c_{\text{混}}$——空气、煤气混合气体的比热容，按燃烧产物的成分计算；

　　　$i_{\text{显}}$——空气、煤气显热与燃烧产物量（均以燃烧 $1m^3$ 煤气为基准）之比，标志显热占的比例；

　　　$i_{\text{化}}$——煤气热值与燃烧产物量（均以燃烧 $1m^3$ 煤气为基准）之比，标志化学热占的比例。

根据经验估计，α 值常在 $0.3\sim0.4$ 范围内，有时可低到 0.25。

求混合气体在预燃室内的停留时间 $\tau(s)$，关系式如下：

$$\alpha = 1 - e^{-K\tau} \tag{4-5}$$

式中　K——与空气、煤气交角有关的系数，一般为 $1.5\sim2$，交角大者偏高值。

求预燃室体积 $V(m^3)$：

$$V = (V_{\text{空}} + V_{\text{煤}})\frac{273 + t_{\text{均}}}{273}\tau \tag{4-6}$$

式中　$V_{\text{空}}$，$V_{\text{煤}}$——一侧小炉内空气、煤气的流量（标准状态），m^3/s；

　　　$t_{\text{均}}$——空气、煤气在预燃室内的平均温度，℃。

求预燃室长度 $l(m)$：

$$l = \frac{V}{F_{\text{均}}} \tag{4-7}$$

式中　$F_{\text{均}}$——预燃室的平均截面积，m^2。

此值可由下式计算：

$$F_{\text{均}} = \frac{\text{空气出口面积} + \text{煤气出口面积} + \text{舌端截面积} + \text{喷火口面积}}{2}$$

计算结果准确与否的关键在于 K 值取得是否恰当。目前，K 值与交角之间的定量关系尚未找到。因此计算结果还需用经验数据来复核。预燃室长度的经验数据列于表 4-10 中。

所确定的预燃室长度，应与空气与煤气交角、空气与煤气喷出速度和舌头探出长度等数据相配合，必要时还需适当调整。

ⅲ. 舌头　舌头的长短、厚薄和形状与火焰长度和发飘情况有很大关系。

舌头的长度盖过煤气上升道，其超过煤气上升道的一段长度叫做探出长度，这段长度能控制煤气上倾角和空气、煤气的混合、预燃程度。

舌头的形状有拱舌和平舌两种。目前都用拱舌，它能克服火焰发飘，尤其是喷出口碹碴处火焰发卷的现象，使火焰能平射喷出。

舌头处于高温部位。烟气离窑后首先接触舌头，同时还带有粉料侵蚀舌头。因此，舌头易被烧短和烧裂。烧裂后空气、煤气穿透冒火，更加剧了舌头的损坏。

在"小交角"小炉设计中，舌头探出长度是一个重要的结构尺寸，舌头探出长度控制了煤气上倾角，影响着预燃程度和整个小炉的长度，因此要根据火焰要求来确定，不希望过长，一般为 300～500mm，确定舌头探出长度时还须考虑舌头厚度和空气、煤气流速等因素。

舌头应有一定的厚度，以防过早烧损或烧裂。要求舌端厚度在 150mm 以上，一般为 250mm。

ⅳ.空气、煤气通道 空气、煤气通道应使气流通畅（流动阻力小），气体在蓄热室内分布均匀，还要尽量避免砌体的局部烧损。与上述关系较大的通道部位是小炉后墙，就是空气由上升道转向水平道的转弯处。经实践，斜后墙形式较好。

空气、煤气水平通道的出口决定了空气、煤气会合前的状态，这个状态对于空气、煤气混合预燃程度和火焰喷出方向有很大影响。一般控制气体出口速度和出口角度两个指标。利用出口断面来达到规定的出口速度，利用小炉斜碹、小炉底板和舌头探出长度来达到规定的出口角度。

空气、煤气通道（包括垂直上升道和水平通道）的截面积按式(4-8)计算：

$$F_{空煤}=\frac{V_{空煤}}{W_{空煤}} \tag{4-8}$$

"小交角"式水平通道出口处流速见表 4-13。

表 4-13 马蹄焰池窑用"小交角"式小炉水平通道出口处流速及动量比

项目	$W_{空}$/(m/s)	$W_{煤}$/(m/s)	空气、煤气动量比 D
数值	5.0～7.0	6.0～8.0	1.2～1.4

"小交角"式水平通道出口处为能将煤气压住，不使火焰发飘，空气速度要比煤气速度大 0.5～1m/s。

空气、煤气水平通道出口处的速度比是一个重要的指标。它对空气、煤气混合预燃程度和火焰喷出角度有很大影响，空气、煤气速度比应服从于水平通道出口处空气、煤气的动量比 D。动量比的计算式为：

$$D=\frac{W_{空}}{W_{煤}}\frac{M_{空}}{M_{煤}} \tag{4-9}$$

式中 $W_{空}$，$W_{煤}$——空气、煤气的速度，m/s；

$M_{空}$，$M_{煤}$——空气、煤气的流量，kg/s。

空气、煤气水平通道的宽度通常是相等的。有时为了确保燃烧完全，避免碹角处气流发生涡流，也可将煤气水平通道的宽度设计得比空气水平通道狭窄些。

应注意，上述一些尺寸和指标，如预燃室长度，舌头探出长度，空气、煤气出口速度和空气、煤气交角等值不能孤立地来考虑，必须按照对火焰的"四度"（长度、角度、亮度、刚度）要求来同时确定。

(2) 烧油小炉

烧油马蹄焰池窑小炉设计时，某些部分（如喷火口）的设计与烧煤气小炉相同。某些部分（如其通道）的设计则与烧煤气小炉不同。

① 油喷嘴的安装位置 马蹄焰池窑油喷嘴可安装在小炉口下面，小炉口中、小炉口两侧和小炉顶部等部位（图 4-12），其中安装在小炉口下面最常见。下面仅介绍油喷嘴安装在小炉口下面的情况。每一小炉口下面一般设置 2～3 支喷嘴（个别的设 1 支或 3 支以上）。喷

嘴之间相互平行，其中心距列于表 4-14。喷嘴中心离液面高度约 200～400mm。

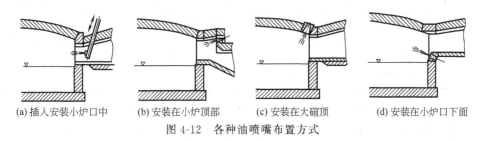

(a) 插入安装小炉口中　(b) 安装在小炉顶部　(c) 安装在大碹顶　(d) 安装在小炉口下面

图 4-12　各种油喷嘴布置方式

表 4-14　油喷嘴装在小炉口下面时的相互间距

油嘴直径 /mm	油喷嘴间距离/mm	
	雾化剂压力高于油压 0.05MPa 以上时	雾化剂压力等于油压或低于油压 0.05MPa 以下时
2.5	450～500	500～550
3.0	500～550	550～600
3.5	550～600	600～650
4.0	600～700	700～750
4.5	700～800	750～850
5.0	750～850	

图 4-13 是一种改良形式。它是在小炉口下增设一"阶梯"，将喷嘴适当后移，以克服高压外混喷嘴雾化黑区长、射程过远的弊病。喷嘴后移后，可以提高熔化面积利用率，又能合理控制热点位置。

这种位置的优点是：同一小炉口下喷出的两火焰之间互不干扰，可单独调节；火焰方向容易调整；喷出火焰贴近液面，火焰覆盖面积大；空气水平通道的宽度与小炉口相同，小炉口结构比较简单。其缺点是：检查、调节、更换喷嘴需要较大的操作空间；由于结构关系使火焰空间较高，散热增多；由于回火冲击，喷嘴易结焦，易坏，喷嘴砖也易坏；有可能产生推料现象（如有这种现象，可允许将喷嘴稍微上倾 5°～7°）。

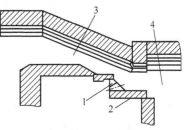

图 4-13　在小炉底缩后安装喷嘴
1—喷嘴砖；2—阶梯砖；
3—小炉；4—熔化部

② 油喷嘴的后移和间距　当喷嘴安装在小炉口下面时油喷嘴的后移距离视所用喷嘴类型、窑池形状、玻璃料性、加料方式以及对火焰的要求等决定。一般距池墙外壁 200～500mm 不等。过小，效果不大，过大，容易把小炉口烧坏。

小炉口下面同时装 2～3 支油喷嘴时，油喷嘴之间应保持一定的间距。过小会使火焰互相干扰，过大会影响化料，高压外混喷嘴时的经验数据见表 4-14。

③ 空气通道

ⅰ.空气出口面积　喷嘴安装在小炉两侧时，空气出口就是小炉口，而喷嘴安装在小炉口下面时，空气出口在小炉口后面。空气出口面积和小炉口面积不等，小炉口比空气出口大，空气出口面积按空气出口速度计算，国内采用的空气出口速度及面积值列于表 4-15。

表 4-15 烧油小炉空气通道经验设计数据及小炉口热负荷值

窑型	空气出口速度 $W_空$/(m/s)	回火速度 $W_烟$/(m/s)	一侧或一只通道出口面积/熔化部面积/%	下倾角/(°)	长度/m	小炉口热负荷值/[kg(油)/(m²·h)]
蓄热式马蹄焰池窑	8～10 (1000～1100℃)	12～14 (1300～1500℃)	2～3	20～26	2～3	550～650

经实践得出，烧油时的 $W_空$ 比烧煤气时的 $W_空$ 要大，但比烧煤气时的 $W_喷$ 要小些，因为烧油时有两点和烧煤气时不同，一是从空气出口排出的烟气量比引入的空气量大；二是排出的烟气温度比空气温度高得多，因而烧油时回火速度要比空气出口速度大。如果烧油时的 $W_空$ 按烧煤气时的 $W_喷$ 来取，则回火速度相当大，将使空气口很快烧坏。所以，确定出口面积时，不仅要考虑 $W_空$，更要考虑 $W_烟$，为此，必须把 $W_空$ 取小些。

此外，烧油时油雾的混合燃烧主要决定于油流股的雾化、扩散与蒸发，而助燃空气流速 $W_空$ 所起的作用并不像烧煤时那么大（当然，我们也要求出口空气具有一定的动量），所以，$W_空$ 允许取得小些。从另一方面来看，$W_空$ 偏小些也有利于降低窑压和靠自然通风来引入空气。

ⅱ.空气出口宽高比和小炉口的间距 当喷嘴安装在小炉口下面时，空气出口的形状与烧煤气时相仿，尽可能设计的扁而宽些，这样能增大火焰覆盖面积，降低火焰空间高度和便于油喷嘴的安排。出口宽度与安装喷嘴的支数直接有关。例如装 3 支喷嘴时，小炉口宽为 2m，装 5 支喷嘴时，小炉口宽为 2.6m。空气出口的宽高比值要比小炉口大（因空气出口较矮），马蹄焰池窑用烧油小炉空气出口宽度和高度数据列于表 4-16。

表 4-16 马蹄焰池窑用烧油小炉空气出口宽度和高度　　　　　单位：mm

窑型	油喷嘴在小炉口下面时		
	出口宽	出口中心	出口宽高比
马蹄焰池窑	900～2600	230～340	3.1～4.6

ⅲ.下倾角 为使助燃空气出小炉口后尽可能迅速与油雾混合，并使空气流正好扫过玻璃液面，保持液面附近有足够的空气供逐渐扩散的油雾充分燃烧，空气下倾角应取得稍大些，一般为 20°～25°（多数取高限）。

有时，为使空气与油雾混合良好，可将小炉底板稍许向下倾斜些。

ⅳ.水平角 在水平面上空气通道中心线与马蹄焰池窑纵轴是平行的。有时（如窑较宽时）也不平行，而设计成 3°～6°的内斜。这样做的好处是：有利于火焰转向，形成较好的马蹄形以及减轻火焰对胸墙的冲刷烧损。

ⅴ.长度 烧煤气小炉中，为促使空气和煤气混合与预热，要求气流在预燃室中产生涡动湍流。但对于喷嘴装在小炉口下面的烧油池窑来说，要求就不一样。小炉中的空气流量最好是平稳的，不扰动，使空气出口速度稳定而均匀。这就要求适当加长水平通道（一般长 2m 以上，也有 3m 的）。另外，水平通道加长后，对小炉下喷嘴的调整、装拆，维修等有了足够的操作空间，改善了操作条件，但散热量大些。

④ 烧油小炉结构改进 图 4-14 是马蹄焰池窑改进前后的小炉结构。改进前，小炉通道与蓄热室整体砌筑不分开。由于这两部分结构的膨胀不同，可能会相互牵制而引起炉体不规则的裂缝、变形而导致漏气。改进后，在小炉通道后部设竖向缝与蓄热室分开，以确保窑池

与蓄热室的热膨胀不受阻碍。

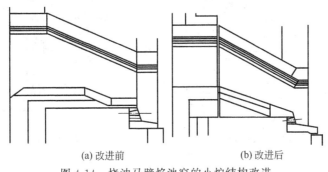

(a) 改进前　　　　　　　　(b) 改进后

图 4-14　烧油马蹄焰池窑的小炉结构改进

（3）烧天然气小炉

① 烧天然气窑的结构特点　烧天然气的窑炉结构与烧重油窑炉相似，甚至可以按照燃料市场供应情况的变化，在同一座窑炉上交替使用两种燃料，只是需要装配烧油和烧天然气两条供应管道和检测手段，以便及时更换燃料。

对于以烧天然气为燃料的窑炉，要按照天然气的特征和性质对烧油窑炉的一些部分进行适合于天然气燃烧要求的改造和调整。

对于采取外增碳的烧天然气窑，可获得比烧重油还高 50～70℃ 的温度，从而促进了熔化率的提高。对于使用内增碳的烧天然气窑虽然辐射能力和亮度有所改善，但仍略低于烧重油的温度，因此熔化率比烧油时有所降低。因此，在确定熔化面积时应考虑这一因素。

烧天然气的火焰速度和刚性比烧油差，天然气火焰的回火容易（指马蹄焰），因此熔化池的长宽比应比烧油时小，一般在 1.3～1.5。

由于天然气质轻发飘，小炉的空气下倾角视池窑生产能力及火焰长度不同在 25°～30° 范围内变化。

根据天然气燃烧速度慢、混合气喷射速度慢以及自增碳燃烧的要求，天然气池窑的小炉底相应要长一些。喷嘴砖应较烧油喷嘴砖的位置向后移 600～800mm（预燃室加长）。小炉口断面较烧油应适当大一点。这是因为同等热值，烧天然气所需助燃空气量比烧油增加 1.5%～2.4%。

天然气的辐射能力低，黑度为 0.21～0.23，增碳后可达到 0.5～0.6，与重油（0.65～0.85）接近，故火焰空间一般要等于或小于烧油窑的火焰空间。

烧天然气与烧油在同等耗热量的情况下，天然气窑炉的废气量增加 7% 左右，废气温度提高 30～50℃，故应考虑小炉口面积的增大以及蓄热室格子体流通断面与格子体体积的增大，以适应较高的温度和较大流量的要求。

② 天然气喷枪的安装方式　天然气喷枪的安装位置有多种形式，在很多方面与燃重油油枪的安装相似，常用的有"侧烧"和"底烧"两种。

ⅰ.侧烧　喷嘴安装位置以往多在小炉两侧（俗称"侧烧"）。小炉预燃室做成喇叭形（外斜 3°）。喷嘴离喷火口 1.4m 左右。两喷嘴交角 50°～60°，交点在喷火口外面，接近加料口 [图 4-15(a)]。这种安装位置使两流股碰撞，有利于混合燃烧，并且在预燃室内有一段自身增碳过程。但侧烧时对喷嘴的调节控制要求高，不能出现火焰撕裂上飘，也不能烧坏喷火口。同时在马蹄焰池窑小炉之间观察、维修和拆换喷嘴很不便。

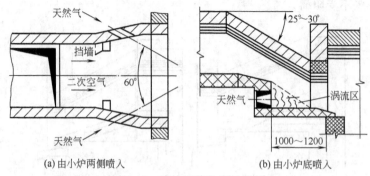

(a) 由小炉两侧喷入   (b) 由小炉底喷入

图 4-15　喷枪安装位置示意图

ⅱ.底烧　现在已逐步将喷嘴装在小炉口下面（俗称"底烧"），如图 4-15（b）所示。因为相对来讲这种形式燃烧稳定，获得增碳的效果明显，而且方便操作、易于检修。将喷嘴从喷火口后移 600～800mm，喷嘴上倾 3°～8°，空气下倾角加大到 27°～30°，空气出口速度约为 4m/s。利用后移和交角促使天然气混合燃烧。底烧时可按需要放若干支喷嘴，火焰覆盖面大，并且易控制火焰长度，喷嘴周围环境好，工作方便。底烧时自增碳作用差，回火时会烧坏喷嘴，要用水冷保护。此外，要注意控制喷嘴上倾角，不能直烧窑顶。图 4-16 为底烧天然气喷枪小炉口侵蚀情况。

图 4-16　底烧天然气喷枪小炉口侵蚀情况

此外，天然气喷枪可安装在炉池两侧（如热点区）进行辅助加热，以提高熔化效率及改善玻璃质量，这时必须使用高温预热空气或氧气助燃。

4.1.6　余热回收部分

马蹄焰池窑采用蓄热室进行余热回收。

（1）蓄热室传热过程分析

蓄热室为周期性换热设备，属周期性不稳定温度场，传热过程为不稳态传热，工作特点类似于逆流换热器，故通常将蓄热室看作逆流式换热器来对整个周期进行传热分析，从而使问题简化。

在传热过程中，废气主要以辐射为主加对流方式将热量传给格子体表面，再通过导热将热量传向格子体内部；而加热空气时格子体表面主要以对流加辐射方式将热量传给空气，因为空气中的 O_2、N_2 为对称双原子，不辐射也不吸收，因此温度虽高，仍主要以对流传热；

加热煤气时，辐射作用得以加强。换向时间对蓄热室换热效率有较大影响，较适宜的时间据分析为 20～25min。此外，格子砖的密度、比热容、排列方式以及通道内气体流动情况等也影响热交换过程的好坏。蓄热室内气体流动情况，主要是横断面上的气流分布均匀程度，对改善传热和提高热效率具有重要意义。气流方向应符合气体垂直运动定则，即烟气自上而下流动，空气或煤气自下而上流动。箱式蓄热室与垂直上升道蓄热室相比，改善了气流分布，增加了格子体体积，提高了热效率，也减少了散热面积。蓄热室横断面面积愈大，气流分布愈不均匀，尤其在转弯处，所以箱式蓄热室上部要留足够的高度。

为满足气流分布均匀又同时满足换热面积的要求，就要增加蓄热室的高度和合理安排格子体。采用多通道蓄热室是一种有效措施。

由于每个换向周期中烟气、格子体、空气的温度随时间而变化，在刚换向的很短时候内，温度变化非常快，然后变化的速度逐渐变慢。对于单通道蓄热室，因换向而引起的温度波动较大，而采用多通道则能够使温度场趋于稳定。当然由于烟气流程较长，气流阻力增大，因此烟囱需要加高或用排烟机增加抽力。图 4-17 为多通道立式蓄热室的几种形式。

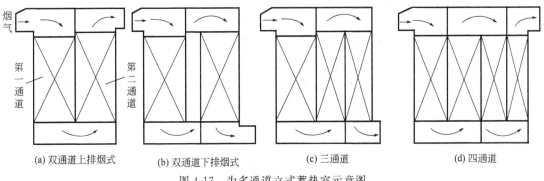

图 4-17　为多通道立式蓄热室示意图

多通蓄道热室有以下优点。

ⅰ.多通道的蓄热室可以在不增加厂房高度的情况下扩大换热面积，同时可以根据各通道气体进出温度和侵蚀情况，以及通道内的主要传热方式来考虑各通道格子体的结构和砖的材质，使蓄热室的设计更合理，蓄热室的利用率和余热回收率都有所提高，蓄热室的整体寿命延长。

ⅱ.烟气流程长，气流分布均匀，助燃空气预热温度高。普通单通道蓄热室只能把助燃空气加热至 1000～1100℃，而多通道蓄热室由于保温好、流程长，可以把助燃空气加热至 1300℃以上，相比之下，节约大量能源。

ⅲ.可根据不同温度的传热方式特点，确定各通道内合适的烟气流速，以提高热交换能力。

ⅳ.单通道蓄热室易产生堵塞或倒塌，特别对于硼硅酸盐玻璃，由于硼的大量挥发、凝结，高温澄清剂食盐的挥发、凝结，以及其他粉料进入蓄热室，蓄热室堵塞特别严重，几乎每年都要反烧一次，每个窑期要停产热修更换 1～2 次格子砖，每次费时 4～7 天，给工厂造成很大经济损失。而多通道蓄热室没有这个缺点，既减轻了工人的劳动强度，也给工厂创造了较好的经济效益。

多通道蓄热室自然沉降原理是：一通道上部出口助燃空气温度长期稳定在 1300℃以上，而下部入口助燃空气温度长期稳定在 900℃以上。所以，进入一通道的粉料被烧溶、碱、硼蒸气则冷凝于底烟道下。进入二通道的烟气，由于温度下降，而且流动中要绕三个 90°弯，加之重力作用，灰尘大部分落入底烟道中。进入三通道的烟气速度加快，温度更低，灰尘极少。正是由于多通道蓄热室的这些特点，加上正确的操作，所以在整个窑期中不易堵塞。

多通道蓄热室炉条碹和底烟道炉条碹除考虑流通截面积外，主要考虑砖材的耐压强度，因格子体较高，而且砖材的质量都较大，第一蓄热室的锆英石砖、红柱石砖质量都较大；第二蓄热室下部温度高达 900℃以上，并且气体流速较大，所以也用锆英石砖；第三蓄热室温度较低，上层用莫来石砖，下层用优质黏土砖砌筑，提高格子体耐火度，以便于反烧；所有的炉条碹均砌筑成承重力最好的半圆形碹。底烟道考虑留有足够的空间，既保证气流畅通，又可贮存较多的灰尘。第一、二蓄热室底部采用斜面结构，以便于烧溶的粉料自动流出。

（2）结构设计

设计内容包括空气通道、煤气烟道、炉条碹、格子砖、蓄热室顶碹、风火隔墙、热修门等。

设计主体为格子体。格子砖的材质、性能、形状尺寸、受热面积等直接关系到蓄热室的热效率和空气、煤气的预热效果。

格子体的排列方式传统的有西门子式、李赫特式、连续通道式和编篮式等几种（图 1-20）。一般以标形砖码砌，砖厚 65mm。格子体特性指标包括格子体受热表面、填充系数、格子体通道的截面积。

格子体受热表面是一个重要的技术指标，它表示每立方米格子体所具有的受热表面积的大小。该值越大，表明在满足同样的热负荷的情况下，格子体体积可以缩小。

填充系数表示每立方米格子体内砖材的体积，该值越大，表明格子体的蓄热能力越大，因而被预热的气体在一个周期内的温度波动越小。

格子体通道的截面积表示每平方米格子体横截面上气体通道的截面积。此值愈大，说明气体在格子体内的流速较低，流动阻力较小，窑炉高温下产生的粉尘不容易附着堵塞格孔。但通道截面积大时相应的单位体积受热面积减小，填充系数也减小。反之，如果格孔尺寸和通道截面积愈小，则受热面积和填充系数愈大，但气流阻力也增大，粉尘越易堵塞格孔，因此需综合考虑几项指标来确定格孔尺寸。表 4-17 为传统的格子砖排列方式性能比较。

表 4-17　传统的格子砖排列方式性能比较

项目	连续通道	西门子式	李赫特式	编篮式
受热表面积	小	较大	大	大
热交换能力	小	较大	大	大
气流路程	短	较长	长且涡流加强	长且涡流加强
结构坚固性	好	较差	好	好
气流阻力	较小	较小	较大	较大
堵塞难易	不易	不易	易	不易
砌筑难易	易	易	较难	较难
通道堵塞后气流情况	气流不通	可绕道而行	可绕道而行	可绕道而行

近来较常见的格子体的排列方式为简形砖（图 1-21）、十字砖（图 1-22）等，不仅提高了格子体强度，而且增加了换热面积，其砖厚为 40mm。

简形格子砖采用锆刚玉质（电熔或烧结），也可以是镁质、黏土质。格孔为 140mm×140mm 或 160mm×160mm。其优点是与传统的标形格子砖相比单位体积格子砖的受热表面大，流通比大，稳固性好，可提高烟气热回收率，格孔不易堵塞，气流阻力小，一个窑周期内不需维修。

十字形格子砖由法国西普公司研制，采用电熔锆刚玉质，格孔为 140mm×140mm 或 170mm×170mm。优点与筒形格子砖相同。表 4-18 为常用格子砖排列方式的特性指标。

表 4-18　常用格子砖排列方式的特性指标

排列方式	格子孔平面尺寸 /mm×mm	轴向尺寸 $d+s$ /mm	膨胀缝 f /mm	格子体受热表面 /(m²/m³)	通道的截面积 /(m²/m²)	填充系数 /(m³/m³)
西门子式	100×100	165		15.3	0.367	0.394
	160×160	225	9	11.6	0.508	0.287
	165×165	230		11.4	0.515	0.283
李赫特式	100×100	165		19.0	0.367	0.471
	145×145	210	9	14.7	0.477	0.357
	165×165	230		13.3	0.515	0.322
十字形	140×140	180	5	15.12	0.6049	0.321
	170×170	210	5	15.42	0.6553	0.317
八角筒形	140×140	180	6	15.97	0.578	0.395
	160×160	200	6	14.94	0.625	0.361

格子体的结构设计主要采用经验计算。在格子体形式和格孔尺寸确定后，确定下列指标。

ⅰ.比受热表面 A　指每平方米熔化部面积所需的格子体的受热表面，即熔窑一侧蓄热室格子体受热表面与熔化部液面面积之比：

$$A=\frac{F_蓄}{F_熔} \tag{4-10}$$

式中　$F_蓄$——一侧蓄热室格子体受热表面积，m²；

　　　$F_熔$——熔化部液面面积，m²。

表 4-19 为比受热表面 A 的经验数据。当玻璃品种要求熔制温度较高或要求的空气、煤气预热温度较高时，A 取大值；充分利用烟气时，A 取大值；采用低热值燃料时，A 取大值；格子砖受热性能好时，A 取大值。

表 4-19　比受热表面 A 的经验数据　　　　　单位：m²/m²

燃料种类	池窑	
发生炉煤气	大型窑	20～30(55～65)
	中、小型窑	25～35(50～60)
重油	大型窑	35～50(60～70)
	中、小型窑	20～35(55～65)

注：表中括号中数值为多通道蓄热室。

ⅱ.空、煤气蓄热室受热面积之比　A 值确定后，即可求出一侧蓄热室的受热表面 $F_蓄$。对烧油熔窑，即为空气蓄热室所需的受热表面。对烧发生炉煤气的熔窑，为空气蓄热室与煤气蓄热室所需的受热表面之和。两者受热面积之比一般为：

$$k=\frac{F_空气}{F_煤气}=1.5～2.0(最高为2.5) \tag{4-11}$$

ⅲ.格子体体积　根据格子体的受热表面可求出空气蓄热室与煤气蓄热室的格子体体积：

$$V_{空气} = \frac{F_{空气}}{f_{空气}} \qquad\qquad (4\text{-}12)$$

$$V_{煤气} = \frac{F_{煤气}}{f_{煤气}} \qquad\qquad (4\text{-}13)$$

式中　$F_{空气}$，$F_{煤气}$——分别为空气蓄热室与煤气蓄热室所需的格子体受热面积，m^2；

$f_{空气}$，$f_{煤气}$——分别为空气蓄热室与煤气蓄热室单位格子体所具有的受热表面积，m^2/m^3。

ⅳ.格子体尺寸　根据平面布置及高度的经验数据确定长、宽、高各向尺寸。格子体高度一般为 7～9m。根据厂房条件也可取 5.5～6m。格子体长、宽尺寸应为格子砖长度的整数倍。

表 4-20 为空气、烟气、煤气在格子体内的流速经验数据范围，可用于校核格子体的设计尺寸。

表 4-20　格子体中气流流速及温度的经验数据范围

空气、煤气的流速(标准状况)/(m/s)	烟气的流速(标准状况)/(m/s)	烟气进格子体温度/℃	烟气出格子体温度/℃	空气进格子体温度/℃	空气出格子体温度/℃	煤气进格子体温度/℃	煤气出格子体温度/℃
0.25～0.5	0.5～1	1250～1400	400～600	20～100	950～1100	约 400(热煤气) 100(冷煤气)	900～950

4.1.7　能耗计算及热分析

燃料消耗量计算非常重要。根据计算的燃料消耗量才能进一步确定燃烧设备、气化设备、余热回收设备、进风排烟系统的大小和数量。燃料消耗量有理论计算、近似计算、经验计算几种方法。

(1) 燃料消耗量的理论计算

理论计算法是根据池窑热平衡方法进行的。热平衡的计算基准是 1h，也可以是 1kg 玻璃液。温度基准取 0℃。计算范围可以是熔化带（平板窑）、熔化部、窑体或全窑。流液洞池窑以窑体为计算范围。

烧油时以窑体为计算范围的热平衡热量收支项目见表 4-21。根据热平衡热收入项和支出项平衡的原则，可求出单位时间的燃料消耗量 $[m^3/h$（标准状况）或 kg/h$]$。

表 4-21　以窑体为计算范围的热平衡表 (烧油)

热量收入项目	热量收支出项目
1. 重油热值	1. 玻璃形成耗热
2. 重油物理热	2. 加热去气产物
3. 雾化介质物理热	3. 加热燃烧产物
4. 助燃空气物理热	4. 窑体散热
	5. 辐射热损失
	6. 溢流热损失
	7. 其他热损失

(2) 燃料消耗量的近似计算

近似计算方法以熔化部面积为计算基准，用熔化部热负荷（W/m² 熔化面积）指标，以全窑作为热平衡的计算范围。

燃料为热煤气时，热量收入项只有燃料热值和燃料物理热两项，且燃料物理热（进蓄热室时物理热）大致估算为燃料离蓄热室进窑时的煤气物理热的 30%，则窑收入热量为：

$$Q = V_{煤}(Q_{煤} + 0.3Q_{煤物}) \tag{4-14}$$

式中　$V_{煤}$——发生炉煤气需用量，$m^3/(m^2 \cdot h)$；

　　　$Q_{煤}$——发生炉煤气低热值，kJ/m^3；

　　　$Q_{煤物}$——煤气物理热，kJ/m^3。

若燃料为重油时，则窑收入热量为：

$$Q = B_{油}(Q_{油} + Q_{油物} + Q_{介物}) \tag{4-15}$$

式中　$B_{油}$——重油耗用量，$kg/(m^2 \cdot h)$；

　　　$Q_{油}$——重油热值，kJ/kg；

　　　$Q_{油物}$——重油物理热，kJ/kg；

　　　$Q_{介物}$——雾化介质物理热，kJ/kg。

热平衡热支出主要有三项，即

ⅰ.熔化玻璃消耗的热量 Q_1

$$Q_1 = Pq_{玻} \tag{4-16}$$

式中　P——玻璃液熔化量，$kg/(m^2 \cdot h)$（与熔化率意义相同）；

　　　$q_{玻}$——熔化 1kg 玻璃液在玻璃形成过程中的耗热量，kJ（计算方法见 1.4.1）。

ⅱ.烟气离开蓄热室带走的热量 Q_2，常为总热量 Q 的 20%～30%。

$$Q_2 = K_1 Q \tag{4-17}$$
$$K_1 = 0.2 \sim 0.3$$

ⅲ.全窑散失热量 Q_3。取决于窑的大小，窑愈小，单位熔化面积散热量愈大，热效率愈低，Q_3 以 W [W/m²(熔化部)] 表示，由表 4-22 查取。

表 4-22　散热量 W 的经验值

熔化部液面面积/m²	5	10	20	30	50	60	80 以上
W 值/(W/m²)	105000	93000	75600	67500	55800	52300	46500

由此 $Q = Q_1 + Q_2 + Q_3 = Pq_{玻} + K_1 Q + W$

$$Q = \frac{Pq_{玻} + W}{1 - K_1} \tag{4-18}$$

求出的 Q 只在火焰空间的砌体温度为 1400～1440℃时才是准确的，如果砌体温度增高，式(4-18) 需要增加修正系数 K_2。

$$Q = \frac{Pq_{玻} + W}{1 - K_1 K_2} \tag{4-19}$$

K_2 值可按表 4-23 选取。

表 4-23 K_2 值

$t/℃$	1300	1350	1400	1500	1600
K_2 值	0.88	0.93	1.0	1.15	1.3

(3) 国内先进水平燃耗指标（见表 4-24）

表 4-24 国内先进水平燃耗指标

产品类型	熔化率/[t/(m²·d)]	玻璃液单耗/[kg(标煤)/t(玻璃液)]	窑炉熔化面积/m²
高白料酒瓶	1.8	220~240	26~40
普白料酒瓶	2.0~2.2	180~200	35~98
保温瓶	1.7~1.9	200~220	30~60
翠绿料酒瓶	2.0~2.2	160~180	75~105
中碱球	1.4	270	56
中性料玻璃管	1.4	280	30
高硼硅玻璃	0.75	500	20~30

(4) 热分析

池窑热分析是为了节约能源和延长窑龄。

热效率指对外界供给热量有效利用的程度（以％表示）。

热效率计算包括正平衡法和反平衡法。

正平衡算式：

$$\eta_热 = \frac{有效热}{供给热} \times 100\%$$

反平衡算式：

$$\eta_热 = \left(1 - \frac{损失热}{供给热}\right) \times 100\%$$

玻璃池窑热效率有熔化热效率 $\eta_熔$ 和全窑热效率 $\eta_窑$ 两种。

熔化热效率 $\eta_熔$ 为

$$\eta_熔 = \left(\frac{熔化过程有效耗热量}{供给系统热量}\right) \times 100\%$$

即

$$\eta_熔 = \left(\frac{Pq_玻 F_熔}{q_1 + q_2}\right) \times 100\% \tag{4-20}$$

式中 q_1, q_2——燃料热值与物理热，W；

$F_熔$——熔化部面积，m²。

全窑热效率 $\eta_窑$ 为

$$\eta_窑 = \left(\frac{Pq_玻 F_熔 + q_3}{q_1 + q_2}\right) \times 100\% \tag{4-21}$$

式中 q_3——余热回收，亦即空气物理热。

窑炉热效率是一个重要的技术经济指标，它不仅可以衡量热能利用情况，也反映了窑炉的生产水平。但目前关于热效率的概念仍不统一，有人认为：除用热效率说明窑炉热能利用情况外,用单位热耗来说明窑炉热经济性更加合适。此外,为全面反映窑炉的技术经济指标,往往采用熔化率及耗热量、单位热耗等几项指标来反映。

现用火焰池窑热效率只有 35%~40%,原因是:采用表面加热方法,传热差,大量热量被烟气带走;窑内大量对流存在,回流玻璃液多。应从回收烟气余热、减少回流玻璃液、减少窑体散热、提高传热效果等方面采取措施。

池窑热分析反映池窑工况。主要有玻璃熔化情况、热能利用情况、余热回收情况、燃烧情况、漏气情况、阻力情况、换向情况、窑两侧对称情况、窑压情况和窑体蚀损情况。可通过测定、观察和统计来分析。也可建立数学模型用计算机分析。

4.1.8　马蹄焰池窑设计实例

(1) 设计依据

① 玻璃品种　电光源铂组玻璃(玻璃管)。

② 出料量　每天熔化玻璃 33.6t。

③ 玻璃成分如下。

单位:%(质量分数)

SiO$_2$	Al$_2$O$_3$	CaO	MgO	B$_2$O$_3$	K$_2$O	Na$_2$O	合计
71.2	2.2	5.3	3.2	1.6	1.0	15.5	100

④ 燃料:煤焦油,低热值 $Q_{DW}=35580$kJ/kg。

⑤ 配合料料方(100kg 粉料)如下。

单位:kg

石英砂	纯碱	白云石	长石	硼砂	硝酸钠	萤石	澄清剂	合计
53.78	17.23	12.02	9.22	3.47	3.30	0.49	0.49	100

配合料中碎玻璃占 30%,水分占 6%。

(2) 玻璃熔化温度 $T_熔$ 计算

按程长荫公式:

$$T_熔=1240+40K \qquad (4-22)$$

式中　K——玻璃熔融系数;

$$K=\frac{SiO_2+Al_2O_3+ZrO_2}{2.0F_2+1.5Li_2O+Na_2O+0.75K_2O+0.5B_2O_3+0.25PbO+0.2BaO}$$

$$=(71.2+2.2)/(15.5+0.75\times1.0+0.5\times1.6)=4.305$$

$$T_熔=1240+40\times4.305=1412℃$$

(3) 玻璃过程耗热量计算

熔成 1kg 玻璃液耗热量(计算过程参见 1.4.1): 　$q_玻=2595$kJ/kg。

(4) 初步设计

① 窑炉选型　根据产品类型、生产规模、燃料种类,选择窑型为蓄热式马蹄焰流液洞池窑。

② 熔化率　根据窑炉选型及燃料种类，参照国内先进水平，取熔化率 $k=1.2t/(m^2 \cdot d)$；

③ 熔化面积　$F_{熔}=33.6/1.2=28m^2$。

设熔化池长/宽＝1.7，具体形状如图 4-18 所示。

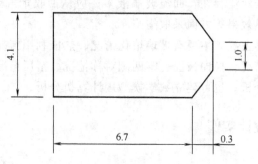

图 4-18　熔化池形状尺寸（单位：m）

④ 实际熔化池长　$L=7.0m$，熔化池宽 $B=4.1m$

$$长/宽=L/B=7/4.1=1.707, \quad F_{熔}=28.235m^2$$

$$实际熔化率\ k=33.6/28.235=1.19t/(m^2 \cdot d)$$

⑤ 熔化池深　取熔化池池壁高为 1.4m（熔化部玻璃液深 1.25m，澄清部 1.35m），熔化池存玻璃液 95t，取用比为 35.4%。

⑥ 熔化池设窑坎　置于熔化池长 2/3 热点处，窑坎高为 700mm。

⑦ 流液洞形式及尺寸　采用平底式，长×宽×深为 1100mm×400mm×250mm，上倾 10°。流液洞流量负荷为 $1.4kg/(cm^2 \cdot h)$。

⑧ 加料口尺寸　采用薄层加料方式，向喷火口方向倾斜。取长为 1450/1520mm，内宽为 800mm，外宽为 650mm，深为 900mm。

⑨ 冷却池尺寸　设计为梯形，可满足二台拉管线布置（图 4-19）。

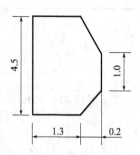

图 4-19　冷却池形状尺寸（单位：m）

$F_{冷}=6.4m^2$，$F_{冷}/F_{熔}=22.7\%$。冷却池深为 600mm，玻璃液有 6.3h 出料时间的存量。

⑩ 火焰空间尺寸　胸墙退出池壁两侧各为 200mm，则火焰空间宽 $B_{火}$ 为：4100＋2× 200＝4500mm。碹升高取 1/8，则升高 $H_2=4500\div8=562.5mm$。胸墙为下倾斜，喷火口侧高为 1250mm，流液洞侧高为 1050mm，胸墙平均高度 $H_1=1150mm$。火焰空间长（与熔池长度相同）$L_{火}$ 为 7000mm。

则火焰空间容积为：$V_火=(H_1+2/3H_2)B_火\,L_火$
$$=[1.15+(2\times0.5625/3)]\times4.5\times7.0=48.04(\mathrm{m}^3)$$

(5) 燃料消耗量计算

① 理论空气需要量及燃烧产物量计算如下。煤焦油计算参考重油燃烧近似计算式。

理论空气量（标准状况）
$$V_a^0=0.203\times Q_{DW}/1000+2=0.203\times35580/1000+2=9.22[\mathrm{m}^3/\mathrm{kg(油)}]$$

空气系数 $\alpha=1.2$，则实际空气需要量（标准状况）
$$V_a=\alpha V_a^0=1.2\times9.22=11.07[\mathrm{m}^3/\mathrm{kg(油)}]$$

理论燃烧产物量（标准状况）
$$V^0=0.265\times Q_{DW}/1000=0.265\times35580/1000=9.43[\mathrm{m}^3/\mathrm{kg(油)}]$$

实际燃烧产物量（标准状况）
$$V=V^0+(\alpha-1)V_a^0=9.43+(1.2-1)\times9.22=11.27[\mathrm{m}^3/\mathrm{kg(油)}]$$

用于煤焦油雾化的空气占实际空气量的 3%（标准状况）

则
$$V_雾=V_a\times3\%=11.07\times3\%=0.33[\mathrm{m}^3/\mathrm{kg(油)}]$$

助燃空气量（标准状况）
$$V_助=V_a-V_雾=11.07-0.33=10.74[\mathrm{m}^3/\mathrm{kg(油)}]$$

全窑耗热量计算如下。

由式(4-18)得熔化池收入热量 Q
$$Q=\frac{Pq_波+W}{1-K_1}$$

式中，玻璃液熔化量 $P=1.19\times1000/24=49.6\mathrm{kg/(m^2\cdot h)}$，$q_玻=2595\mathrm{kJ/kg}$。

查表 4-22 得，$W=67788.3\mathrm{W/m^2}=244038\mathrm{kJ/(m^2\cdot h)}$
$$Q=(49.6\times2595+244038)/(1-0.25)$$
$$=4.97\times10^5[\mathrm{kJ/(m^2\cdot h)}]$$

全窑耗热量
$$Q_全=QF_熔=4.97\times10^5\times28.235=1.4\times10^7(\mathrm{kJ/h})$$

煤焦油消耗量
$$B_f=Q_全/Q_{DW}=1.4\times10^7/35580=393.5(\mathrm{kg/h})$$

全保温时煤焦油消耗量减少约 25%，则

实际煤焦油消耗量
$$B_f=393.5\times(1-25\%)=295\mathrm{kg/h}=7.08\mathrm{t/d}=0.082\mathrm{kg/s}$$

吨玻璃耗煤焦油为 $7080/33.6=211\mathrm{kg/t(玻璃)}$

助燃空气用量（标准状况）
$$V_{a0}=0.082\times10.74=0.881(\mathrm{m}^3/\mathrm{s})$$

雾化空气用量（标准状况）
$$V_{a10}=0.082\times0.33=0.027(\mathrm{m}^3/\mathrm{s})$$

烟气产出量（标准状况）
$$V_{g0}=0.082\times11.27=0.924(\mathrm{m}^3/\mathrm{s})$$

(6) 熔窑其他部位的计算

① 喷火口　设喷火口空气预热温度为 1100℃，烟气排出温度为 1450℃，通过喷火口的

助燃空气喷出速度为 $W_{空}=8.5\text{m/s}$。

则空气口面积

$$Fa=V_{a0}(1+\beta t)/W_{空}=0.881\times(1+1100/273)/8.5=0.521\text{m}^2$$

设单只喷火口形状如图 4-20 所示。

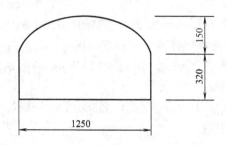

图 4-20　喷火口形状尺寸（单位：mm）

喷火口宽 $B=1250\text{mm}$，两个喷火口宽/熔化池宽 $=1250\times2/4100=61\%$。

实际喷火口面积为

$$Fa=1.25\times(0.32+2\times0.15/3)=0.525(\text{m}^2)$$
$$Fa/F_{熔}=0.525/28.235=1.86\%$$

则实际空气流速为

$$W_{空}=V_{a0}(1+\beta t)/Fa=0.881\times(1+1100/273)/0.525=8.44(\text{m/s})$$

实际烟气流速为

$$W_{烟}=V_{g0}(1+\beta t)/Fa=0.924\times(1+1450/273)/0.525=11.11(\text{m/s})$$

$$小炉口热负荷=B_f/Fa=295/0.525=562[\text{kg(油)}/(\text{m}^2\cdot\text{h})]$$

喷火口其他数据：空气下倾角22°，内倾3°；水平通道长3300mm，中间隔墙1000mm。每只喷火口下设单只高压内混式扁平油喷枪。

② 蓄热室　采用箱式蓄热室，格子体采用八角筒型砖，格孔尺寸 $160\times160\text{mm}$，筒高150mm。相应的格子体受热表面 $f_{蓄}=14.94\text{m}^2/\text{m}^3$，格子体通道的截面积为 $0.625\text{m}^2/\text{m}^2$。

取比受热表面 $A=F_{蓄}/F_{熔}=40\text{m}^2/\text{m}^2$，则一侧蓄热室格子体受热表面

$$F_{蓄}=28.235\times40=1129.4(\text{m}^2)$$

格子体体积　　　$V_{格}=F_{蓄}/f_{蓄}=1129.4/14.94=75.6(\text{m}^3)$

根据八角筒型砖和底层过渡格子砖尺寸，排列后的格子体尺寸（长×宽×高）$L\times B\times H$ 为 $3.64\text{m}\times3.24\text{m}\times6.47\text{m}$，则实际格子体体积

$$V_{格}=L\times B\times H=3.64\times3.24\times6.47=76.3(\text{m}^3)$$

实际格子体受热表面 $F_{蓄}=76.3\times14.94=1140(\text{m}^2)$

实际 $A=F_{蓄}/F_{熔}=40.4(\text{m}^2/\text{m}^2)$

稳定系数 $H/(LB)^{0.5}=1.88$

格孔流通面积 $F_{格孔}=3.64\times3.24\times0.625=7.37(\text{m}^2)$

格孔空气流速（标准状况）$W_{空}=V_{a0}/F_{格孔}=0.881/7.37=0.12(\text{m/s})$

烟气流速（标准状况）$W_{废} = V_{g0}/F_{格孔} = 0.924/7.37 = 0.13 (m/s)$

图 4-21 为该马蹄焰池窑设计实例。

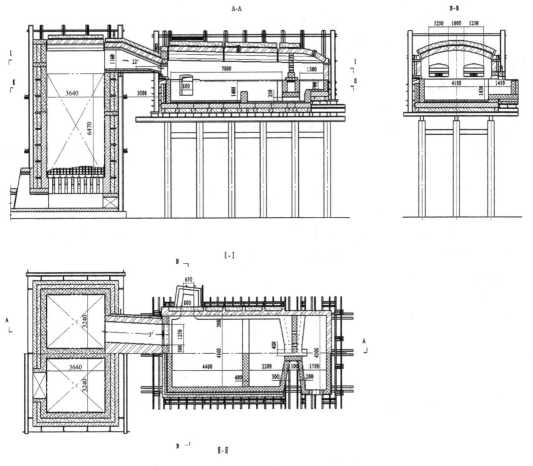

图 4-21　马蹄焰池窑设计实例简图（单位：mm）

4.2　马蹄焰池窑的生产操作

合理的熔窑操作制度是延长熔窑使用寿命和获得优质制品的重要保证，熔窑的操作必须严格按照工艺文件所规定的顺序进行。马蹄焰池窑的生产操作与其他窑型的生产操作一样，包括：烤窑、加料、按规定的作业制度进行稳定生产、换料、放料、泄料以及冷修及热修等操作。本节主要介绍熔窑的烤窑、加料、放料、换料与泄料的生产操作。

4.2.1　烤窑

池窑砌成后，必须经过适当的时间烤窑，方可正式投入生产。烤窑的目的主要有：通过加热窑体、小炉、蓄热室或换热室、烟道、烟囱等，使砌体中的水分得以均匀排除，使砌体达到一定的稳定状态，从而提高它的结构强度，延长使用寿命；通过"空载运转"检查窑体及附属设备是否正常，做好投产前准备，确保安全生产；使窑体逐步加热到一定的温度，以便于正式投产。

烤窑一般有二种方法，一是以恒定的膨胀率为基础的传统的烤窑方法；二是热风烤窑。在此先介绍池窑的传统烤窑。

玻璃熔窑较高的熔制温度、窑体尺寸对温度改变的敏感性和窑体耐火材料的热膨胀性，这些因素都要求玻璃熔窑在从环境温度升高到熔制温度的过程应特别注意升温速率与温度的相互配合。

(1) 烤窑准备工作

准备工作应包括以下内容。

ⅰ.检查熔窑所有拉条、紧固件、膨胀缝、热电偶等是否符合要求；

ⅱ.暂时封闭熔窑各开口处，如加料孔、观察孔、喷嘴砖孔以及供料道上的烟道口和料盆口等；

ⅲ.检查换向闸板系统，保证进风端密闭和出风口关闭；

ⅳ.检查烟道闸板的配重；

ⅴ.检查所有的升温燃烧设备，如燃烧系统、油管、气管、喷嘴及各类工具等；

ⅵ.检查升温测试仪表及碹顶指示器是否齐全；

ⅶ.点火前先加热主烟道和烟囱。

(2) 升温

熔窑在烤窑过程中升温要求很苛刻，除了需要控制好耐火材料的热膨胀，保证整个窑体与钢结构之间的间隙配合得当，还须注意耐火材料本身结构的晶态变化所发生的膨胀现象。图 4-22～图 4-24 为部分耐火材料的热膨胀系数。由图可见当温度在 100～650℃ 间，硅砖的膨胀极为剧烈；镁砖在 1000℃ 以上时膨胀最剧烈；电熔铸锆刚玉砖在 800℃ 以上时膨胀已趋平缓。故若升温控制不当会导致窑体裂缝，影响熔窑和耐火材料本身的使用寿命。因此，烤窑的升温必须严格按照规定进行。

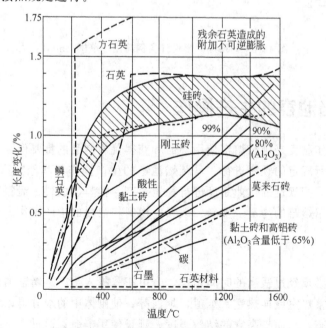

图 4-22　部分耐火材料的热膨胀系数 (一)

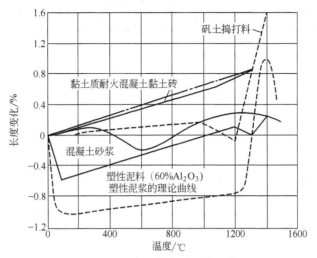

图 4-23　部分耐火材料的热膨胀系数（二）

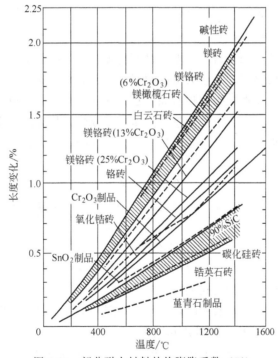

图 4-24　部分耐火材料的热膨胀系数（三）

ⅰ.制定严格的升温制度。表 4-25 为烤窑升温制度。

ⅱ.调节烟道闸板到离底部 25mm 处，将助燃空气加入到每个小炉，保持窑内正压。

ⅲ.打开流液洞的冷却水管，使冷却水循环进行工作。

ⅳ.换向系统每 20～30min 进行交换。

ⅴ.每小时检查一次耐火材料的膨胀情况（在 150～700℃ 间每小时调节拉条紧固件两次），并做好膨胀量记录。

ⅵ.及时松动各处钢结构的螺栓。

表 4-25 烤窑升温制度

升温时间/h	升温速率/(℃/h)	升温温度/℃	达到温度/℃
48	2	96	
48	3	144	240
24	4	96	336
12	5	60	396
24	6	144	540
24	7	168	708
12	9	108	816
24	10	240	1056
12	12	144	1200
12	15	180	1380
6	20	120	1500

上述步骤为传统烤窑方法，烤窑时间较长。

4.2.2 加料、放料与泄料

(1) 加料

在玻璃熔制过程中，加料的方式对熔制质量有一定影响。保持加料量与出料量的动态平衡，这是保证玻璃液面线稳定的主要措施。

马蹄焰池窑用的加料机有往复、电磁振动式、裹入式、摆动式和螺旋式等，而不论使用何种加料机，最重要的是控制料层厚度。过厚的配合料层推入熔池后，其所带入的冷空气流会影响熔制温度，料层表面会吸收大量的辐射热，并起隔离作用，使辐射温度无法传递到下面的料层，造成未融石英颗粒因熔化时间不足而流入工作池，导致出现未融石英颗粒的结石。靠近玻璃液面部分的料层会吸收大量的热量，造成熔池的温度急剧降低。故较厚的料层会对熔池的温度制度、玻璃液的对流等产生一系列的影响，因而控制合适的加料层厚度是很重要的工艺制度。

影响加料的另一重要因素是加料速度。加料速度直接与玻璃的熔化率、出料量及料层厚薄有关。要求加料速度在维持均衡出料前提下，坚持慢速、薄层、少加、勤加的原则。

(2) 放料

放料孔的作用是当第一次加料时，使经低位清洗的脏玻璃从此孔流出。一般流 4h，用锥形塞头将孔堵住，然后再将料加到超过液面线。进行高温高液位清洗时再度打开，待清洗结束后，再将孔塞住，最后进行正式加料。

当熔窑大修或其他原因必须放料时，由此处放料较方便、安全。图 4-25 为熔窑泄料孔、放料孔的位置，图 4-26 为熔化池放料孔和泄料孔。

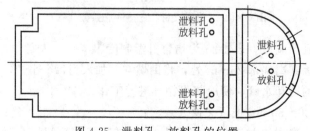

图 4-25 泄料孔、放料孔的位置

(3) 泄料

泄料孔的作用是在正常生产时，排泄底部不均匀玻璃，从而可消除条纹，提高制品质

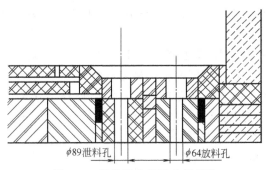

图 4-26 熔化池放料孔和泄料孔

量。在泄料孔中有一只铂泄料管（图 4-27），内置两组加热的铂金丝。

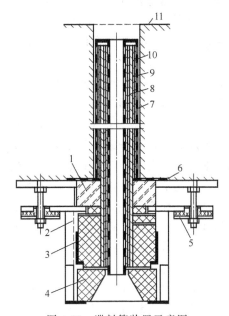

图 4-27 泄料管装置示意图

1—密封砖；2—铂线绕组引头；3—加热器隔热砖；4—隔热砖；5—衬套；6—电线接头；

7—外支承管；8—内支承管；9—加热管；10—铂泄料管；11—泄料管砖凹面

放料孔与泄料孔设置在靠近熔化池桥墙的两转角处底部、冷却部底部的中心处及通道调节段前面的底部。

在冷却部端部设置的溢流装置（图 4-28）可以将玻璃表面的浮渣、脏料等由此处排除。

溢料与泄料的共同作用都是排除因相对密度差不同所造成的不均质玻璃，以及澄清池表面由于玻璃液不流动而引起的浮渣。这对于消除玻璃条纹、提高玻璃熔制质量都是大有好处的。

4.2.3 换料

中小型池窑经常要生产两三种颜色的玻璃，或不同

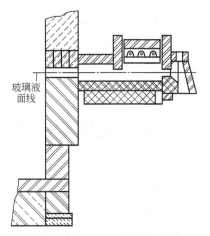

图 4-28 澄清池端部溢料装置

种类的玻璃。这就要进行换料。因此中小型窑在设计时就要考虑到这一问题,在建窑时要装设简单的换料装置。

换料时不出产品,因此换料时间长短对成本影响很大,尤其是生产小批量产品时,这部分时间耗用的费用可达50%以上,因而要尽量缩短换料时间。

换料时首先把池窑内全部玻璃液放出,这与前面讲的放料过程相同。而后进行洗炉。最好是加满料洗炉,这样可以把整个池内侧都洗干净。但这样做时间太长,也可以只加300mm玻璃液,而后洗炉。但这样就会造成池壁上部洗不干净。上部残留的玻璃即使与新玻璃密度差别不大,也不能很好的混合,会生成条纹。因而还要设法把其除去。

当残留玻璃密度大于新玻璃密度时,残留玻璃会沉到池底。此时加料要加到比正常生产时液面高25mm。而后自窑底放料孔放料。如果是不同颜色玻璃,当看到放出玻璃颜色完全变至新玻璃的颜色就可停止放料,并测定密度。如果是相同颜色不同品种的玻璃时,只能根据密度决定。如果一次没放干净应再放一次。只有将残留玻璃液完全放出,才能保证生产时不出问题。特别要注意的问题是放料孔一定要注意位于窑底最低的平面上,如果能使窑底都向放料孔倾斜就更好了。

当残留玻璃液密度比新玻璃液小时,残留玻璃液会浮在新玻璃液上面。这时必须用溢料孔放出残留玻璃。溢料孔一般设在料道和冷却部。为了保证残留玻璃全部流出,在生产正常后还要放料一段时间。溢料孔下平面一般低于正常生产液面10～25mm处。溢流放料时要用燃烧器将溢流砖下面的流料道加热,并且仔细调节流量,以防液面波动太大。熔化池内残留的玻璃,不能从料道和工作池的溢料孔流出,因此最好在熔化池也设溢料孔。但一般池窑都不设熔化池溢料孔。为了排出熔化池的残留玻璃,可以把液面降到流液洞盖板砖下平面以下,使熔化池残留玻璃流到冷却部,而后再加满料使其从冷却部溢料孔流出。但这种方法常常要反复多次才能将残留玻璃基本放出。也可以用金刚石钻头在熔化池液面线下打溢料孔。但由于是高温操作必须使用大量冷却水,否则会烧坏钻头。有些耐火材料经受不了这样大的热振动,因此还是预先在熔化池留出溢料孔最可靠。

换料时一般很注意窑内与玻璃液接触部位的清洗,而忽略了上部结构的清洗。上部结构会有很多配合料粉尘和挥发物附着在耐火材料内侧,或停留在花隔墙的水平面上。这些粉尘和挥发物在换料后会使制品出现条纹,尤其以靠近冷却部处影响最大。解决方法是升高冷却部温度,使其在放料过程中流下来。也可以在冷却部碹及胸墙处临时铺设保温砖,以使池窑内侧耐火材料温度升高,附着物流下。总之要将上部结构的附着物全部清洗干净。

换料时料道要增加辅助燃烧器升高温度,以使清洗彻底。如果料道与冷却部完全分隔,除非玻璃中含有易挥发成分,否则可以不作特别处理。对于玻璃中含有易挥发成分,并且与冷却部火焰空间连通的料道,最好拆除更新。如不更新,要升至较高温度,保持较长时间,即使这样也不易清洗干净。

4.3　马蹄焰池窑的砌筑、冷修及热风烤窑

4.3.1　砌筑

(1) 概述

玻璃熔窑砌筑工程必须按设计施工。砌筑工程的材料,必须按设计要求及现行材料标准

的规定采用。玻璃熔窑砌筑工程应于熔窑基础、窑体骨架结构和有关设备安装经检查合格并签订工序交接证明书后，才能进行施工。

工序交接证明书应包括下列内容：熔窑中心线和控制标高的测量记录；隐蔽工程的验收记录；钢结构安装位置主要尺寸的复测记录；锚固件、焊接件等质量的检查记录。

玻璃熔窑中下列部位应干砌：池底、池壁、下间隙砖、用熔铸砖砌筑的上部结构、蓄热室格子砖和设计规定干砌的部位。其他部位应湿砌。

除设计中规定留膨胀缝或加入填充物之外，干砌物体的砖与砖之间应相互紧靠，不加填充物。根据施工时的不同要求，对干砌部位的耐火砖应进行挑选、加工和预砌筑。

玻璃熔窑各部位砌体的砖缝厚度，不应超过表 4-26 规定的数值。

表 4-26　玻璃熔窑各部位砌体砖缝的允许厚度

项次	部位名称	各类砌体的砖缝允许厚度/mm			
		Ⅰ	Ⅱ	Ⅲ	Ⅳ
1	烟道和蓄热室 (1)烟道底和墙、蓄热室底 (2)蓄热室墙 (3)蓄热室碹		2 2	3	
2	小炉 (1)墙和碹 (2)小炉口 (3)底		2 1.5 2		
3	熔化部和冷却部 (1)用大型黏土砖砌筑的池壁 (2)窑碹 (3)用硅砖和熔铸砖砌筑的胸墙 (4)流液洞砖砌体	1	2 2 1.5		
4	供料道 (1)底、墙、窑碹 (2)上部墙	1	2		

（2）熔化部和冷却部的砌筑

① 池底的砌筑　砌筑各部位的池底，均应从各自的中心线向两侧进行。砌筑熔化部和冷却部池底时，应同时调整扁钢的位置。池底砌体的砖缝，除设计特别标明的部位外，在纵横方向均应对正，砖缝处留设膨胀缝，并用粘贴胶布措施防止杂物进入。池底上表面在砌筑池壁的部位应测量找平。砌池壁时，池底砖外缘不得在池壁砖外缘以内。有保温层的窑底，在砌铺面砖之前，捣打料层应仔细捣实。当底砖上面无捣料层和铺面砖层时，应采取防止底砖漂浮的措施。熔化部、冷却部的池底砖及铺面砖要按设计要求留膨胀缝，并防止杂物进入。

② 池壁的砌筑　砌筑池壁熔铸砖时，应将容重大的砖块和优质熔铸砖用于熔化部的高温易侵蚀部位和加料口、流液洞和供料道进口处。池壁转角处不应交错砌筑，除设计另有标明者外，该处应沿较长的池壁面砌成直缝。

③ 墙与窑碹的砌筑　熔化部和冷却部窑碹砌筑前，应对立柱采取临时固定措施。在砌筑窑碹碹脚砖的同时应调整碹脚支承钢件，在碹脚砖与支承钢件间、支承钢件与立柱间的不平整处绝不许垫砖片或耐火泥。熔化部和冷却部窑碹的分节处应留设膨胀缝。当窑碹中有窑

碹的支撑碹时，在分节处自支撑碹的碹脚至碹顶找平砖这一段应砌成直缝，不留膨胀缝。窑碹每砌五列碹砖，应用胎面卡板检查一次。熔化部和冷却部每节窑碹的端部，不应砌宽度小于150mm的碹砖。挂钩砖底面应湿砌，顶面应砌平。挂钩砖的内弧面与托板间，应保留5mm间隙。挂钩砖之间的膨胀缝应用粘贴胶布措施防止杂物入内。上间隙砖与窑碹间的间隙，应用与砌体相适应的浓耐火泥浆填充。砌筑挂钩砖与胸墙时，应采取防止向窑内倾斜的措施。窑碹碹脚砖与熔窑中心线的间距和碹脚砖的标高，必须符合设计尺寸。熔化部窑碹砌筑中，每侧全部窑碹的支撑碹，其同一层碹的锁砖应同时打入。在打入锁砖前直至拆除窑碹碹胎时，在同侧窑碹的各个支撑碹中，第一个与最后一个碹的碹脚处，应采取临时顶紧措施。熔化部和冷却部窑碹砌筑完毕后，应逐渐和均匀地拧紧各对立柱间拉杆的螺母，使碹顶逐渐升起。用来检查碹顶中间和两肋上升、下沉的标志，应先行设置。必须在窑碹脱离开碹胎，并经过检查未发现下沉、变形和局部下陷时，才可拆除碹胎。池壁、池底及其上部结构全部砌筑完后，砌体的内表面应用钢刷清除脏物，并宜用吸尘器将脏物吸除。

窑碹的保温层应在烘炉完毕后再进行施工。在窑碹保温层施工前，应进行碹顶的清扫、密封和缺陷的修补工作。保温的玻璃熔窑碹顶，在膨胀缝处、热电偶砌块处不应保温。

熔化部、冷却部碹砖除上、下面之外如达不到要求精度需要加工；上、下间隙砖如达不到要求精度需要加工；胸墙砖除里、外面之外，其余面如达不到要求精度需要加工，铸口朝窑内；挂勾砖除里、外面之外如达不到要求精度需要加工。加工精度要求，尺寸误差不应超过±0.5mm，平整度误差不应超过0.5mm。熔化部、冷却部、通路的大型黏土砖，除接触玻璃液的面外，其余面均应加工。砖的加工面应用靠尺和方尺进行检查，尺与砖面之间的间隙均不应超过1mm，尺寸误差不应大于±0.5mm。

（3）烟道、蓄热室和小炉的砌筑

烟道墙和蓄热室墙用两种以上不同材质砖砌筑时，沿高度方向每隔500mm左右内外层砖宜互相咬砌一层。玻璃熔窑的墙体，每米高的垂直度误差不应超过2mm，全高垂直度误差不应超过5mm。蓄热室炉条不应歪斜，其间距应符合设计尺寸，误差不得超过±1mm。炉条顶面标高误差不应超过±1mm。所有炉条找平砖的顶面应在同一水平。各个小炉、蓄热室砌筑的实际中心线与设计中心线的误差，不应超过3mm。

蓄热室碹砖、小炉碹砖，除上、下面以外如达不到要求精度需要加工。熔铸砖的小炉侧墙砖除里、外面，如达不到要求精度需要加工，熔铸砖的小炉底砖除上表面外如达不到要求精度需要加工。以上加工精度要求、尺寸误差不应超过±0.5mm，平整度误差不应超过0.5mm。

蓄热室格子体的垂直误差不应超过5mm，格子体上表面平整误差不应超过5mm。上下层格孔应垂直。水平观察孔与水平格孔应对准。

蓄热室墙与格子体边缘砖的间距，允许偏差0~5mm。

小炉碹分节膨胀缝要做成斜口，小炉墙膨胀缝做成暗缝。砌筑小炉斜碹，在骨架未箍紧前应采取防止下滑措施。

（4）供料道

供料道的尺寸、供料道与玻璃成形设备的相对位置，必须符合设计尺寸。供料槽砌筑时，砖的铸口面，不允许与玻璃液接触，砖与砖之间结合要紧凑，最大缝隙不得超过0.5mm。供料槽上表面标高与设计标高误差不超过±2mm。

4.3.2 冷修

池窑是玻璃厂的核心设备，一般几年冷修一次，正常情况下冷修的原因如下。

① 与玻璃液接触部位的耐火材料损坏严重，有漏料危险，而又难于局部热修；

② 上部结构耐火材料损坏，漏火严重，不能正常熔化玻璃，采用各种热修措施无效；

③ 蓄热室堵塞严重，以至于燃料消耗增大，熔化玻璃能力降低，使成本显著升高，而换热格子砖在经济上又不合算。

当然还有各种特殊情况造成池窑必须停炉冷修。如设计不当以至于无法正常生产；耐火材料选择错误造成大量结石和条纹；各种原因造成池窑严重漏料等。

最简单的冷修只更换流液洞、池壁砖和蓄热室格子砖。中等规模的冷修还要重新砌筑池底、小炉和大碹。大规模冷修则除基础和烟道外要全部拆修。一般冷修都不是简单照原样修复，而都要结合技术改造进行。

冷修前的准备工作如下。

① 设计和材料准备　冷修前要根据新窑的生产计划和旧窑使用经验，提出需要冷修部位和技术改造计划，而后进行理论计算和结构设计，并根据结构设计提出冷修所需材料计划。

② 砖材准备　砌筑所用材料（主要是耐火材料）到厂后应进行认真检查，须加工砖材应进行磨切加工，特殊部位应预砌。

③ 计划安排　冷修前详细列出工程进度表，让具体施工人员明确操作方法和质量要求，做好人员的编排工作与培训工作。

④ 图纸的审查和划线　施工前要详细审查全部图纸，发现错误立即更正。在施工前还要根据图纸在现场具体确定砌筑位置并划线，划线最主要的是确定中心线、滴料中心和液面水平面。

⑤ 标准线和样板　砌筑时为保证砌筑尺寸准确，要有标准线或样板。标准线一般用绳线标明各部位的垂线和水平线，样板则用钢制或木制的标准形状进行衡量。砌筑前要拉好标准线，制好样板。

⑥ 准备好砌筑用工器具　如砌砖、切砖、混泥等工具。

4.3.3 热风烤窑

(1) 概述

热风烤窑也叫快速烤窑，它是用特制的喷射式燃烧器，产生温度可以控制的高速气流的烤窑方法。这个方法在 20 世纪 60 年代已经发展成熟，70 年代已经大规模推广采用。我国从 20 世纪 80 年代初才开始采用热风烤窑。使用这个方法并配合快速加料方法可以使点火到投产时间缩短 7～10 天，表 4-27 是热风烤窑和传统方法的比较。

表 4-27　两种烤窑方法比较

项目	传统方法	热风烤窑
使用燃烧器	熔化池 5 个 工作池 2 个 蓄热室 6 个	熔化池 2 个 工作池 1 个

续表

项目	传统方法	热风烤窑
升温速度	常温～200℃,72h 200～400℃,96h 400～1150℃,72h	常温～180℃,10h 180～360℃,36h 360～610℃,24h 610～1100℃,27h
升温至1150℃用时	240h	97h

热风烤窑的工作原理是利用燃气在热风烤窑器的燃烧室中充分燃烧后产生的烟气与大量的过剩空气混合,形成的燃烧产物高速(最高速度达 300m/s)喷射进熔窑,使窑内各部位砌体在微正压下受到燃烧产物的均匀加热,因而烤窑速度可以加快。

(2)主要设备

热风烤窑所采用的主要设备是喷射式燃烧系统,包括:燃烧器(图 4-29)、空气鼓风机、电子控制台、温度程序给定器、空气和燃料软管、红外线传感器和安全阀门。

与此相配合的还有碹顶膨胀自动记录仪,这能远距离自动检查并记录碹顶膨胀情况。其使用示意图如图 4-30 所示。

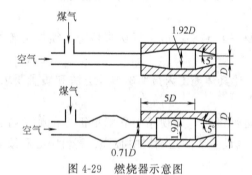

图 4-29 燃烧器示意图   图 4-30 碹顶膨胀记录仪使用示意图

(3)升温速度及操作

图 4-31 是熔化面积 $32～84m^2$ 马蹄焰池窑的典型烤窑升温曲线。

在实际使用时可根据具体用砖情况参照上述曲线制定烤窑曲线。另外为了过大火时温度稳定,一般在过大火前保温 8h。

热风烤窑的操作方法有两种。一种方法是从蓄热室底部向上接力式烘烤。烤窑前先将烟囱闸板放下,从总烟道处开始点燃喷枪,当窑内温度升到要求值后,需从蓄热室底部、小炉颈等处先后点燃其余的喷枪。热风在蓄热室内的流动可由支烟道来进行调节。另一种方法是从熔窑上部空间开始进行烘烤。该方法须有专用的热风烤窑设备,其数量与安装位置随熔窑类型、大小和升温制度而有所不同。开始时须将烟囱前和蓄热室进口的闸板都关闭。熔窑上部空间温度较高,蓄热室底部温度较

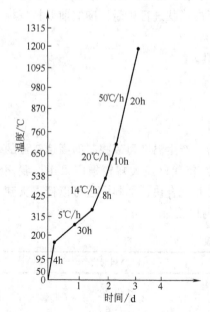

图 4-31 72h 烤窑升温曲线

低，随着热风体积容量的增加，熔窑上部的压力提高到 14.7Pa 以上，温度升至 400℃ 左右时，需适当提起烟囱前和蓄热室进口的闸板，以维持窑压在 8Pa。当熔窑上部空间温度达到 600℃ 以后，可开始点燃格子体顶部的辅助喷枪，同时启动换向系统，每 5～10min 换向一次，以后逐渐延长，直至熔窑放大火，交换正常，蓄热室温度逐渐适应作业条件。在两种烤窑时同样插入 10 支热电偶测量窑内各处的温差。使用热风烤窑法烤窑，窑内最大温差为 65℃，而使用传统烤窑法烤窑，窑内最大温差可达 200℃。可见，使用热风烤窑时间短、加料快、节约燃料，而且温度均匀，耐火材料不易损坏。

为保证窑内温度均匀，烤窑过程中窑压控制很重要。窑压主要是靠调节烟道闸板来控制的。有时也调节鼓风量。为了使蓄热室格子砖也能被均匀加热，自烤窑开始就要换向。换向时间间隔从 3min 逐渐增加到正常操作时的 15min 或 20min。

在过大火后使用重油小炉火焰继续升温。

（4）耐火材料膨胀的控制

热风烤窑的升温速度快，耐火材料的膨胀较剧烈，因此要每 15min 检查一次并适当调整拉条及螺栓。这主要包括如下几点。

ⅰ. 烤窑前池窑各处开口要用耐火材料堵死，大碹膨胀缝要用耐火纤维填好。

ⅱ. 适当放松大碹横向拉条，整个烤窑过程中碹的升高应控制在 5cm 以内。但这也与碹的跨度和膨胀防护措施有关。

ⅲ. 大碹纵向拉条只有在膨胀缝胀严之后才能放松，以防将端墙拉斜。同时要注意反碹结构不能出问题。

ⅳ. 冷却部半圆碹顶的拉条应主要靠调节纵向膨胀板来解决，以使整个碹均匀变化。

ⅴ. 池壁砖下部定位螺栓要顶紧砖。砖中部的定位螺栓只需用手的力量使其顶住砖，而上部定位螺栓只要与砖接触就行了，以使砖受压均匀。

ⅵ. 池底定位螺栓要顶紧，只有当池底膨胀缝胀严之后才能放松使其向外膨胀。

ⅶ. 碱性砖的蓄热室碹在整个烤窑的过程中都会膨胀，并有小的上升，要注意调节横向拉条。

ⅷ. 在正式生产时开池壁冷却风和流液洞冷却风或冷却水。开时要从小到大逐渐打开。

ⅸ. 池壁和胸墙的保温材料要在烤窑前砌筑好。

（5）快速加料装置

为了充分发挥热风烤窑的优点，尽快正式生产，发明了一种碎玻璃风力加料方法（图 4-32）。这是在烤窑以后，窑温达到加料温度时，用风力向窑内加料的方法。对于大池窑每小时可加 5～40t 碎玻璃，小池窑每小时可加 2～3.5t 碎玻璃。加入的碎玻璃可以均匀

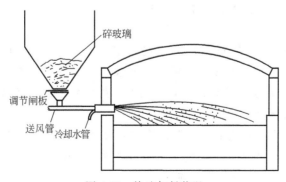

图 4-32　快速加料装置

地分布在整个熔化池，因而熔化快。加料的动力还可以用热风，这就避免了大量冷玻璃和冷空气吹入窑内。

习　题

4-1　马蹄焰池窑的优缺点是什么？

4-2　为什么马蹄焰池窑内的泡界线不明显、不稳定？对玻璃液的质量有什么影响？

4-3　熔化部和冷却部的火焰空间采用半分隔形式有何优势？

4-4　蓄热室空气和烟气的换向间隔时间对窑炉的效率和作业稳定性有多大的影响？

4-5　多通道蓄热室的优点是什么？

4-6　流液洞形式的选择依据是什么？

4-7　马蹄焰池窑油喷嘴安装有几种方式？各有什么优点？

4-8　图 4-33 为多通道蓄热室马蹄焰池窑立剖面图。试绘制烟气在蓄热室中的流动轨迹，并标注窑炉产生的烟气粉尘主要沉积在图中蓄热室哪个部位。

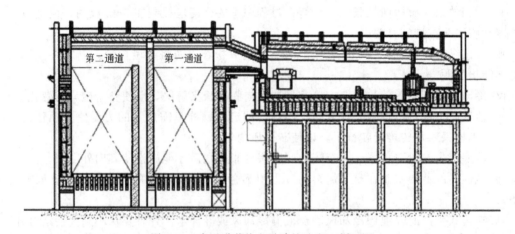

图 4-33　多通道蓄热室马蹄焰池窑立剖面图

4-9　蓄热室格子体排列方式有哪些？八角筒型格子砖排列的格子体有何优势？

4-10　试述采用分配料道的优势。

4-11　热风烤窑的优点是什么？

4-12　在烧发生炉煤气池窑的换向操作中，为什么先换空气后换煤气或在空气、煤气同时交换时容易发生爆炸？

4-13　某燃油蓄热式马蹄焰玻璃池窑，日出料量为 150t，重油消耗为 30t/d，重油热值为 41382kJ/kg，试设计该池窑熔化部火焰空间的长度、宽度、胸墙高度和碹升高尺寸。熔化率 2.5t/(m² · d)，熔化池长宽比 1.65，火焰空间热负荷为 $93×10^3$ W/m³，火焰空间宽度比窑池宽 400mm，碹股升高 1/8。

4-14　某蓄热式马蹄焰池窑熔化面积为 70m²，蓄热室格子体采用八角筒形格子砖排列，格子砖形状尺寸见图 4-34 所示，取蓄热室比受热表面为 40m²/m²，单位格子体所具有的受热表面积为 14.94m²/m³，试设计格子体的尺寸。

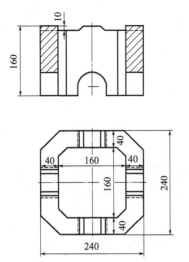

图 4-34　八角筒形格子砖（单位：mm）

第5章
电熔窑

最环保的玻璃熔化窑炉就属电熔窑了,在提高玻璃熔制质量、无烟气排放、减少硼、铅等原料挥发方面具有非常明显的优势。本章详解了电熔窑的形式、电极及实际操作要求。

5.1 电熔窑的类型与结构

5.1.1 电熔窑的类型

按电熔窑顶部的温度可以分为热顶电熔窑、半冷顶电熔窑和冷顶电熔窑。按熔化玻璃品种可以分为:含有高挥发性组分的玻璃电熔窑(如硼硅玻璃、氟化物玻璃、铅玻璃、磷酸盐玻璃等)和深着色玻璃电熔窑。按日产量可以分为小型熔窑、中型熔窑和大型熔窑。按液流方向可以分为水平式熔窑、垂直式熔窑。图5-1为电熔窑图片。

图 5-1 电熔窑

(1) 热顶电熔窑

热顶炉在顶部装有一个平焰燃烧器,产量可有较大幅度的波动,不必维持一个完全的配合料覆盖层。一般来说,在使用燃料加热的窑炉中,兼用电加热措施,不仅可以使炉型变小,而且同时可以降低窑顶温度,从而可以生产出缺陷较少的玻璃制品,使池窑作业所必需的热量分别来自燃料和电能(直接通电),而且各占1/2左右,为燃料与电热混合窑(mixed melter)。

从配合料下部用电加热以完成大约一半的熔化,从上方用燃料加热以完成另一半的熔化,这样可以获得像全电熔玻璃那样的优质玻璃。因为燃料加热的费用一般低于电加热的费用,与全电熔相比的主要好处是降低了每吨玻璃的能耗费用。目前在这种熔窑的设计上已出现一种新概念：在配合料上方的火焰空间保持适中的温度（1430℃左右）。混合加热熔窑设计的标准熔化率为 $4t/(m^2 \cdot d)$。

混合加热电熔窑的工作原理是：配合料层从上下表面受热熔化，在熔融碳酸钠层内完成澄清过程，而不需要另外的熔窑面积来负担澄清功能，电极从池壁插入，窑顶设有燃烧器，熔窑结构十分紧凑。当出料量为 75t/d 左右时，窑炉的熔化池面积仅为 $18m^2$，熔化 1kg 玻璃所需要的燃料油和电能分别为 95g（为一般窑炉的 40%）和 $0.425kW \cdot h$（全电熔窑的 50%），热效率达 46%。如果使用了换热装置，热效率可超过 50%，燃料费比全电熔窑低。

（2）半冷顶电熔窑

如图 5-2 所示，这种电熔窑全部使用电能操作，配置一台位置固定的定位式加料机，出料量的变化使料层在熔化池内的覆盖率发生变化。这种类型的熔化池既可做成对称型的，亦可做成非对称型的。

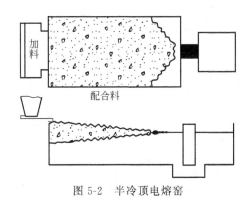

图 5-2　半冷顶电熔窑

（3）冷顶电熔窑

通常所讲的电熔窑都是指冷顶电熔窑。如图 5-3 所示的冷顶电熔玻璃窑为全电能运行，在整个熔化池的表面有着连续分布的均匀的配合料覆盖层。全电熔窑采用"冷顶"式垂直熔制工艺。整个熔化池玻璃液表面覆盖着配合料层，阻挡了熔体向窑顶热辐射，使窑炉上部空间温度降到 150℃以下。同时配合料中大部分挥发成分在覆盖层中冷凝回流至玻璃，而熔制过程中放出的 CO_2 等气体很容易穿过覆盖层进入空间。配合料层下玻璃熔体慢慢地往下流入电极区，玻璃在此区内完全熔化后，开始澄清，再流向熔化池下部，完成澄清均化过程。熔制好的玻璃经流液洞、上升道和供料道进入工作池。

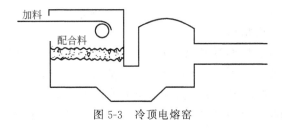

图 5-3　冷顶电熔窑

（4）熔化含有高挥发性组分的玻璃电熔窑

对于熔制氟玻璃、磷酸盐玻璃、硼硅酸盐玻璃、铅玻璃以及类似的玻璃，最好的方法就是全电熔。

采用全电熔时，热量是在配合料层下面放出。各配合料组分产生的蒸气通过配合料向上散逸，但会凝聚在冷的配合料中，因此通过流液洞的玻璃能保持成分稳定，与投入熔窑的配合料相一致，能够精确地控制玻璃的成分。图 5-4 说明了这一关系。此图是一座全电熔窑的截面图，玻璃液的流动是垂直向下的，热流是垂直向上的，电熔窑中的全部玻璃基本上都经历相同的热历史，而采用常规燃料加热熔化的玻璃则并非如此。玻璃液和配合料之间的界面叫熔融碳酸钠层，具有很重要的意义。图 5-5 是该层的放大垂直截面。在该层中，液态玻璃形成过程已经结束，澄清过程也已大体完成，玻璃的颜色已通过有关着色组分的氧化还原状态而确立。四周液态基体中的剩余砂粒已在熔融碳酸钠层下面的玻璃液中最后溶解完毕。

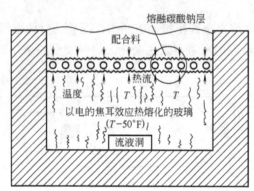

图 5-4　电熔示意图（说明水平面上的温度均一性和配合料的垂直热流）

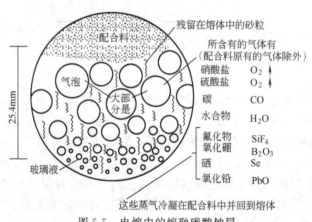

图 5-5　电熔中的熔融碳酸钠层

若考虑到挥发性成分的节约，上述玻璃采用全电熔的成本是非常合算的。

（5）熔化深色玻璃的电熔窑

采用常规方法熔化有色玻璃时出现热透过性差的问题，如果采用电熔就能大大改善。电热能是在玻璃体内释放的，又可使电流相当均匀地通过所有玻璃，所以只会出现很小的温度差。例如在 1.2m 深的电熔池窑中熔化高铁含量的琥珀色玻璃时，靠近池底的玻璃的温度只比靠近表面的玻璃低 25℃。氧化铁含量高达 12% 的玻璃和氧化铬含量达 1.3% 的玻璃都易于熔化。

（6）小型电熔窑

超小型电熔窑的设计使得连续出料量低达 9kg/h、25kg/d。24h 内在熔化池中连续化料，玻璃液流到一个保持恒定温度的盛料池中，当玻璃被快速取出而液位迅速下降时，耐火材料受到的蚀损极少，其原因是盛料池既未经受高温，也未受到各种液流的影响，对已熔化好的玻璃液具有良好的抵抗能力。

（7）中型和大型电熔窑

最大的电熔窑每日可生产 120t 钠钙平板玻璃，每吨玻璃耗电约 780kW·h。从技术观点上说，并没有限制全电熔窑大小。凡在电费低廉、燃料成本高、环保要求严格地区或玻璃含有高挥发性组分的工厂，通常都可采用较大型的电熔窑。熔制钠钙瓶罐玻璃的大型电熔窑的耗电量估计为 0.780kW·h/t 玻璃。这个数值根据下述因素不同而有所变化：掺加碎玻璃的量、保温措施、配合料加料方法、操作人员怎样保持连续的配合料层以及熔窑的窑龄。

5.1.2 窑炉形状与结构

ⅰ.电熔窑按横截面形状可分为矩形、方形、三角形、六边形、圆形。电熔窑按熔化池纵截面形状分：直筒形、T形。

ⅱ.中型以上电熔炉采用三相电炉变压器，其电流线和功率分布形成若干个三角形，三角形摆在正方形或长方形的炉型里很难做到对称和均衡，而在六角形或圆形电熔炉应用较好。

ⅲ.电熔窑结构包括熔化池、流液洞、上升道、澄清池、工作池、料道、料盆等。在性能上分为熔化区和非熔化区。

5.2 电熔窑的生产操作

电熔窑的操作事实上并不比火焰池窑操作困难，要求操作人员必须能够读取仪表的记录，并进行控制装置的调节。需要加以监控的因素有：功率输入、玻璃温度、配合料的均匀加料、冷却水的温度以及电极状况。如有需要，电熔窑可以实现全自动控制，不用操作人员，只要偶而进行检查即可。图 5-6 为电熔窑电气控制柜图片。

每周一次核查电极的状况，必要时加以调整，一般检查电熔窑大砖、水冷却系统、配合料输送设备、热电偶及其他电气设备。

在采用电熔窑时，务必采取安全措施。大多数电熔窑上的接地电压必须小于 90V。在调整电极时，通常应断电，若在玻璃液中应用金属质的装置，它们的柄应加以绝缘，操作人员应戴绝缘手套，并站立在绝缘的操作台上（如铺有石棉水泥板或木板的操作台）。一项附加的安全措施是：将一柔性铜缆的一端连接于上述金属质装置，将其另一端连接于建筑物的钢架。

图 5-6 电熔窑电气控制柜

（1）熔化温度和输入功率

电熔窑熔制玻璃时，熔化率一般为 2.4～3t/(m²·d)，是火焰池窑的 5～6 倍。电熔窑的电流通过玻璃液本身发热，温度最高区在玻璃液内部，玻璃熔制过程进行得比较快，玻璃液对流强烈。电熔窑熔化池深度一般在 1.6m 以上，使玻璃液有充裕的时间进行澄清均化。

在电熔窑生产中，熔化温度、操作功率及玻璃液电阻三者间密切相关，且均是控制电熔窑运行的主要参数。

要获得优质的玻璃，熔化温度以 1400～1480℃ 为宜。温度过高，缩短了耐火材料和电极的寿命；温度太低，玻璃质量下降。在实际生产中，由于各电熔窑结构、热电偶安装位置及插入深度不同，仪表所显示的温度与实际温度有误差，所以各电熔窑的熔制温度是不尽相同的。

电熔窑温度是通过操作功率来调节的。只装置一层电极的电熔窑，炉温最高点位于电极区间，沿池深方向的温度曲线靠电极输入功率和玻璃液流量来调节。装置多层（如三层）电极的电熔窑，其各层电极由独立的变压器供电，改变各层的输入功率可调节电熔窑内温度分布。通常上层电极为熔化提供热量，下层电极调整进入流液洞的玻璃液温度。各层电极功率分配应遵循以下原则：熔化量大时，最上层电极输入的能量最多；熔化量小时，第二层和第三层电极输入较多的能量。这样有助于使配合料层厚度和流液洞温度保持稳定。

玻璃液的温度与电极间电阻存在着一定的关系，尽管到目前为止仍不能实现电阻控制，但某些电熔窑以电极间玻璃液的瞬时电阻值作为反映熔融玻璃内部状况的一种趋向指标。例如，温度的微小增量则反映为电阻值的微小减量；当电阻值没有变化，而温度却发生某种变化，则表明测温系统有误差；当温度没有变化，电阻值有变化时，则表明电极或配合料成分方面存在问题。

（2）熔化量（翻转限）

火焰窑一般只有最大熔化量的限制，而电熔窑既有最大熔化量限制，又有最小熔化量限制（称为翻转限，turn-down limit）。

玻璃熔化温度取决于玻璃化学组成和熔化率。在正常熔化温度下，配合料熔制速度和电熔窑的熔化量保持平衡时，配合料覆盖层厚度是稳定的。熔化量减少，输入功率降低时，玻璃液温度随之有所下降。当玻璃液温度下降到维持澄清所需的最低限度时，即到达了"翻转下限量"。大多数玻璃的翻转下限量约为电熔窑熔化能力的50%。若玻璃质量有较严格要求，翻转下限量比最大熔化量低20%；若对玻璃质量要求不太高，电熔窑的翻转下限量可比最大熔化量低60%。

当电熔窑熔化量降到下限以下而又要保持澄清所需温度时，必然出现输入功率大于熔化所需功率现象。这时玻璃液温度升高，配合料层逐渐熔化，上部空间温度将升高数百度，导致冷顶被破坏。

另一方面，熔化量过小，通过流液洞狭小通道的玻璃液带入的热量很少，流液洞、上升道电极提供的热量不足以维持正常的温度，该区温度下降，玻璃电阻增大，电流下降，使玻璃液温度进一步降低。若这种趋势不能及时制止，可能引起流液洞、上升道的玻璃液凝固，使电熔窑被迫停炉。因此，在任何情况下都应让流液洞、上升道保持最低限度的流量（突然停电时也要保证玻璃液的流动）。

（3）配合料覆盖层

配合料覆盖层的厚度是电熔窑生产中的一个重要工艺参数，配合料覆盖层厚度一般为200～300mm。随着配合料深度的增加，配合料温度有所上升，当达到某一特定深度时，温度急剧升高到1200℃左右。

配合料覆盖层不仅能促使低温液相形成，加速玻璃熔化，还能阻挡易挥发成分外逸并起隔热作用。如果配合料覆盖层太薄或者熔透，熔化池主电极的输入功率就不足以维持熔化所需的温度；如果配合料覆盖层过厚，出料量大时覆盖层与电极间的距离缩短，最上层电极间玻璃液温度下降，电阻增大，输入功率下降，熔化温度随之降低，熔化速度进一步下降，熔化时放出的气体外逸受阻，电熔窑运行状况恶化。如果不及时减少出料量，生产将受到严重影响。

如果配合料覆盖层厚度分布不匀，较薄部位会发红，熔化放出的气体在这里聚集，形成缓慢上升而又连续不断的"大泡"，泡径可达 200～300mm。随着"大泡"翻上来的熔融玻璃液除了影响加料机工作外，还可能引起"短路"。因此加料机应均匀地覆盖配合料，使池墙周边的料层较薄，呈红热状态，以防配合料层结拱。

（4）电极插入深度

电极插入深度与电极性质、数量、电流密度、电熔窑结构等因素有关。圆柱形氧化锡电极采取垂直安装方式，插入深度约为 250mm，在电熔窑运行期间电极不能推进。棒状钼电极水平安装，插入深度为 300～600mm。随着钼电极逐渐消耗，电极间玻璃液电阻不断增加，变压器电压不断升高（使电流保持恒定）。当变压器电压调到极限，应推进钼电极，电流、功率等参数才能恢复正常。

（5）玻璃组成及配合料

电熔窑的玻璃成分与火焰池窑基本相似，两者的主要区别在于电熔窑的配合料中氧化砷及氧化锑含量应小于 0.25%。碱性氧化物和易挥发组分的量补充得少一些，玻璃的熔化和澄清几乎在同一温度下进行。为保证熔化工艺的稳定，玻璃液上部必须保持一定厚度的配合料覆盖层，才能使玻璃液中的气体逸出。这是熔化工艺中选择电功率、配合料组分、澄清剂用量的关键问题之一。

ⅰ. 如电熔窑熔化铅晶质玻璃配合料中的挥发量仅为 0.2% 左右，配方几乎不需计算增补量。氧化铅不必用硅酸铅引入，红丹（Pb_3O_4）或黄丹（PbO）都可使用。铅晶质玻璃配合料中用硝酸钾和碳酸钾引入氧化钾（加入适量的硝酸钾对于熔制极为重要）。某些工厂因硝酸钾价格低而吸潮，便于配合料制备和贮运，所以组成中的氧化钾全部用硝酸钾引入，但多数工厂是以碳酸钾为主。硝酸钾用量过大时，配合料气体比大，不利澄清，且加剧了对耐火材料的侵蚀，还可能形成"硝水"，严重腐蚀窑体。电熔窑配合料硝酸钾用量为 2.5～3kg/100kg 石英砂。火焰池窑的铅晶质玻璃化学成分和配料方案不能保证电熔窑熔化工艺的稳定和玻璃液的质量。

ⅱ. 澄清剂引入量。电熔窑配合料中澄清剂 Sb_2O_3 或 As_2O_3 引入量为 0.34～0.43kg/100kg 石英砂。对于钼电极电熔窑，由于上述澄清剂对电极有明显的腐蚀作用，澄清剂 Sb_2O_3 或 As_2O_3 用量宜小于 0.025kg/石英砂。最好选择 CeO_2 作澄清剂。

ⅲ. 碎玻璃比例。电熔窑正常运行时，碎玻璃量控制在 30% 左右。碎玻璃应经过挑选、清洗后破碎成 20mm 左右的小块。碎玻璃比例过大，使玻璃含铁量增加，影响玻璃质量，同时，对电熔窑而言，虽能在大致正常的状态下运行，但此时的熔化能力下限将大大提高。若要使电熔窑在其设计熔化能力下限运行，应使碎玻璃加入量减少到 20% 以下。

（6）玻璃的出料速度

由于澄清区温度高，可使溶解在玻璃中的气体减少，同时气泡也易于排除。在垂直电熔窑中，由于气泡排除的方向和玻璃的液流方向相反，操作中取料的液流速度应小于气泡上升的速度，以免气泡被带到工作池中。

（7）停电问题

电熔窑在停电 2h 以内，能够完全控制而无需采取其他措施。停电期间电熔窑各部位的温度均下降，来电后即可将各处电极通电，使各处温度恢复正常。停电时间在 2～8h 之内，就必须放下熔化池的炉门，点燃煤气喷嘴，用火焰加热，使原先的冷顶变为热顶，并用备用发电机对流液洞、上升道、料道和工作池等部位进行电加热。

停电最多不能超过 8h，若超过 8h，电熔窑的某些部位的玻璃液将会凝固。因为火焰加热只能加热熔化池表层玻璃液，发电机所供电能也只能加热流液洞至工作池的某些区域，所以存在着一些既不能用火焰加热也不能用电加热的区域，仅靠邻近玻璃传导的热量是无法阻止这些区域的玻璃液温度下降并最终导致凝固的。

电熔窑在运行过程中停电超过 9h，可采用以下方法解决。

ⅰ.首先从工作池挑料，向熔化池加料，促使整个系统产生工作流，使熔化池上层的热玻璃液流入流液洞和上升道，将流液洞和上升道内的冷玻璃排放出去。

ⅱ.打乱原来的电极间配对关系，使流液洞和上升道这段区域内的每个电极间都可导通，消除了无法进行电加热的区域，同时将熔化池下部的启动电极也接上发电机电源，对熔化池下部进行加热。流液洞和上升道区域内电极电流逐步升高，恢复供电后电熔窑也恢复正常生产，用这种方法解决长时间停电问题。

（8）电极和电极冷却水套

电熔窑使用氧化锡电极，这种电极在一定温度下，遇到还原性气体就会被还原。因此在烤窑过程中要保证每个电极的周围必须是氧化性气氛，烤窑时就要选好测点并经常检测窑内气体的含氧量。

当氧化锡电极被还原时，会冒出白烟，严重时会有金属锡淌下。此时应立即加大风量，做好电极周围通风，使之恢复氧化性气氛。然后检查，将可能被还原的电极全部拆下，还原严重的必须换新的，还原不严重的经修复后可再使用。

与电极直接相连的冷却水套，由于频繁停电，造成冷却水套多次断水。有时停电时间较长，使水套温度急剧升高，再上水时，若水流过大，会使灼热的水套受到急冷，造成冷却水套焊缝处产生裂纹，致使电极水套漏水。电极水套漏水后是无法进行焊接的，所以操作中尽量避免冷却水套断水。一旦停电，就应立即用备用发电机将冷却水送上，或接通自来水。如果冷却水套断水已有较长时间，上水时应先把每个水套的控制阀关上，待水过来后，再把控制阀慢慢打开，让水缓慢流入水套，再将控制阀开到一定程度。严禁大水流输入，造成灼热的冷却水套急冷。当冷却水套出现漏水现象时，要将冷却水的输入量控制在不发生汽化现象的最小输入量，以减小冷却水的压力，避免渗漏过多，流淌到耐火材料上造成炸裂。

（9）更换电极

安装氧化锡电极的电熔窑运行两年后，因主电极受到玻璃液的严重侵蚀，通常需要更换，否则将影响玻璃液的熔制质量。

ⅰ.热换法 更换电极时，首先要放料。开始放料时如速度很慢，说明放料孔堵塞了，应疏通以加快放料。主电极完全裸露出来后即停止放料。拆卸电极时先把与电极相连的冷却水套取下、修补，再更换银棒。上面的电极用千斤顶顶到熔化池内，用特制的夹子把顶出的电极从加料口取出，再换上新电极，重新加料，恢复生产。

ⅱ.冷换法 将窑内玻璃液全部放光，停炉，待窑体冷却后换上新电极，再重新点火、生产。

（10）全电熔窑日常工艺控制特点

设备的运行和工艺控制应与它的原始设计要求和目标是一致的。对于窑炉的日出料量，要求实际使用的日出料量与设计出料量差别应小于±5%。并非是多加电就一定能出好料。窑炉生产使用的料方，要保持与设计之初一致。并非一个电熔炉能熔化所有的玻璃料。

工艺控制的核心就是"两个平衡""三个稳定"，即加料与出料平衡、加料与输入功率平衡，加料稳定、出料稳定、输入功率稳定。

5.3　电极及供电

5.3.1　电极

常用的电极有钼电极和氧化锡电极。

（1）钼电极

钼作为电极材料基本上能满足玻璃熔化的要求，适用范围广。除了铅玻璃以外，能用于熔化大多数玻璃，如难熔玻璃、黏度大的玻璃、挥发组分高的玻璃等。钼对其他玻璃组分也是稳定的。目前，在玻璃电熔化过程中，钼电极发挥着巨大的作用，广泛地用来改进窑炉设计和改善玻璃质量。钼电极的开发和利用，在玻璃工业的第二能源利用上起了很大作用。

钼电极的突出优点是：能被玻璃液浸润，所以接触电阻小，电极表面可以承受较高的电流密度，约 $1\sim3A/cm^2$；电极的热损失低；不易使玻璃着色。但钼电极在空气中受热时容易氧化，$600℃$ 时产生 MoO_3，该氧化物对钼电极毫无保护作用。钼的氧化如图 5-7 所示。

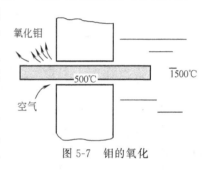

图 5-7　钼的氧化

钼电极是金属电极，可以做成板、棒、球等各种形状，国外电熔窑基本上都采用钼电极。国内钼的资源丰富，钼电极的应用研究和生产也达到了较高的水平，为发展玻璃电熔创造了有利的条件。

目前，钼电极通常制成棒状电极，而很少制成板状电极。常用的棒状电极直径在 $32\sim50mm$ 之间。棒状电极有加粗的趋势，直径可做到 $100mm$，可提供的棒状电极长度在 $1\sim2m$ 之间。提供的电极可带有平端连接螺纹。采用螺纹，有很大的优点，电极可以方便地被推入窑中。当然，必须注意，螺纹接头的电阻不宜过大，无杂质的精密切削标准螺纹符合这一要求。为了便于旋入电极，可使用少量的润滑剂。

采用板状电极时，钼板的厚度在 $2\sim20mm$ 之间，面积最大为 $1m^2$。通过钼棒向板状电极供电，并用适当的方法将钼棒与板状电极连接起来。

① 钼电极的化学组成　钼电极的化学组成见表 5-1。

② 钼电极的杂质含量　在生产中，当电流密度太高时，电极区的温度可达 $1500\sim1600℃$，玻璃液中产生大量气泡。这些气泡浮到液面燃烧成白亮色火焰。它们可能是玻璃的分解产物，或者是钼电极中的碳和熔窑中的氧结合而成的 CO 燃烧产物。

在玻璃窑中使用钼电极或者用钼做其他构件，若钼中碳含量超过 $0.02\%\sim0.03\%$，由于碳氧反应的结果，在电极区附近将产生许多小气泡，这对于许多玻璃制品是不允许的。如果提高钼的纯度，把碳含量降到 $20\sim30mg/kg$，这些小气泡即可消除。因此，钼材含碳量必须保证在 0.002% 以下。另外钼熔解时，电极材料的杂质会使玻璃的颜色发生剧烈的变化。所以作熔化池用钼电极的钼含量至少达 99.93%。特别重要的是含碳量，含碳量过高，不仅降低电极的机械性能，而且也会形成气泡，如果这些气泡出现在安装于料道的电极上，则危害特别大。O_2 和 N_2 的含量具有相同的影响。杂质含量不超过表 5-2 中所列数值的金属钼才可以作为电极材料。

表 5-1　实际使用钼电极的化学组成　　　　单位：%（质量分数）

元素	I	II	III	IV	元素	I	II	III	IV
Al	0.0012	0.001	0.002	0.0012	Pb	0.001	0.0003		0.001
Ca	0.001	0.002	0.002	0.001	S				0.011
Co		0.011		0.016	Si	0.0019	0.001	0.005	0.0019
Cu	0.001	0.0008		0.001	Ti	0.001			0.001
Fe	0.0029	0.003	0.01	0.0019	W				0.020
K				0.002	C	0.003			0.003
Mg	0.002	0.001	0.002	0.002	N	0.004			0.002
Mn	0.0012	0.0005		0.001	O	0.007	0.005		0.007
Na				0.005	Cr		0.003		
Ni	0.002	0.007	0.005	0.002	Sn		0.003		
P				0.03	Mo	余量	余量		余量

表 5-2　玻璃池窑钼电极中杂质允许含量上限　　　　单位：%（质量分数）

元素	C	Si	Al	Ca	Mg	W	O_2	H_2	N_2
杂质	0.005	0.008	0.003	0.001	0.001	0.020	0.004	0.002	0.002

③ 钼电极的结构　根据各种不同的炉型设计和生产工艺要求，电极有板状电极、棒状电极和球状电极三种结构（图 5-8）。在实际使用中电极可以设计为续进式的或者长寿命的两种类型。续进式电极在窑炉工作过程中，电极不断消耗，为了保证正常的工作长度，应间断地把电极向窑内推入。长寿命钼电极要求电极在工作过程中基本不消耗，电极的寿命和窑炉的寿命相当。

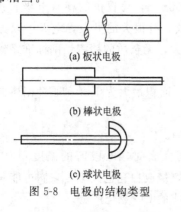

(a) 板状电极

(b) 棒状电极

(c) 球状电极

图 5-8　电极的结构类型

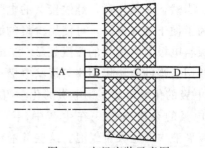

图 5-9　电极安装示意图

A—电极体；B—三相界面；C—热影响区；D—低温区

虽然钼电极有板、棒、球三种结构，但这三种结构在窑内的安装条件是一样的。图 5-9 是各种电极在窑上安装的示意图。整个电极分为四个区域：A—电极体，处于窑内，被熔融玻璃覆盖；B—电极、熔融玻璃、大气三相结合面，称三相界面；C—热影响区；D—低温区。三相界面的温度接近熔融玻璃的温度，这个区域由于受到介质和空气的联合作用，电极腐蚀最为严重。热影响区受热传导的作用，温度可达 800~1000℃，在窑外的低温区由于冷却作用，温度可降到 150～200℃。三相界面和热影响区的温度都超过了钼的氧化温度，需要有绝对可靠的防氧化措施。氧化断裂钼电极的位置无一例外地都在热影响区的前端，接近三相界面附近，在断裂处有许多 MoO_3 粉末。防止热影响区和三相界面的氧化有两个途径，即把这两个区域的温度降到低于钼的氧化温度，或者将它们和空气完全隔绝。

④ 钼电极布置 在使用中有三种基本类型：侧墙插入型、池底插入型、顶部插入型。不论电极电流方向如何，80% 的能量都释放在相当于 10 倍电极直径的范围内。在能量如此集中的情况下，正确选择电极布置方式就显得相当重要。最理想的电极布置，应保证电极对玻璃液流影响最小，能量在玻璃液中均匀分配。电极布置与电流密度分布、热量输出、玻璃液流有关，这些因素对玻璃液的质量、电极的侵蚀和使用寿命有影响。电极布置还应考虑耐火材料质量与安装维修条件。

电极布置有水平棒状电极、垂直棒状电极、顶插电极、板状电极和塞状电极等。图 5-10 是主要用于熔化池的六种电极布置类型。

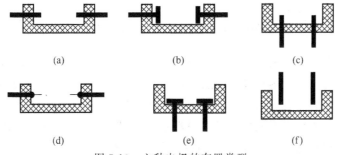

(a)   (b)   (c)

(d)   (e)   (f)

图 5-10 六种电极的布置类型

水平棒状电极用于电熔窑和电助熔中。图 5-11 为一水平侧墙棒状电极。冷却水管把水送到钼电极与大气接触的地方，该处温度小于 300℃，以免钼被氧化。

"电极套"的头部装有热电偶，用以监控由于冷却作用降低或电极太短造成头部的过热。

如图 5-12 所示是一根由底部插入的垂直棒状电极，安装在电极套内，电极水套中充有惰性气体保护玻璃与大气的界面，以防钼电极的氧化。同时在电极周围提供了一个冷却水套，以保证电极暴露于空气中的部分的温度低于安全值。

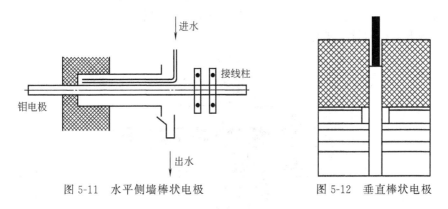

图 5-11 水平侧墙棒状电极   图 5-12 垂直棒状电极

底部安装对于电极布置来说几乎没有什么限制。这就允许设计者给予所有电极在电流负载上达到一个非常精确的平衡。不论是每组一根还是每组多根电极，都是一样的。电流密度的均匀性和整个长度上腐蚀的均匀性，使得钼电极能够获得最佳状态的使用。在绝大部分窑炉中，都无须推进，但在使用期间应该可以更换，钼电极可以不必停炉而完成更换工作。

如图 5-13 所示，顶插棒状电极从侧墙沿一定的倾角伸入窑内，可任意改变位置和倾角。在池窑的运行过程中，如有电极损坏待修时，可用这种斜插电极暂时给玻璃液加热。如损坏的电极无法更换，则也可用该电极代替。

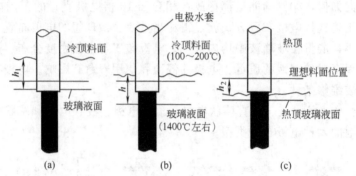

图 5-13 顶插电极水套（钼电极）处于冷料层中的相对位置

顶插式电极水套和钼电极处于正常生产情况时如图 5-13（b）所示，电极和电极水套头部全部被冷料层所覆盖，半熔化玻璃液层只浸没电极的 2/3，这时钼电极的使用达到最佳理想状态，电极套烧损的可能性最小。但是这种状态在生产中难以长时间维持，料层的厚度时有波动，图 5-13（a）为冷料层液面上升（投料过多或其他原因），这时钼电极仍处于正常工作，但是电极套冷却头部处于 1400℃左右的半熔化玻璃液中，电极水套的耐热材料受到强烈的腐蚀，导致水套体严重烧损。如图 5-13（c）所示，供料系统出现故障（如加料机故障），冷料层液面下降，冷顶料层被破坏，钼电极根部暴露于空气中，这时钼电极迅速氧化，电极套同样也受到高温腐蚀，损坏较快。通过分析电极套的使用情况发现电极套的损坏主要来自高温腐蚀以及密封层的损伤。

顶插式电极水套要求加工质量高和较高的热处理技术，设计上针对设备应具备耐高温的特性，采用芯部直接冷却的方法来保护钼电极，并采用紫铜管为导电体。

由于钼电极可以承受较高的电流密度，开始时把它制成板状电极，如图 5-14 所示（图中电极水套省略）。这种电极可用于料道或熔化池，其加热较均匀，一般不会产生太强烈的对流，对电极孔砖的侵蚀轻于棒状电极。

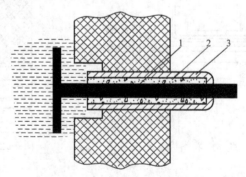

图 5-14 无水冷板状电极结构图

1—电极；2—填料；3—保护套管

板状电极是侧墙型电极的另一种形式，主要用于低容量的单相电熔窑中。当然对某些需要低电流密度以及极均匀能量释放的玻璃电熔窑来说也是理想的，电极的侵蚀很小，特别适用于硼硅酸盐玻璃电熔窑，对池墙砖的蚀损极小。采用板状钼电极的熔化池，在加热和降温时，必须采取保护措施，使电极不与空气中的氧气接触。

板状电极在电熔化中不多见。当它在熔化池中使用时，对液流的控制作用不同于传统的热点（或热坝）控制。板电极的电力线的主要构成是平行电场，两块电极板间的电能释放较均匀，在板电极电熔窑中如果有热点，也不是一个点，而是一个区域。它不是以强力对流来均化和澄清玻璃（与棒电极相比）的，但仍能生产出较高质量的高硼硅玻璃。熔化池板状电极的结构是：钼板和钼棒联结，尾部用高温合金引电，并用水套保护。钼板厚度应该是炉龄和熔化玻璃品种的函数，其厚度的选择应和窑炉耐火材料的寿命相平衡。目前，国内研制的双金属无水冷板状钼电极多用于料道和人工挑料口的电加热，其厚度在钠钙玻璃中，当炉龄大于 4 年时一般为 8～15mm，在硬质玻璃中为 6～8mm。板状钼电极的面积有较大选择余地，电流密度以 $0.6A/cm^2$ 为基准进行推算。

板状钼电极的优点是电极重量轻，不存在高温蠕变问题。导电面积是同等重量棒电极的 4 倍以上，所以消耗较少，不需要也无法续进。由于板电极距耐火砖 50mm 左右，电极对背后的耐火材料有一定的保护作用。钼板不能接触耐火砖，要保持一定间距。在输电联结上，同一侧钼电极可以并接，但要求采取均流措施。如果是独立输电，亦应注意使其相位一致。

无水冷长寿命钼电极与水冷电极的区别在于前者不通冷却水，电极在高温下工作，在工作过程中电极基本不消耗，其结构示于图 5-14。电极固定在不锈钢保护套管内，炉墙外冷端用铜焊焊死。炉内热端熔融玻璃流入保护套管，密封了热端，这样钼电极在套管的保护下，完全和空气隔绝，电极不会发生氧化。保护套管的外面包覆几层玻璃布，可以防止不锈钢在高温下起鳞皮。

无水冷钼电极因为不通冷却水，电极在高温下工作，热损失少，节电省水。这种结构的电极特别适用于小型的电熔窑，因为没有冷却水，窑温均匀。采用这种结构，电极可以稳定工作 3 年以上。

其主要缺点是：如果电极损坏，需要停炉并在高温下排出玻璃液才能更换；必须冷态安装；限于小型电熔窑内的设计应用。

板电极在使用中还应注意以下几点。

ⅰ.启动保护可采用低熔点玻璃覆盖或使用化学稳定的气体（如氮气）保护。板电极只能冷装，在钠钙玻璃电熔窑中，用碎玻璃将电极板埋上。在硬质玻璃中，可考虑用氮气保护（1200℃以下可视为安全的）。根据现场实用情况，钼电极（板或棒）用高硼硅玻璃作覆盖物亦是可行的。

ⅱ.板电极的结构一定要牢靠，板和棒在玻璃液中需保持良好的导电状态。如果松动，会使板棒联结部蚀穿，电极板脱落后，玻璃液的对流和温度分布均会变化，剩下的棒体亦加剧损耗，最终会导致从电极和耐火砖的缝隙处往外流料。另外，还应注意保持钼板和池底的平行。

⑤ 电极水套　由于金属钼的耐热性能特别好，可经受 2600℃的温度，属难熔金属，但它的氧化性能在温度 600℃以上明显加剧，因此，为了保护钼电极，使其不致很快被氧化，必须采用电极水冷却套装置，否则会影响整个熔炉的正常运转，严重时将迫使电熔窑停产。

电极水冷却套的主要作用是：把电极安全可靠地安装在窑炉的耐火材料上；把暴露在空

气中的那部分电极冷却到 400℃以下；防止电极插入部位的耐火材料温度过高，造成耐火材料局部损坏。

电极冷却水套的结构包括间接水冷却保护套、直接水冷却保护套。在实际使用中已达到下列要求：对周围玻璃液和耐火材料未产生不良影响；对玻璃液和耐火材料吸收的热量最少；电极水冷却套及其冷却系统简单，操作方便，不需经常维修；电极易于快速向窑内推进。

为了保证电极正常工作，所需的冷却水必须经过软化，水质要达到锅炉用水标准。为节省冷却水用量，需采用循环水系统。

下面分述直接冷却水套和间接冷却水套。

ⅰ.直接冷却水套 图 5-15 是该电极的结构图。电极和护套配合，堵头焊在套管端部，电极安装在炉墙上预先留下的倾斜孔内。冷却水直接冷却三相界面和热影响区，护套充满半凝固态的玻璃保护了三相界面。整个电极在低温下工作，可以防止钼电极氧化。消耗式电极采用这种结构是很方便的。电极消耗到需要向里推进时，短时间停止冷却水，适当升高电极温度，待三相界面处的半凝固玻璃液化以后，即可把电极向里推进到正常的工作长度，随即送冷却水，使电极仍保持低温工作状态。

ⅱ.间接冷却水套 如图 5-16 所示的冷却水套，电极的水冷却系统是密封的，冷却水不直接与钼电极接触。但在使用中要注意利用水套端部的玻璃进行密封，当冷却水关闭后，熔融的玻璃液渗透进水套端部的各个空隙中，这些玻璃可以阻止钼电极在其可渡区被氧化。数分钟后，打开冷却水，这些玻璃即被冻结，从而使钼电极处于安全状态。但要注意，若密封玻璃液不能填满空隙，还是可能造成钼电极的氧化。

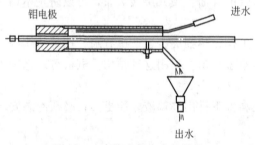

图 5-15 直接冷却水套的结构

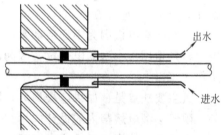

图 5-16 水平间接冷却水套的结构

图 5-17 水平棒状电极及水冷套

图 5-17 为水平棒状电极及水冷套图片。

（2）氧化锡电极

钼电极易还原玻璃中的某些氧化物，尤其是铅玻璃中的氧化铅，使电极迅速氧化，还原出金属铅使玻璃变得不透明，或形成灰泡、气泡、条纹等，甚至使玻璃着色。因此，钼电极不适合于熔化铅玻璃，二氧化锡电极就这样应运而生。氧化锡电极适合于熔化铅玻璃，硼玻璃，氟玻璃，磷玻璃，含 As_2O_3、CoO、Fe_2O_3 的玻璃以及含铜、铁、硫等的玻璃。

二氧化锡电极是一种陶瓷材料，它具有化学稳定性好、耐火温度高、热膨胀系数小等优点，但承受热冲击性差，在还原状态下稳定性差。使用温度不宜超过 1500℃，因在 1500℃以上，氧化锡的挥发速度增大。SnO_2 的密度为 $6.5g/cm^3$。铅晶质玻璃对电极材料的要求主要是在玻璃液中不产生还原反应，抗玻璃液的高温侵蚀性能好，具有低的气孔率和高的导电率。该电极已在生产中获得广泛应用。

在氧化锡电极的发展过程中，出现过以下几种电极：ⅰ.由科哈特公司设计的电极。电极结构如图 5-18(a)；ⅱ.由派纳来吹公司设计制造的电极，电极结构如图 5-18(b)；ⅲ.由戴森公司设计制造的电极，其结构如图 5-18(c)；ⅳ.FH-T 电极，在前三种电极的基础上，英国 KG 公司首先用 T-KTG 材料制成了如图 5-18(d) 所示的氧化锡电极，用在全电熔窑上来熔制铅晶质玻璃，这种二氧化锡电极带有水冷的特殊"银接头"，它可以把电流直接带到氧化锡电极的高温部位；ⅴ.块状的氧化锡电极。二氧化锡可制成薄块状电极。图 5-19 是块状电极使用在料道中的结构。该电极在料道内不造成强烈的对流，而在料道内进行均匀加热，但其热效率低，电极损坏时需停炉进行维修。

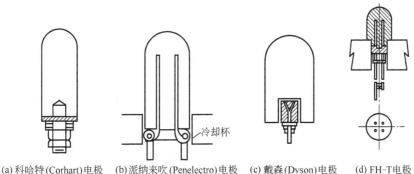

(a)科哈特(Corhart)电极　(b)派纳来吹(Penelectro)电极　(c)戴森(Dyson)电极　(d) FH-T电极

图 5-18　几种常用的氧化锡电极

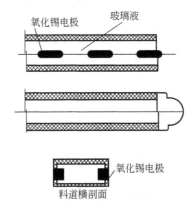

图 5-19　块状的氧化锡电极使用在料道上

5.3.2　电源供电和电极连接

对于小型的电熔窑，通常采用单相电源，容量较大者则采用两相或三相电源。多相供电电熔窑的形状和电气特性上可以是对称的，也可以是不对称的。对称系统有利于垂直熔化，均匀的释放能量，用加料机使得整个熔化池的表面产生均匀的配合料覆盖层。对称的三相电熔窑出料量可达 90t/d，两相型电熔窑可达 240t/d。非对称型系统具有一个不对称的能量释放形式，在电熔窑内产生不同的温度带。非对称系统电熔窑的控制是复杂的，这是因为在其电路中没有一个相对真实的、代表玻璃的熔化状态的电阻。

电熔窑所用的电源系统取决于电熔窑的形状与尺寸。电极可用多种方法进行连接，选择合适的连接方法的依据是：窑炉的几何形状、与工艺要求相适应的电流密度、电网负载平衡，并且要避免高的操作电压。对于电熔窑究竟应该采用单相、两相还是三相电源系统，只要系统设计得合理，三者都是可行的。

（1）单相系统

采用单相电源，如图 5-20 所示，电流从窑炉的一侧墙流向另一侧墙。不论采用板状或棒状电极，电流从池壁的一侧流向另一侧，都能达到均匀分布的温度场。单相系统多用于正方形或长方形低容量的电熔窑上，即日产量不超过 30t，功率可达 1500kW，一般不会出现相负荷的平衡问题，即使出现也可以使用相平衡设备。板状或棒状电极间的距离，可根据需要来调节，以达到均匀且较小的电流密度，为整个窑池内创造均匀熔化和澄清的良好条件。

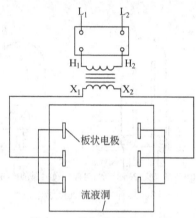

图 5-20　单相-板状电极系统

就小型单相电熔窑而言，板状电极实际上是极为适宜的。它们把电路长度增至最大并有效地利用了钼，从而产生均匀而又低的电流密度。

（2）两相系统

两相系统利用相角为 90° 的两个相，为了完成这种相的变换和提供一个平衡的三相初始负载，使用斯库特"T"形变压器供电（见图 5-21）。

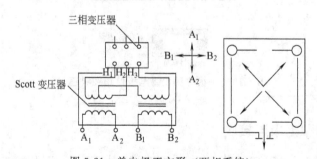

图 5-21　单电极正方形（两相系统）

为了利用 90° 的相关系所带来的好处，以及使得两相负载相等，电极的布置必须成一个正方形。正方形布置可以单个使用也可成倍地使用。

由于每个相都是对称的、相等的以及对角相的关系也是对称相等的，因此在电熔窑内进行的是均匀的功率释放。这些电熔窑实际上总是正方形的，或者其宽度是长度的整数倍的长方形。

每组电极可为单支电极、双支电极或三支电极，电极可以垂直或水平布置。电极作对角线连接才能保证熔化池内均匀地释放能量。

除了那些非常小的电熔窑，两相系统对大部分电熔窑尺寸都是特别适用的。不过，如果使用多于一个以上的正方形时，侧插棒状电极的使用就受到了限制。

不管是"单正方形"还是"多正方形"，这种系统的功率调节很容易用一台简单的初级三相调压器或其他的三相调节装置来完成。控制的简单正是因为它们的电路具有对称性和均匀性之故。

这些两相系统的电流、电压测量，同样地也与单相系统一样，并且真实地代表各相的运转特性。系统的对称性使得每一相对另一相来说都是相同和相等的。因此这种系统适宜于对玻璃的电阻或电导的控制。手控是一个直截了当的简单过程，操作者只需掌握好一个相的电流、电压就行，并且也无需分多区调节，整个电熔区就是看成一个简单的带。

这种系统的另一个明显优点是每一极可用多个电极而不破坏相等和均匀的电流分布，所有电路长度全部相等。这就使电极获得最佳的使用。各电极的电流值大小相互不超过±5％。

两相系统除了应用于特别小型的电熔窑外，大多数电熔窑都能适用。日产 240t 的电熔窑也可应用两相供电系统。

(3) 对称型三相系统

在一个三相系统中，见图 5-22，相与相的电压是处在 120°的相角上。设计的先决条件是要使功率释放均匀和对称。获得对称三相控制所使用的大部分办法就是采用六角形结构。电极可以采用棒状的垂直底插，也可以水平侧插。

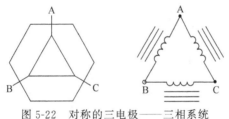

图 5-22　对称的三电极——三相系统

同样也有多重三相电源系统。图 5-23 是双△系统。这种排列，除 A、B、C 电极外，还有 D、E、F 电极。可以水平布置，也可以垂直地布置，使用到电熔窑的"垂直熔化"系列中。

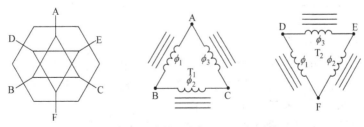

图 5-23　对称的六电极——三相系统

这些对称型的三相系统的使用一直限于小型和中型电熔窑中，亦即日产量不超过 100t

图 5-24　电熔窑变压器

的电熔窑。

5.3.3　供电装置

常用于玻璃电熔窑的供电装置有下述几种：可控硅＋隔离变压器；可控硅＋磁性调压器；感应调压器＋隔离变压器；抽头变压器；T 形变压器。图 5-24 为电熔窑变压器图片。

（1）可控硅＋隔离变压器

原理见图 5-25，一般为单相控制，用于硅碳棒加热元件或浸入式电极均可，若用于三相，既可用三个单相变压器各自独立调节，也可用一个三相可控硅控制系统带一个三相变压器。其优点为设备轻便，价格便宜。可控硅多使用调功器的过零（间断式全波）触发。但在浸入式电极中不常用，因为短促而高幅的一组组正弦波易使电极表面产生气泡。在钼电极或氧化锡电极的输电系统中，尽量采取连续的交流波加热。

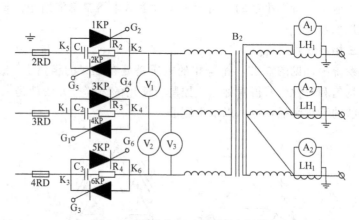

图 5-25　可控硅＋三相隔离变压器

该方案在用于浸入式电极时要注意以下两点。

ⅰ.由于其输出波形仍有少许间断，其前沿为突跳状，所以应加整形设备，例如电抗器，以使波形较为平缓，同时亦较为连续。

ⅱ.由于可控硅元件的离散度而可能使变压器二次侧（输出侧）上下波形不对称，由此产生的直流分量既可能导致电解而产生气泡，还可能加速电极的侵蚀。所以一般应在变压器二次侧辅加直流成分检测装置，并将信号反馈给控制装置。

（2）可控硅＋磁性调压器

单相、三相磁性调压器都是一种没有机械传动、无触点的调压器，可以带负载平滑无级调压。电压的调节是由直流励磁来控制的，可以开环手控，也可以按不同的信号实现闭环自控，它是自动控制系统中一种新型的执行元件。

如图 5-26 单相磁性调压器是饱和电抗器与变压器的有机结合，它是通过直流控制、直流改变电抗器铁芯的磁导率来调节的，其结构类似于一般电力变压器，主要是由铁芯、线圈（变压器初、次线圈 B_1 B_2 各两个，饱和电抗器工作线圈 G 及直流控制线圈 K 各二个）两部分组成。如图 5-27 三相磁性调压器是由饱和电抗器和变压器两部分组成，原理类似于单相磁性调压器。其结构上部是一个三相变压器，下部采用六只铁芯式饱和电抗器。磁性调压器兼有变压和调压作用，它主要用于高压输入、低压大电流输出的调压场合，由于它又具有理想的下坠外特性，因此，它可以用作恒流负载电源，对那些负载容易短路的场合尤为适用。

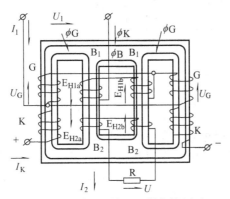

图 5-26　单相磁性调压器接线原理

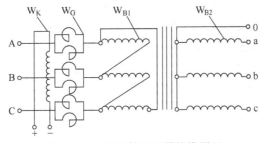

图 5-27　三相磁性调压器接线原理

直流线圈的直流电流，可以利用接触调压器通过桥式整流获得，也可用可控硅整流器获得，并可实现自动控制。图 5-28 为三相磁性调压器自动控温的典型方框图。

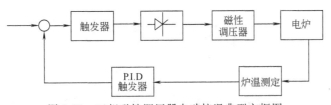

图 5-28　三相磁性调压器自动控温典型方框图

(3) 感应调压器＋隔离变压器

如图 5-29 所示的是简单的三相感应变压器。感应调压器＋隔离变压器这种形式的可控交流电压供电装置作为玻璃电熔化的电源，它的效率比抽头变压器稍低，但是它的最大优点则是具有连续调节电压的可能性，并因此可应用最简单的自动控制系统。为了与电熔窑配合使用，常采用双绕组，它在调节电压时如同单绕组一样，不会改变相位。

(4) 抽头变压器

绕组具有抽头的变压器是用在玻璃电熔中最简单的供电电源。抽头的三相变压器通常使

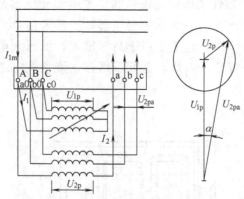

图 5-29　简单的三相感应变压器

用初级边绕组抽头,因为初级边允许采用额定电流较低的抽头换接开关。由于变压器抽头几乎常在无载状态下换接,因而可利用小型开关并且避免了触头烧毁。初级绕组的电压要适合电源电压,同时它的抽头选择要保证初级边在每步换接时有 3～6V 的电压余量。次级边的电压取决于玻璃液的电阻率和电极间的距离。

初级和次级绕组可能使用的各种重要连接方法见图 5-30。Ⅰ初级绕组的连接图（a）是星形连接；图（b）是三角形连接；Ⅱ次级绕组的连接图（c）是单星形连接；图（d）是单三角形连接；图（e）是断开的三个单线圈；图（f）是每相两个线圈串联、三相星接；图（g）是每相两个线圈并联、三相星接；图（h）是每相两个线圈串联、三相角接；图（i）是每相两个线圈并联、三相角接；图（j）是每相两个线圈串联、各相断开。通过连接线圈中点,可得六相变压器,使三相变压器的各个铁芯上的次级线圈都有引到外面端子的接头。最好使用由两个带有全部引出接头线圈组成的次级绕组,这些线圈既可串接也可并接,这样在次级边就能获得加倍的电压挡数。

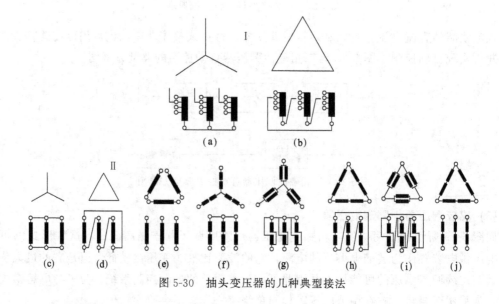

图 5-30　抽头变压器的几种典型接法

（5）T 形变压器

由于单相供电可能会造成整个三相电网的不平衡,使电网中性点飘移,功率因素下降,采用 T 形斯柯特（Scott）变压器供电是一种有效的解决方法，它可由三相电源变为二相电源。

两台普通的单相变压器，它们的一次线圈所用的导线一样，但一台的匝数为 W_1，且备有中间抽头；另一台的匝数为 $0.866W_1$，它们的二次线圈所用的导线也一样，并且匝数均为 W_2。把两台单相变压器按图 5-31 连接起来，然后把一次线圈接到三相电源上，两个二次线圈就产生相差 $90°$ 的两相平衡电压，这种接线方法形成的变压器就是 T 形接线变压器。根据电压向量图 5-32，加在匝数为 W_1 变压器上的电压等于三相的线电压 U_{BC}，加在另一台单相变压器上的三相电压等于三相电网线电压的 0.866 倍，二次线圈感应电势分别为 U_{bc} 和 U_{ax}，它们大小相等，方向相差 $90°$，$U_{bc} = jU_{ax}$。

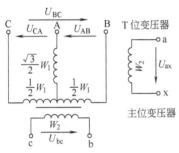

图 5-31　T 形斯柯特调压器原理图

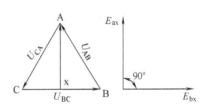

图 5-32　T 形斯柯特调压器电压向量图

T 形接线的磁调就是在此基础上，结合磁性调压器的电压调整原理而形成的。通常把前一台叫主位变压器，另一台叫 T 位变压器，分别在主位变压器和 T 位变压器铁芯旁辅以两个可以饱和的辅助铁芯，如图 5-33，在辅助铁芯上绕上可以调节铁芯饱和程度的交流控制线圈。

由于两个辅助铁芯的作用，可通过调节直流控制电流改变辅助铁芯的饱和程度，调节反馈线圈的阻抗，从而调整负载电压。当两组直流线圈并在一起时可以同时调节，当其中一台直流线圈上串一调节器时可以单独调节，工作原理见图 5-34。

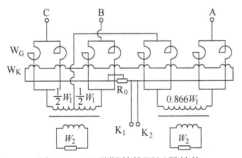

图 5-33　T 形斯科特调压器结构

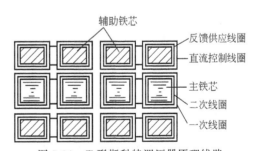

图 5-34　T 形斯科特调压器原理线路

斯柯特（Scott）变压器三相平衡运行的条件是变压器副边负载电流值相等，相位相差 $90°$。原边电流有效值 $I_A = I_B = I_C$，相位相差 $120°$。

由于斯柯特（Scott）变压器副边电压、电流均相差 $90°$，相互之间无干扰。

习　题

5-1　为什么说冷顶玻璃电熔窑熔化高挥发性组分的玻璃具有无比的优越性？

5-2　钼电极在使用过程中为什么要用水冷却？

5-3　在玻璃电熔窑的设计中使用 T 形斯柯特变（调）压器的目的是什么？

5-4　玻璃电熔为什么不能用直流电？

5-5　为什么全电熔玻璃熔窑的热效率比火焰玻璃熔窑高许多？

5-6　如何正确选择电极材料？

5-7　影响玻璃电导率的主要因素有哪些？

5-8　竖式电熔窑内玻璃熔化过程有何特点？为什么在火焰池窑内无法实现这样的熔化过程？

5-9　为什么说电熔窑生产中配合料覆盖层的厚度是重要的工艺参数？

5-10　如何处理电熔窑生产的停电问题？

第 2 篇　陶瓷材料热工设备

第6章
陶瓷工业窑炉概述

广义陶瓷一般指的是硅酸盐材料，包括普通陶瓷、玻璃、水泥和耐火材料等，普通陶瓷包括日用陶瓷、建筑陶瓷和工业陶瓷等这三类，而陶瓷窑炉是普通陶瓷制品制备过程中的核心设备。最早的陶瓷窑炉应该可以追溯到上古时期的露天焙烧，随着历史的变迁，逐渐演化出许多典型传统陶瓷窑炉，例如南方的龙窑、阶梯窑，北方的馒头窑、倒焰窑和轮窑等。倒焰窑和轮窑与近代窑炉有些类似，梭式窑就是在倒焰窑的基础上发展而来的，一般用于烧制小批量、高技术含量特种陶瓷制品，而旋转移动式隧道窑可以认为是在轮窑基础上发展而来的。随着两次工业革命的兴起，传统作坊式窑炉向现代工业窑炉转变，逐步出现了隧道窑、轮窑、回转窑、新型梭式窑及辊道窑等，其中典型代表就是隧道窑和辊道窑。隧道窑和辊道窑在大批量烧制日用陶瓷、工业陶瓷、耐火材料、建筑陶瓷及普通砖瓦等方面表现出了巨大优势，所以本书重点讲述隧道窑（第7章）和辊道窑（第8章），并对间歇窑和电热窑炉（第9章）及回转窑（第10章）进行了介绍，也对窑炉热工控制（第11章）进行了简要介绍。

6.1 陶瓷工业窑炉历史与现状

6.1.1 陶瓷窑炉历史

最早的陶瓷窑炉应该可以追溯到上古时期的露天焙烧，将燃料和陶器坯体放置在一起来进行加热［图6-1(a)］。露天焙烧热量散失太大，后续在此基础上又发展出了封闭式"一次性泥制薄壳窑"，如图6-1(b)所示，这种窑炉使用时临时搭建，烧成后拆除获取陶器制品。这种燃烧室和制品一体烧制方式和露天焙烧一样，所留痕迹和露天焙烧难以区分，典型代表有广东虎头埔窑坑遗址、吴城商代坑状窑址、河北易县燕下都战国时代坑状窑址等。研究资料表明，著名的秦始皇兵马俑也采用此类窑炉进行大规模烧制，至今西双版纳的傣族妇女，仍沿用这种原始的制陶方式。

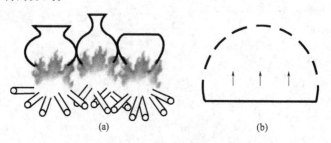

图6-1 露天焙烧和一次性泥制薄壳窑

升焰窑是随后出现的一类窑炉，与露天焙烧和一次性泥制薄壳窑最大的区别是燃烧室和烧成室分离，燃烧室热气依次通过火道和排烟孔对坯体进行加热。升焰窑又可分为横焰窑和竖焰窑（如图 6-2 所示），横焰窑燃烧室和烧成室大体上处于同一水平线，而竖焰窑两者处于同一垂直方向上。升焰窑具有现代窑炉基本组成部分和特征，但缺点也是热量散失较大，而且竖焰窑由于燃烧室和烧成室之间隔板承重有限，一般规模不大。升焰窑在仰韶文化地区和龙山文化地区遗址中多有发现，西安半坡遗址中也发现类似的"竖穴式窑"和"横穴式窑"。

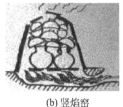

(a) 横焰窑　　　　　　　　　(b) 竖焰窑

图 6-2　升焰窑

随着釉的发现和瓷的发明，对陶瓷窑炉使用要求也越来越高了，尤其是要求窑温和烟气可控调节，产生带烟囱的窑就势在必行了。这类窑炉一般称为倒焰窑，其特点是烟囱深入窑的底部，热气上升到达封闭窑顶后又被向下的拉力吸引到火焰中继续进行余热利用，具体的又可以分为全倒焰和半倒焰。商周时期北方出现的馒头状圆窑就是典型的倒焰窑，典型产品如河南的钧瓷。到了战国时期出现了馒头窑和龙窑。馒头窑内部空间和外形似馒头，这种窑在我国北方较多见。馒头窑窑内容积一般在 $90\sim200\mathrm{m}^3$ 之间，窑前设有窑门，底部是通风坑道，窑背后设有烟囱。馒头窑靠烟道产生的抽力来控制窑炉内部气氛，烧结温度最高可到 1300℃ 左右，也可以进行还原性气氛烧结。龙窑是一种横焰式窑，一般依山而建，山底部设置火膛，顶部设置排烟口，烟气由底部向顶部运行，可以最大限度实现余热利用。龙窑长度最大可达 100m 左右，内宽 2~3m，内高 2.5~3m，使用燃料为松柴，后来逐渐改为煤粉。龙窑特点是升温快、降温也快，维持火焰和还原气氛时间长。龙窑在南方较多见，如广东石湾，浙江龙泉，福建德化、建阳、宜兴等，宋代著名的影青、油滴、兔毫以及吉州窑的鹧鸪斑、玳瑁等，大多出于龙窑，图 6-3 为阳羡龙窑古画和龙窑结构示意图。

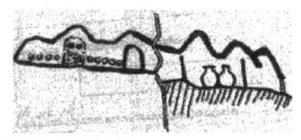

图 6-3　阳羡古龙窑古画和龙窑结构示意图

随着对火膛和容积不断增大要求，马蹄窑应运而生。马蹄窑最早出现在西周晚期，是在馒头窑基础上发展而来的，其形状方中带圆，下部大，上部小，很像马蹄下部的蹄甲。马蹄窑建造简单，投资少，窑炉较小，利于产品的更新换代，有灵活多变、适应市场的优点。到了唐代，窑炉的烧制气氛有所改变，但窑炉结构变化不大。元代时出现葫芦窑，主要集中在景德镇地区，葫芦窑结合了马蹄焰半倒焰和龙窑结构优点，其窑炉结构特点和运行过程在

《天工开物》有所描述，主要产品包括青花瓷。

阶梯窑最早出现在明代初期，是在"分室龙窑"结构基础上发展而来的，也是依山坡而建，不同的是在斜坡上形成了阶梯式，以福建德化地区最为著名，图6-4为阶梯窑结构示意图。阶梯窑各个燃烧室容积不等，一窑约有5~7室，长15~20m，砌筑时与山坡倾斜角度在10°~20°之间。阶梯窑前后窑室高度不等，呈阶梯式增加，隔墙下部有通火孔，单一窑室燃烧时，火焰自窑顶倒向窑底，经通火孔依次通过后面各室，最后自窑尾排走。阶梯窑最大优点是充分利用了废气预热，节省原料，而且窑内气氛容易控制，制品质量比龙窑好，温度可达1300℃以上。

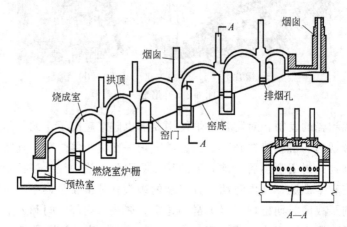

图6-4 阶梯窑结构

景德镇窑（简称镇窑）是在葫芦窑基础上发展而来的，最早出现在明末清初江西省景德镇，外形形似鸭蛋，也像一个前高后低的隧道，故有"鸭蛋窑"之称，如图6-5所示。镇窑一般长15~20m，容积300~400m³，最高内腔可达6m，适合大尺寸制品和多品种制品烧成。镇窑是以松柴为燃料，在控制烧成气氛和瓷器质量以及燃料消耗等方面，均较龙窑、阶级窑和馒头窑等为优。镇窑具有结构简单、建造速度快、基建费用少、产量大、周转期快等优点，可以快速烧成和快速冷却。

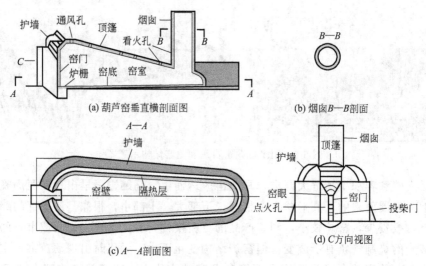

图6-5 葫芦窑结构

中国古代陶瓷窑炉对世界陶瓷行业发展做出了巨大贡献，然而近代闭关锁国式政策导致中国脱离了两次工业革命，与西方近代窑炉发展脱离，产生了巨大差距。近代陶瓷窑炉起源于英国的工业革命，传统作坊式窑炉向现代工业窑炉转变，初步出现了隧道窑、轮窑等，后续梭式窑、现代隧道窑及辊道窑等陶瓷工业窑炉也逐步出现。新中国成立后，国家对陶瓷的发展非常重视，一方面重视和强化原有陶瓷生产基地，培养了一大批陶瓷技术人才；另一方面从苏联引进一大批现代窑炉生产线，在此基础上组织人员消化并设计建造了许多现代陶瓷工业窑炉，实现了国产化，形成了研发机构和国有化生产并重局面，较为著名的研发单位。改革开放以后，大量国外先进窑炉被引入，国内陶瓷厂家如雨后春笋般大量涌现出来，国内陶瓷业在规模、产量、质量、技术等方面得到了空前提高；同时国内一大批陶瓷工业窑炉制造厂商，在消化吸收国外技术的基础上，自行设计建造了上百条、上千条针对不同陶瓷品种的陶瓷工业窑炉生产线。

6.1.2　陶瓷工业窑炉现状与发展

陶瓷工业窑炉发展与能源工业和自动测量及控制技术发展、新型耐火材料研制采用及陶瓷工艺技术的发展密切相关，例如清洁燃料使用、轻质保温材料和高温耐火纤维材料的使用、计算机技术的应用、新原料和配方采用等，因而陶瓷工业窑炉发展也从逐步从产量低、质量低、燃料消耗大、劳动强度大、烧成温度低、不能控制气氛，向产量高、质量高、燃料消耗低、烧成温度高、气氛可控、机械化和自动化程度高等方向发展，燃料从最初的木柴、煤向煤气、天然气发展。尤其是近年来，随着国家城镇化建设日益推进和环境保护政策逐步实施，陶瓷窑炉逐步向更高层次发展，例如天然气大规模使用、新型功能陶瓷和其他烧结类产品开发和生产等。未来陶瓷工业窑炉将向绿色窑炉方向发展，低消耗、低 NO_x 排放、低成本和高效率是主要评价标准，重点集中在低电耗降噪、燃烧机理、多功能涂层材料、保护耐高温陶瓷纤维、新型窑炉自动控制方式和窑炉废气净化研究等方面。

现代陶瓷工业窑炉按所用燃料分有柴窑、煤窑、油（轻、重）窑、燃气（天然气、煤气）窑、电窑等；按用途分有干燥窑、素烧窑、本烧窑、釉烧窑（烤花）等；按照产品烧成过程是否连续有间歇窑和连续窑之分；按形状可分为隧道窑、梭式窑、钟罩窑、方窑、圆窑、阶梯窑等；按窑内火焰是否直接接触制品分为明焰窑、隔焰窑；按产品在窑内的运载方式分为窑车式、辊道式、推板式等。

本书主要介绍隧道窑和辊道窑。

（1）隧道窑

隧道窑是一种连续式窑炉，在国外使用已经有一百多年历史了。新中国成立前国内只有一条隧道窑，随后国家大规模引进和自行建造了许多隧道窑，例如 1958 年山东博山瓷厂建成的中国第一条煤烧陶瓷隧道窑，1959 年西北建筑设计院在咸阳建造的燃煤气建筑卫生陶瓷隧道窑，1965 年湖南湘瓷厂建造的第一条燃重油建筑卫生陶瓷隔焰隧道窑。隧道窑采用连续式作业，因而具有产量高、劳动条件好、机械化和自动化程度高、余热利用好等优点，是现代陶瓷生产的主要窑炉，缺点是灵活性较差，窑内上下温差较大，窑内气密性也不高等。随着现代工业发展，利用一些先进技术对隧道窑进行改进也在日益进行，未来隧道窑将比现有隧道窑更为先进。

（2）辊道窑

辊道窑利用陶瓷辊棒进行制品传输，国内对辊道窑的研制和建造比较晚，1973 年和 1974 年沈阳陶瓷厂和辽宁海域县陶瓷四厂建成用于釉面砖快速烧成的辊道窑和日用瓷油烧烤花辊道窑。1983 年，中国建筑材料科学研究院研制成功了 26m 双层油烧釉面砖辊道窑，同年广东佛山引进了一条意大利建筑陶瓷辊道窑,随后国内辊道窑研制和建造得到了迅猛发展。

辊道窑主要生产一些薄件陶瓷制品,例如墙地砖之类。与隧道窑相比较,辊道窑窑内温场均匀,烧成周期短,产量高,节能效果好,易实现自动化,生产效率高,因此在国内得到了大规模推广应用。尤其是前几年伴随着城市规模扩大和农村城镇化政策实施,辊道窑生产规模和产量达到了最高,2016 年全国仅陶瓷砖产量就达到了 102.65 亿平方米。产品的种类也发生巨大变化,一系列新型功能陶瓷墙地砖,例如负离子砖、防静电陶瓷砖、自洁陶瓷砖等,先后涌现并实现量产。

6.2 现代陶瓷窑炉分类与作业制度

陶瓷工业窑炉主要用来对成形和干燥后的陶瓷坯体进行高温热处理,整个高温热处理过程与陶瓷坯体升温过程中的物理化学变化、运动过程、烟气流动过程、燃料燃烧过程、传热过程等密切相关,表 6-1 为陶瓷坯体烧成过程中的物理化学变化。

表 6-1 陶瓷坯体烧成过程中的物理化学变化

序号	温度范围	物理化学变化
1	20~200℃	干燥阶段,排除残余水分,H_2O 降到约 1% 以下
2	200~500℃	排除结构水、黏土矿物中的结晶水和层间水
3	500~600℃	石英晶型转化,β-SiO_2 向 α-SiO_2 转变,体积膨胀 0.82%
4	600~1050℃	氧化阶段,硫化铁氧化,碳酸盐分解,有机物氧化
5	1050~1200℃	燃烧产物中含有 2%~4% 的一氧化碳,制品中的氧化铁 Fe_2O_3(褐黄色)还原成氧化亚铁 FeO(青色),使坯体白里泛青
6	1200℃~最高温度	坯体中出现了玻璃相,达到致密化烧结。制品通过烧成带的时间长短决定于氧化、还原和烧结速度的快慢
7	最高温度约 700℃	处于塑性阶段,可以急冷而不开裂。急冷宜采用急冷气幕,即直接吹风急冷。直接吹风急冷还有阻挡烟气倒流、防止产品熏烟的作用
8	700~400℃	缓冷阶段,产品中存在石英晶型转化;产品中的石英晶型转化,有体积收缩。必须注意窑内温度均匀,使产品冷却均匀,才不会开裂
9	400~80℃	直接鼓风冷却

制品在烧成过程中,对所经历的炉内条件有一定的要求,而且由于制品的原料不同、形状不同、成品的要求不同,制品在窑内的装载方式也不同,图 6-6 为连续式窑炉运行系统。

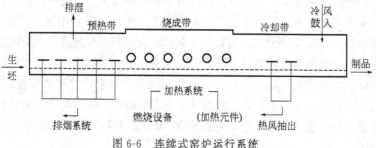

图 6-6 连续式窑炉运行系统

陶瓷工业窑炉类型不同,对烧成条件的要求也不同,这些所有的条件统称为烧成制度,图 6-7 为陶瓷工业窑炉烧成制度。烧成制度大体可以包含以下内容。

ⅰ.温度制度——温度-时间曲线；

ⅱ.气氛制度——氧化气氛/还原气氛；

ⅲ.压力制度——窑内气体压力分布。

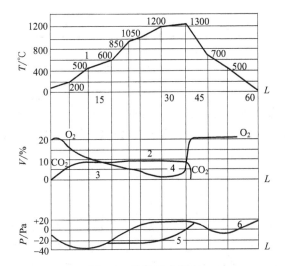

图 6-7　窑炉烧成制度

1—温度曲线；2—CO_2 曲线；3—O_2 曲线；4—烧还原气氛时 CO 曲线；

5—烧煤自然通风时压力曲线；6—烧油、气燃料时压力曲线；L—窑长

烧成制度的确定遵循以下原则。

ⅰ.各阶段应有一定的温度变化速率；

ⅱ.在适宜的温度下应有一定的保温时间，使得制品内外趋于一致，保证整个制品内外各种变化一致；

ⅲ.在氧化和还原阶段应保持一定的气氛制度；

ⅳ.全窑应有一个合理的压力制度，以确保温度制度和气氛制度的实现。

习　题

6-1　从现代工业陶瓷窑炉结构和运行角度对传统陶瓷窑炉进行认识。

6-2　阐述近代陶瓷工业窑炉起源与发展。

6-3　简要叙述近代陶瓷工业窑炉分类和烧成制度。

第7章

隧道窑

隧道窑是应用较多的一类生产日用瓷的连续式陶瓷工业窑炉，该窑特点是产量大、利用烟气预热、机械化与自动化程度比较好。本章对隧道窑结构、运行、设计进行详细的说明。

7.1 隧道窑结构

隧道窑是典型的连续式窑炉，广义的隧道窑指直通道、连续式烧成的窑炉，狭义的是指窑车式、直通道式和连续式窑炉。隧道窑利用烟气来预热坯体，最终烟气温度在 200℃ 左右。隧道窑分类方式较多，按采用燃料可以分为煤烧、油烧、气烧和电烧隧道窑；按制品运载方式可以分为窑车式和推板式隧道窑；按火焰与制品的接触情况可以分为明焰和隔焰隧道窑；按通道数分为单通道、双通道和多通道隧道窑；按照长度可以分为大型隧道窑（长100m以上，断面宽1～2m以上，高1～2m）和数米长小型隧道窑。

隧道窑结构主要包括窑体、燃烧系统、排烟系统、气幕装置、冷却装置等。窑体包括窑墙、窑顶、窑车和衬砖等，燃烧系统包括燃烧室（又称火箱）和烧嘴等，排烟系统主要由排烟机、烟囱及各种烟道、管道组成。排烟系统和气幕装置、冷却装置等使隧道窑窑内烟气按一定方向流动，排出烟气、抽出热风等，维持窑内一定的温度、气氛和压力制度。隧道窑运行系统如图 7-1 所示。

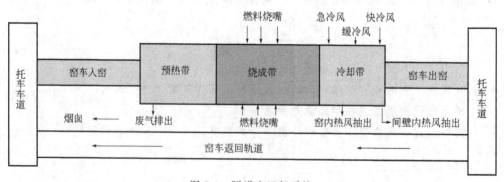

图 7-1 隧道窑运行系统

7.1.1 窑体结构

（1）窑墙

窑体由窑墙、窑顶和窑车组成，窑墙与窑顶一起，将隧道窑与外界分隔，让高温烟气在窑内与坯体进行热交换。窑墙支撑窑顶，要承受一定的重量。窑墙内壁温度约等于制品的温度，外壁接触大气，温度远远低于内壁，因而窑墙内外温差较大，部分热量通过窑墙向外散失，因而窑墙材料要具有较高耐火度、较高荷重软化温度、较好保温效果等。窑墙从里到外依次为耐火砖、隔热砖和建筑红砖。随温度不同而采用不同种类的耐火砖，1300℃ 以下用黏土质耐火砖，1400℃ 以下用高铝质耐火砖，1500℃ 用硅砖，1500～1600℃ 用镁铝砖，1800℃ 以下用刚玉砖，具体如表 7-1 所示。

表 7-1　窑墙用耐火材料

窑墙位置	耐火材料砌筑厚度	
	老式窑	轻型窑
内层	230～460mm 耐火砖	113～230mm 耐火砖
中间层	0～230mm 轻质隔热砖	50mm 硅酸铝纤维
外壁	120～490mm 建筑红砖	2～3mm 钢板

窑墙砌筑前首先要按照图纸找出中心线、喷嘴等孔洞中心线并作出标记。炉墙砌体为保证横平竖直，砌筑时应严格按皮数杆拉线。皮数杆安置于墙体两端部。所拉线绳一定要拉紧，拉紧后还要用水平尺检查线的水平度。砌砖时，墙面与线绳平行，不得撞着线绳（离开约 1mm）。砌墙时同一层砖内、前后相邻砖列和上下相邻砖层的砖缝应交错。窑墙有半砖、一砖、一砖半和两砖厚等砌法。炉墙为两种或两种以上砖砌筑，每一种砌体必须单独砌筑，犹如一堵单墙，内外墙互相咬砌。为了防止分离，墙面超过 1.5m 时，每隔 5～8 层，在砌砖层相重合的地方，即将一层砖材插入另一层砖材的砖层内，保证炉墙的整体性和稳固性。红砖、硅藻土砖一般不与耐火砖咬砌。墙上孔洞的筑砌方法如图 7-2 所示。

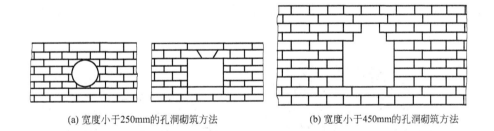

(a) 宽度小于 250mm 的孔洞砌筑方法　　　　(b) 宽度小于 450mm 的孔洞砌筑方法

图 7-2　隧道窑窑墙孔洞筑砌方法

（2）窑顶

窑顶材料同样要求具有较高耐火度、较高荷重软化温度、较好保温效果，还要结构好、不漏气、横推力小等，尽量减少窑内气体分层。传统隧道窑一般选择拱顶，而新式窑炉平顶用得较多。窑顶用材料由内向外依次包括内衬耐火砖、中间隔热砖和粉状或粒状保温材料。粉状、粒状保温材料包括硅藻土、粒状高炉矿渣、废碎耐火砖等，最外层可以平铺一层红砖。

① 平顶　平顶也叫悬挂式窑顶，主要有耐热钢穿轻型吊顶砖、T 形吊顶砖铺设薄盖板砖和轻型耐火砖夹耐热钢板用高温黏结剂粘合构成组合吊顶砖三种结构形式（图 7-3），具体不同吊顶结构将在第 8 章辊道窑中详细叙述，顶层铺设纤维棉或者粉状、粒状保温材料（包括硅藻土、粒状高炉矿渣）等进行保温。

近年来随着国家对工业固体废弃物再利用政策支持力度的加大，一种新型隧道窑应运而生。这种隧道窑窑顶采用表面涂覆高温涂料和耐火纤维毡直接铺设，而窑墙同样采用这类纤维毡进行建造。图7-3为国内某新型隧道窑厂家建设的隧道窑窑顶、窑墙结构示意图和所用耐火纤维板。这种采用表面涂覆高温涂料和耐火纤维毡进行隧道窑建造的方式大大缩短了工期，降低了窑炉建造成本。

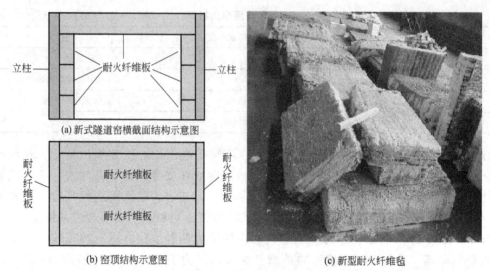

(a) 新式隧道窑横截面结构示意图

(b) 窑顶结构示意图

(c) 新型耐火纤维毡

图 7-3　耐火纤维板铺设式窑顶

② 拱顶　拱顶一般多用楔形砖筑砌而成，通多拱角砖和立柱进行位置固定。拱顶有错砌和环砌两种筑砌方法（图7-4）。错砌拱顶的优点是牢固严密，但是检查修理不方便；环砌拱顶的优点是容易修理以及各列砌砖能独立地膨胀，但缺点是不严密、强度小、透气性大。

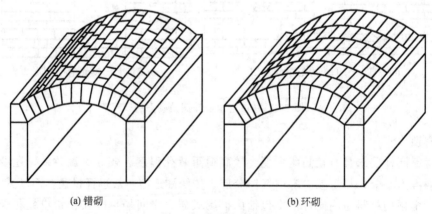

(a) 错砌

(b) 环砌

图 7-4　拱顶筑砌方法

图7-5是典型隧道窑断面示意图，拱高 f 一般和拱跨度 B 有以下关系：

半圆拱：
$$f = \frac{1}{2}B \tag{7-1}$$

标准拱：
$$f = \left(\frac{1}{8} \sim \frac{1}{10}\right)B \tag{7-2}$$

倾斜拱：

$$f=\left(\frac{1}{3}\sim\frac{1}{7}\right)B \tag{7-3}$$

平拱：

$$f=0 \tag{7-4}$$

$$R=\frac{1}{2f}\left[f^2+\left(\frac{B}{2}\right)^2\right] \tag{7-5}$$

$$\sin\frac{\alpha}{2}=\frac{fB}{f^2+\left(\frac{B}{2}\right)^2} \tag{7-6}$$

式中　α——拱心角，（°）；

f——拱高，mm；

B——拱跨度，mm；

R——拱半径，mm。

拱心角 α 为 60°，则拱高为 $0.134B$，拱心角 α 为 90°，拱高为 $0.2071B$。实际窑炉建造过程中可以直接从《筑炉工手册》选用标砖楔形砖及拱角砖。跨度 B 及拱高 f 确定好以后，利用公式(7-5)、式(7-6) 即可计算出拱半径 R 及拱心角 α，随后进行窑顶所需材料及楔形砖尺寸计算（图 7-5）。

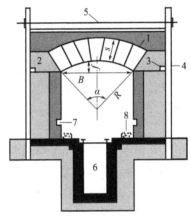

图 7-5　典型隧道窑截面示意图

1—拱顶；2—拱脚；3—横梁，4—立柱；5—拉杆；6—检查坑道；7—曲封；
8—沙封槽；R—拱半径；B—跨度；α—拱心角；s—拱厚；f—拱高

楔形砖 n_1 和直形砖 n_2 数目为：

$$n_1=\frac{\pi\alpha s}{180(a-b)} \tag{7-7}$$

$$n_2=\frac{\pi\alpha(R+s)}{180(a+c)} \tag{7-8}$$

式中　a，b——楔形砖内宽和外宽，mm；

c，s——灰缝和拱厚，mm。

隧道窑最大缺陷是热气体的向上流动造成窑内上下温差较大，因而从窑内温度的均匀性来看，拱高越小，窑内上下温差越小，最好是平拱。然而传统平拱耗用钢材多，砖形复杂，且拱顶不严密，而新型隧道窑窑顶采用轻质的纤维板则很好地解决了这个问题。

耐火材料是窑体主要组成部分，因而在进行窑墙和窑顶建筑时，选择合适的耐火材料是关键，耐火材料选择遵循以下原则。

ⅰ.掌握窑炉的特点　根据窑炉的构造、各部位工作特性及运行条件，选用耐火材料。要分析耐火材料损坏的原因，做到有针对性地选用耐火材料，确切了解所用耐火材料的部位的温度状况，该处是否受到高温熔融金属和炉渣的侵蚀，是否受到炉料、炉渣与炉气的冲击和摩擦等情况，结合各种耐火材料所具有的特性，将合适的耐火材料用到合适的部位。

ⅱ.熟悉耐火材料的特性　熟悉各种耐火材料的化学矿物组成、物理性能和使用性能，做到充分发挥耐火材料的优良特性，尽量避开其缺点。

ⅲ.保证窑炉的整体寿命　要使炉子各部位所用各种耐火材料之间合理配合，确定炉子各部位及同一部位各层耐火材料的材质时，既要避免不同耐火材料之间发生化学反应而熔融损毁，又要保证各部位的均衡损耗，或在采取合理措施下达到均衡损耗，保证炉子整体使用寿命。

ⅳ.实现综合经济效益合理　选用耐火材料要符合经济原则，在技术上满足窑炉或热工设备工作条件的前提下，尽量选用价格低廉、运输费用低的耐火材料，同时注意回收利用废旧耐火材料，要适应窑炉结构改革并有利于节约能源。

③ 检查坑道　检查坑道主要是用来清扫落下的碎屑和砂粒、冷却窑车、检查窑车，内宽一般在 1m 左右，深度在 1.8m 左右。检查坑道主要作用是发生倒垛事故时，可以拖出窑车，进行事故处理。

设置检查坑道的优点是采用固体燃料时，有利清扫灰渣，而采用液体燃料和气体燃料，可检查窑车，处理事故。将检查坑道封闭，在坑道内抽风和鼓风，维持坑道内与窑内同样的压力制度，可以确保预热带没有或较少冷空气自车下吸进窑内，减少温差，烧成带和冷却带较少气体向车下及坑道散失，减少热损。缺点是检查坑道的设置加深了地基的深度，增加了基建费用。隧道窑可不设检查坑道，或只在烧成带设置一段检查坑道，在烧成带前后开设事故处理口，以处理事故。

④ 窑门　窑门一般设置在预热带和冷却带，预热带的窑门保证窑内操作稳定，防止冷空气漏入以减少气体分层，减少上下温差。冷却带窑门防止出口端漏出大量空气，使产品能得到合理的冷却。窑门主要有升降式、金属卷帘式两种形式，升降式设置内外两道窑门，进车时开启外窑门，关闭内窑门，当窑车进入后，关闭外窑门，开启内窑门，要密切注意冷风漏进窑内对预热带干扰。金属卷帘式窑门由多块金属片组成，可卷曲。

⑤ 窑车、砂封及推车机

ⅰ.窑车　窑车在隧道窑的基建费中约占 25%，主要承载产品从窑头运送到窑尾的作用。窑车在整个运行期间一直处于循环加热和冷却状态下，要求具有较高耐热性和一定机械性能。窑车车架一般采用型钢或铸铁铆接而成，车衬采用耐火砖和轻质隔热材料或耐火棉和耐火砖组合，后者保温性能更好，更加轻质化，但造价稍高，裙板则用钢制成装在窑车两侧，裙板插入窑内两侧墙上砂封槽中，采用石墨或二硫化钼与机油调制的混合物作为润滑剂。

ⅱ.推车机　推车机装在隧道窑进车端，有间歇式和连续式两种。推车机主要作用是推动窑车平稳均匀运行，以免料垛倒塌。采用间歇式推车，窑车的运动时间数分钟，窑车以最大允许速度推进窑内，其余时间窑车处于静止状态，缺点是每车温度急剧改变，产品温度不均匀上升，如果推车较快，不平稳，易造成倒塌事故。预热带采用高速调温烧嘴，料垛间留有对准喷嘴的气体循环空隙，则必须采用间歇式推车。连续式推车窑车在窑内缓慢地向前移动，当进车和出车时，有几分钟的停车时间，优点是产品温度均匀上升、推车慢、平稳、不易出事故。连续式推车在不妨碍气体循环和不阻挡燃烧产物喷入料垛内部的情况下，火焰对准制品下部通道或窑车上的气体通道喷入。

ⅲ.曲封和砂封 封闭结构包括窑车间的曲折封闭、窑车与窑墙间曲折封闭以及裙板砂封（图7-6、图7-7）。砂封槽中盛有1～3mm砂子，构成了砂封，砂子被裙板带动从冷却带末端流出窑外，应由两侧窑墙上的加砂管定时补充砂子。加砂管设2～3对，分布于预热带及烧成带前或冷却带前。在冷却带末端设一对漏砂管。隧道窑砂封结构包括窑车两侧的裙板、窑墙内侧的砂封槽、砂子和加砂孔。

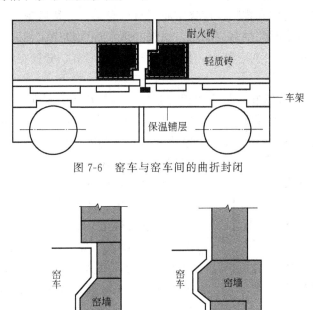

图 7-6　窑车与窑车间的曲折封闭

(a) 窑墙凹进曲折封闭　　　　(b) 窑墙凸出曲折封闭

图 7-7　窑车与窑墙封闭

7.1.2　燃烧设备

燃烧设备主要集中在烧成带，包括燃烧室、烧嘴和其他附属设备等。隧带窑烧成带剖面如图 7-8 所示。

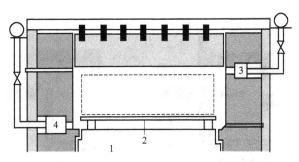

图 7-8　隧道窑烧成带剖面

1—移动窑车；2—固定窑车；3—上部烧嘴；4—下部烧嘴

（1）燃烧室

燃烧室一般分为三类，燃煤燃烧室、燃重油燃烧室、燃煤气和天然气燃烧室。一类燃烧室设置是烧嘴将燃料喷入燃烧室，燃料在燃烧室燃烧，燃烧产物喷入窑内加热坯体；另一类是将燃料直接喷入窑内燃烧。

① 燃烧室布置　隧道窑燃烧室的分布主要有三种，集中或分散、相对或相错和一排或二排。

ⅰ.集中或分散　隧道窑烧成带占全窑长度的15%～30%左右，一般从900～950℃左右到最高烧成温度布置燃烧室和烧嘴。燃烧室布置自低温起，先稀后密。根据热平衡或实际生产燃耗指标计算全窑每小时要烧多少燃料，燃料必须在烧成带烧完，采用多少燃烧室和烧嘴去实现。集中布置采用1～2对燃烧室，易于操作和自动调节，分散布置采用近10对或更多的燃烧室。

ⅱ.相对或相错　燃烧室在窑炉两侧相对布置，砌筑简单，易于安置钢架结构。相对布置，对着喷火口的两侧料垛温度较高，在烧成带长度上出现温差。相错布置是窑墙两侧燃烧室略有错开，窑内气体产生循环，可使温度进一步均匀。采用高速烧嘴，更应采用相错布置，相错间距以半个车位到一个车位为宜。对准烧嘴的料垛应留适当的气体循环通道，将喷火口对准装载制品的下部或垫砖通道，如图7-9所示。

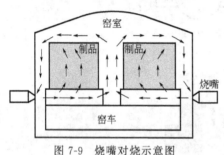

图7-9　烧嘴对烧示意图

ⅲ.一排或二排　一般燃烧室都是一排布置在近车台面处，喷火口对准窑车衬砖中的气体通道，或窑车面上垫砖通道及料垛下部。喷火口最高可达侧墙的70%。燃煤气隧道窑烧嘴布置较多，喷火口较矮。当料垛较密，或用棚板装车，上下气体沟通困难，为了避免下部温度高于上部，分上下两层布置烧嘴。顶烧式烧嘴隧道窑窑顶和侧墙不设燃烧室，煤气或油直接自窑顶数排烧嘴喷进窑内料垛空隙中燃烧。

② 燃烧室分类

ⅰ.燃煤燃烧室　燃煤燃烧室分为人工烧煤和机械烧煤两种。人工烧煤不稳定，劳动强度大，燃烧不完全，热耗太，但是设备简单，投资少。燃煤燃烧室隧道窑一般利用烟囱自然抽风，炉栅下敞开，炉栅有两类，分别是水平状炉栅和倾斜式炉栅（图7-10）。燃煤燃烧室隧道窑烧成带呈微负压，结构简单，预热带负压大，易漏进冷风，造成气体分层，上下温差大。

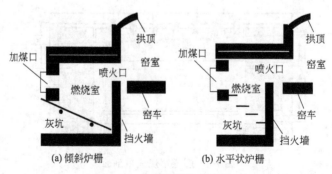

(a) 倾斜炉栅　　　(b) 水平状炉栅

图7-10　燃煤燃烧室炉栅

ⅱ.燃重油燃烧室　重油雾化后油滴大部分要在燃烧室内燃烧,产生的高温烟气进窑把热传给制品。重油燃烧室的温度比燃煤和燃煤气的高,容易烧坏燃烧室的内衬,因而燃烧室要建得大些,适当降低空间热强度,需用较好的耐火材料来砌。

高铝砖砌筑燃烧室时,要注意重烧收缩要小;硅砖砌筑燃烧室时,要留有足够大的膨胀缝,烘窑时加以小心。烧嘴要对准挡火墙,以免重油雾滴直冲料垛,造成结焦。燃烧室前有烧嘴砖,烧嘴砖的喷口做成喇叭状,其张角应和烧嘴扩散角相配合,否则燃烧室内易结焦。

ⅲ.燃煤气和天然气燃烧室　燃煤气和天然气的燃烧室结构类似,位置一般在两侧窑墙上,比燃煤或燃烧油的燃烧室尺寸小。早期隧道窑煤气或天然气在燃烧室内燃烧,而大部分隧道窑煤气或天然气则直接喷入窑内燃烧。这种直接喷进窑内直接燃烧的隧道窑不设燃烧室,在窑墙上布置燃烧通道。应将烧成带两侧适当加宽,在料垛中留空隙,使其具备足够的燃烧空间。

(2) 烧嘴

隧道窑宽度不大,要求比较短而软的火焰,因而多采用低压涡流式烧嘴。天然气、煤气或液化石油气用喷射式无烟烧嘴,较低的喷出速度,导致火焰长度上的温度降落大,与初喷火焰接触的制品温度高,而与火焰尾部接触的制品温度低,造成窑内温度不均。采用高速烧嘴,则克服了这个缺点。

隧道窑要求重油烧嘴雾化效果好、雾滴小而均匀、与空气混合要好,且火焰喷出短而软,不直接冲刷制品或匣钵,火焰扩散角适当（20°~30°）。图 7-11 为重油或柴油烧嘴与气体混合示意图。当喷油量发生变化时,要求空气能成比例地调节,能维持一定的气氛,同时要求结构简单,易于调节,操作方便,噪声较小。早期采用最多的是低压比例调节油烧嘴,用一般离心风机就可满足压力要求,动力消耗也小。大截面顶烧隧道窑所用煤气或油烧嘴采用脉冲式烧嘴,燃料喷出压力在 2~20atm（1atm＝101325Pa）,燃烧或雾化用的空气压力更大。国外采用机械雾化油烧嘴,压力在 70~120 表压,不用雾化介质,燃烧稳定。需要说明的是,早期隧道窑采用煤、重油等作为燃料,近年来,在国家注重环保、强调节能减排、倡导低碳的政策引导下,天然气作为一种高效、高热值、燃烧产生有害物质少的清洁能源燃料,在气体质量、输送使用、环境保护、减少大气污染等方面有着无法比拟的优越性。

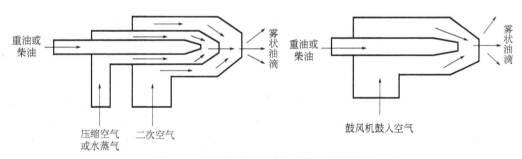

图 7-11　重油或柴油烧嘴与气体混合示意图

7.1.3　排烟系统

排烟系统包括排烟口、支烟道、主烟道、排烟机及烟囱等设备,如图 7-12 所示。

(1) 排烟口

隧道窑预热带设置分散的排烟口,分散排烟的目的是易于控制各点的烟气流量,保证按

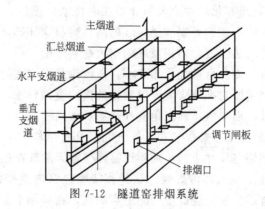

图 7-12　隧道窑排烟系统

烧成曲线进行焙烧。排烟口设置在窑墙下部，迫使烟气向下流动，以减少烟气分层现象。排烟口一般按烧成曲线在不同距离的温度转折点上进行设置。排烟口分布约占预热带全长的70%，往往自进窑第二车位起，每车布置一对排烟口。排烟口设置数目多，容易进行温度调节，图 7-13 为卫生陶瓷隧道窑预热带排烟结构。

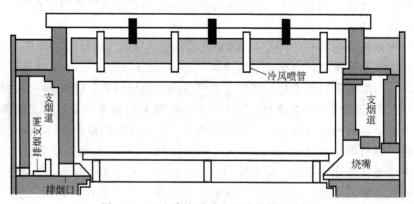

图 7-13　卫生陶瓷隧道窑预热带排烟结构

主烟道穿过窑底与另一侧主烟道汇合进入烟囱，烟囱在窑的一侧。这类布置方式结构复杂，主烟道基础深，不宜在地下水位高的地方砌筑，且较大阻力导致烟囱高度增加。另外一种方式是两侧主烟道平行至窑头会合再进烟囱，烟囱在窑头，主烟道平行砌筑，结构简单，阻力较小，烟囱高度 20 余米。

（2）烟道

烟道设计要求尽量减少阻力损失，烟气进入烟道即能顺利地排走。烟道应避免急剧弯曲，排烟系统的断面积在砌筑条件允许下大些好，但不能太大，以免浪费。主烟道以能顺利进行清扫灰渣为宜，排烟口、支烟道及主烟道多是砌在窑体内或基础内和地面下的砖砌管道，小型隧道窑可采用金属管将烟气引出窑外。

排烟口的总面积与支烟道的总截面积、主烟道的截面积、烟囱出口截面积三者在数值上相等。排烟口和支烟道中气体流速为 1.0～2.0m/s（标准状况），主烟道中和烟囱出口气体流速为 2.0～4.0m/s（标准状况）。采用高速调温烧嘴情况下，流速更大。烟气的流量根据燃料消耗数据可以算出，流速一定情况下，各处的截面积等于流速与流量比值。主烟道不宜过长，过长则散热损失大，烟气温度降落大，本身阻力也大，使烟囱抽力减小，因而在不影响操作的条件下，越短越好。但有的隧道窑因为烟囱建得过高，抽力过大，不得已将烟道延长，才好控制，这种设计是不好的。

(3) 排烟机及烟囱

隧道窑排烟方式有两种，分别是烟囱排烟和排烟机排烟，如图 7-14 所示。烟囱排烟作用是要有一定的高度造成足够的抽力能克服窑内的阻力，同时又能将烟气送到较高的空间去避免污染住宅区。排烟机排烟是采用机械抽风方式，窑内阻力由抽风机克服，但为照顾卫生条件，烟气也不能放在低空住宅区，还要另设烟囱。

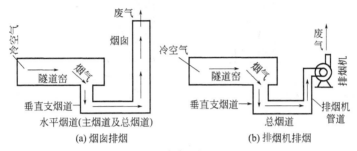

图 7-14　隧道窑排烟示意图

烟囱结构为下部高温段内衬耐火黏土砖，外砌红砖，上部低温段全用红砖，75m 以上外壳用钢筋混凝土。烟囱自顶至底，外表面有 1.5%～2.5% 的倾斜度。烟囱上口筒身厚度 120～240mm，自烟囱口位置向下延伸每 10～15m 分为一节，各节筒身厚度相同，下节比上节厚度增加 120mm。烟囱高度确定，由上口筒身外直径及倾斜度可以确定烟囱底的外直径、底部筒身厚度和底部内直径。

窑长尺寸小，阻力小，则采用烟囱排烟。烟囱排烟的优点是不受停电影响，平常费用少；缺点是受天气变化、外界空气密度变化，影响烟囱抽力，使窑内压力波动。烟囱基建费用高。当窑内阻力大、烟气温度不很高的情况，可采用排烟机，配以一个合乎卫生条件不大的烟囱。若排烟温度高于 300℃，需掺冷空气后使用排烟机。

窑内阻力等于烟囱或排烟机所要克服的窑内阻力，应该自窑内零压面算起，经料垛、排烟口、支烟道、主烟道到烟囱底的全部阻力。采用排烟机，后面的烟囱又不足以克服其本身的阻力，则排烟机还要考虑克服这个阻力。可以两窑共用一个烟囱，烟气流量是两窑之和，阻力却是一个窑的阻力。要在烟囱底内部砌一不高的隔墙，以免两股烟气相撞产生涡流，增加阻力。

7.1.4　气幕装置

隧道窑预热带处于负压，易漏入冷风，而且冷风密度大，沉在下部，迫使热气体向上运动，产生冷热烟气分层现象，上下温差最大可达 300～400℃，一般采取气幕或循环装置克服预热带烟气分层现象。气幕是在隧道窑横截面上，自窑顶及两侧窑墙上喷射多股气流进入窑内，形成一片气体帘幕。窑头有封闭气幕，预热带有循环和搅动气幕，烧成带有氧化气氛气幕，冷却带有急冷阻挡气幕。

(1) 封闭气幕

封闭气幕位置在预热带窑头，气体来源为车下热风或冷却带抽出的热风或烟气，由窑顶和两侧开孔送入，在窑头形成 1～2Pa 正压，阻止外界冷空气入窑。间歇式推车气体以与窑内气流垂直的方向送入，如图 7-15 所示；连续式推车气体在两侧窑墙上向进车方向的 45°缝隙喷出，如图 7-16 所示。

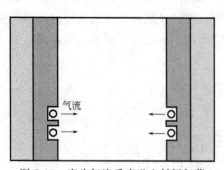

图 7-15 窑头气流垂直送入封闭气幕

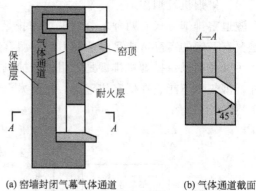

(a) 窑墙封闭气幕气体通道　　　(b) 气体通道截面

图 7-16 窑头气流 45°夹角封闭气幕

（2）搅动气幕

搅动气幕一般设置在预热带，隧道窑一般在在 600～800℃ 区间设置 2～3 道搅动气幕。具体设置是将一定量的热气体以较大的流速和一定的角度自窑顶小孔喷出，迫使窑内热气体向下运动，产生搅动，使窑内温度均匀。气流喷出角度可以是 90°垂直向下，也可以是120°～180°角逆烟气流动方向喷出（图 7-17）。

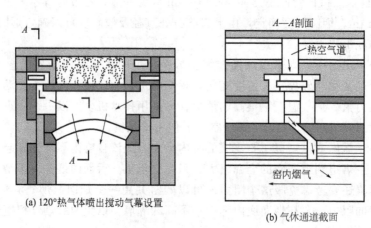

(a) 120°热气体喷出搅动气幕设置　　　(b) 气休通道截面

图 7-17 搅动气幕

搅动气幕热气主要来源是烟道内的烟气、烧成带窑顶二层拱内的热空气或冷却带抽来的热空气。利用高速调温烧嘴结合冷风喷管也可以达到搅动目的，具体设置是在温度较低的预热带通过窑墙底部设置高速烧嘴，上部加冷风喷管来使窑内温度更加均匀，如图 7-18 所示。

（3）循环气幕

循环气幕是利用轴流风机或喷射泵使窑内烟气循环流动，以达到均匀的窑温目的。轴流风机一般装在窑顶洞穴中，叶片不超出拱顶面，机轴后面有夹道作为通向侧墙车台面处的吸气口，将同一截面上的烟气抽吸并自窑顶吹向下部。采用喷射泵循环气体时，将同一截面上的烟气抽出后又送入，在该处造成负压，形成烟气循环，减少上下温差，如图 7-19 所示。

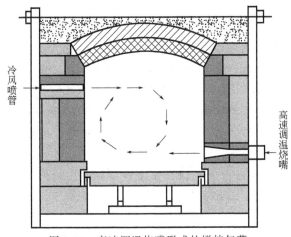

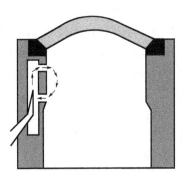

图 7-18　高速调温烧嘴形成的搅拌气幕　　　　图 7-19　喷射泵气体循环

（4）气氛气幕

制品烧制需要还原气氛时，一般要在 900℃前需充分氧化，因此还原带前应设置氧化带。一般在气氛改变的地方，950～1050℃处设置气氛气幕。窑顶及两侧窑墙喷入热空气，使与烧成带来的含一氧化碳的烟气相遇而燃烧成为氧化气氛。气幕的气体量要足够，使氧化反应完全。气体不能过多，且温度不能太低，以免该处温度过低，氧化反应不完全。气体为从冷却带、窑顶二层拱中、间接冷却壁中抽出的热空气，经烧成带二层拱加热。热气体沿着与窑顶和两侧窑墙成 90°角的喷气孔喷出，上密下稀，如图 7-20 所示。

（5）急冷阻挡气幕

急冷阻挡气幕主要采用冷空气、温度低的热气体自侧墙和窑顶喷入，达到急冷产品目的，结构同窑头封闭气幕类似，如图 7-21 所示。急冷阻挡气幕对准料垛间隙喷入，能迅速循环，均匀急冷制品。喷入的热气体应在缓冷带抽出，须调节好急冷阻挡气幕和热空气抽出量，务必使达到平衡，否则会影响窑的正常操作，并降低产品质量。

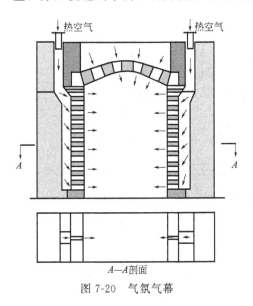

图 7-20　气氛气幕

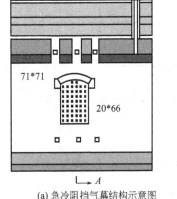

（a）急冷阻挡气幕结构示意图

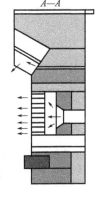

（b）A—A 剖面

图 7-21　急冷阻挡气幕

7.1.5 冷却系统

制品进入冷却带，热量传递给入窑冷空气及窑墙、窑顶，冷却后出窑。冷却方法分为自然冷却和强制冷却。强制冷却是直接鼓风入窑冷却产品，又分为直接冷却和间接冷却。直接冷却方法是在最高温度至700℃段鼓风入窑内使产品急冷，冷却带末端鼓入冷风使产品强制冷却；间接冷却是通过冷却窑墙、窑顶等方式来实现降温目的。明焰露装隧道窑要将冷风喷向垫砖或窑车的气体通道，避免冷风不均匀地冲击产品，或将冷风经过夹壁后再向窑内喷出。

缓冷带抽热风口具体位置从700～400℃每车位一对，设在窑车台面处，也可设上下两排抽热风口（图7-22）。抽出的热风可以用来干燥湿坯，供各个气幕，在烧成带作为一次或二次风助燃。

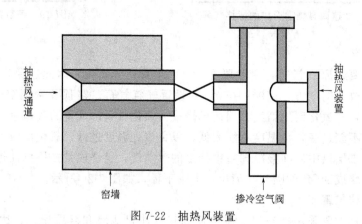

图 7-22　抽热风装置

窑尾直接冷却时，窑尾冷风直接鼓入要以窑顶鼓入为主，两侧为辅。冷风送入方向为与隧道窑中心线成30°～60°角。在冷风送入的前端要有一个空间，以免冷风受到窑墙或产品阻挡而向出车端外溢。直接冷却的冷却带结构见图7-23。

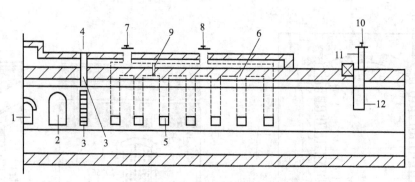

图 7-23　直接冷却的冷却带结构

1—燃烧室；2—事故检查孔；3—急冷气幕孔；4—急冷气幕送风；5—热风抽出孔；6—热风道；7—抽送去助燃；
8—抽送去干燥；9—热风道分隔闸板；10—冷风送入；11—冷风喷头；12—冷风入口

窑尾间接冷却主要是将冷空气鼓入两侧窑墙中间的空隙夹壁，而窑顶双层拱内抽出热空气作气幕、助燃风及干燥使用。图7-24为设有引射装置的间接冷却带结构。

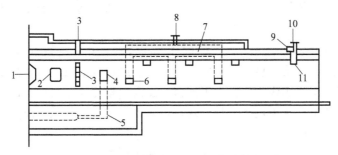

图 7-24　设有引射装置的冷却带结构

1—燃烧室；2—事故检查孔；3—急冷气幕；4—助燃用热风抽出口；5—引射装置；6—热风抽出孔；
7—热风道；8—抽进去干燥；9—冷风送入；10—冷风送入；11—冷风喷头

7.1.6　钢架结构和窑炉基础

隧道窑用钢架结构是为了克服拱顶的横推力，须算出拱半径、拱心、拱顶各层材料的厚度及其密度，沿窑长度设置立柱之间的距离、上下拉杆中心线间的距离、上拉杆至拱脚中心线的距离。窑炉基础一般采用三合土、毛石、砖块或混凝土和钢筋混凝土等做成用于支持窑体所受重力的基础。窑炉基础放在地基土壤上，是最低紧贴地基土壤的厚 $400\sim500mm$ 的灰土层（3∶7），上面铺设 $100mm$ 厚的 M7.5 混凝土，混凝土之上再砌 $250mm$ 砖层。

7.2　隧道窑烧成制度

7.2.1　气体流动

压头是指窑内 $1m^3$ 热气体与窑外 $1m^3$ 空气的相对能量差。窑内热气体的能量压头和窑外冷空气的能量压头差，引起窑内气体按照一定的流动方向进行流动。窑内气体流动的因素包括几何压头、静压头、动压头和阻力损失压头。

（1）几何压头

隧道窑几何压头值大小的主要决定因素是窑内热气体的密度与窑外冷空气的密度差异和窑内高度。几何压头的存在导致窑内热气体由下向上流动。气体温度越高，几何压头越大，向上流动的趋势也愈大。

$$h_g = H(\rho_a - \rho)g \qquad (7-9)$$

式中　h_g——几何压头，Pa；

　　　H——窑内高度（自车台面起），m；

　　　ρ_a——外界空气密度，kg/m³；

　　　ρ——窑内热气体密度，kg/m³；

　　　g——重力加速度，9.80m/s²。

预热带上部烟气流动方向和循环气流方向相同，下部相反。预热带垂直断面，流速是上部大而下部小，因而预热带热烟气，应从下部抽出，迫使烟气往下流。冷却带流速是上部小而下部大，冷却带应上部鼓入冷风，迫使冷空气多向上部流动，进而使隧道窑内上下气流均匀，温度均匀。

烧成带燃料以较大速率喷入窑内，形成较大的扰动作用，导致烧成带窑内上下温差不大。冷却带有急冷风、窑尾直接喷入的冷风以及抽热风，也形成强烈的扰动，上下温差也不严重。预热带处于负压下操作，从窑的不严密处漏入大量冷风，料垛上部和拱顶空隙较大引起上下阻力差异，窑车衬砖吸收了大量的热，迫使密度较小的热烟气向上流动，加大了窑内上下温度差异，温差可达 300~400℃。

克服预热带气体分层现象，减少上下温差的方法如下。

① 从窑的结构上　预热带采用平顶或降低窑顶高度（相对于烧成带来说）；预热带两侧窑墙上部向内倾斜，作用是减少上部空隙，增加上部气流阻力，减少上部热气流。缩短窑长，减少窑的阻力，减少预热带负压，减少冷风漏入量；适当降低窑的高度，减低几何压头的影响；窑砌成矮而宽的扁窑，烟气排出口设置在下部近车台面处，迫使烟气多次向下流动。设立封闭气幕，减少由窑门漏入的冷风量；设立搅动气幕，使上部热气向下流动；设立循环气流装置，使上下温度均匀；提高窑内气体流速的措施；增加动压的作用，削弱几何压头的作用。

② 从窑车结构和码坯方法上　减轻窑车重量，用高强高温轻质隔热材料，减少窑车吸热；窑车上砌有气体通道，使一部分热气体能从通道流过，提高隧道窑下部温度；严密窑车接头，砂封板和窑墙曲折封闭，减少漏风量；料垛码得上密下稀，增加上部阻力，减少下部阻力；适当稀码料垛，减少窑内阻力，减少预热带负压，减少冷风漏入量。

③ 在预热带设置高速调温烧嘴　热气体自窑车台面处高速喷入窑内，提高下部温度，引起窑内气体循环扰动，使料垛上下、左右、前后和内外温度均匀。

(2) 静压头

$$H_s = P - P_a \tag{7-10}$$

式中　H_s——静压头，Pa；

P——窑内压强（绝对压强），Pa；

P_a——窑外空气压强（绝对压强），Pa。

隧道窑静压头作用是引起气流方向由压强高的地方流向压强低的地方，具体设备包括鼓风、抽风、排烟等。通过鼓风和排除烟气使窑内气体的压强和外界空气的压强不同，给窑内造成各种静压头，窑内鼓风处呈正压，窑内抽风处呈负压，正压至负压之间存在零压处。

① 机械通风和烟囱对窑内静压头影响　隧道窑从长度方向看，烧成带由于煤气或重油的喷入，造成微正压，预热带由于烟囱或排烟机抽走烟气而呈负压，冷却带急冷气幕喷入处和窑尾直接风鼓入处为正压，而抽热风处为负压，气体的流向是由急冷处和窑尾流向抽热风处。

② 窑内几何压头对静压头的影响　一般来说，隧道窑内上部的几何压头＋静压头＝下部的几何压头＋静压头，下部几何压头最大，静压头最小，上部几何压头最小，静压头最大；任一垂直断面，上部静压总是大于下部静压，最多也只能出现一条零压线。在烧成带，长度方向为正压段，上部正压大，下部正压小，全断面均呈正压；预热带，长度方向为负压段，上部负压小，下部负压大，全断面均呈负压；烧成带与预热带交界处为零压地段，或上、中部微正压，下部零压，或上部微正压，中间零压，下部负压，或上部零压，中、下部

负压。下部零压偏于烧成带，上部零压偏于预热带，中部零压在两带交界面附近。

应控制预热带和烧成带交界面的零压位置，零压位置（中部零压）如过多地移向预热带，会使烧成带正压过大，有大量热气体逸出窑外，损失热量，恶化操作条件。如零压过多地移向烧成带，（自然排风烧煤的隧道窑），会使预热带负压过大，易漏入大量冷风，造成气体分层，上下温差大，延长了烧成时间，多消耗了燃料。冷却带的零压位，在急冷气幕和抽热风口之间，在窑尾和抽热风口之间（窑尾无鼓风，窑尾即为零压），控制好急冷处和窑尾的正压以及抽热风处的负压大小，就可稳定零压位，使冷却带气体平衡，鼓入和抽出的气体量平衡，不干扰烧成带，不会产生烟气倒流，避免产品熏烟。烧煤气或重油的隧道窑，适当扩大烧成带截面积，能避免该带正压过大，减少热损失，也扩大了燃烧空间，可以多烧燃料，又增加了气体辐射层厚度，提高了气体辐射传热系数，为快速烧成准备了条件。

（3）动压头

$$h_k = \frac{\omega^2 \rho}{2} \qquad (7\text{-}11)$$

式中　h_k——动压头，Pa；

　　　ω——窑内气体流速，m/s；

　　　ρ——窑内气体的密度，kg/m³。

动压头通过隧道窑内气幕和循环装置实现，机械强制通风的窑炉，气体流速大于 1m/s（标准状况），窑内的几何压头影响可不考虑。快速烧成的窑炉，气流的方向主要决定于动压头的影响。增加流速可提高对流传热系数，缩短烧成时间。

（4）阻力损失压头

阻力损失是指窑外管道系统阻力损失和窑内阻力损失的综合，阻力包括摩擦阻力、局部阻力和料垛阻力。窑外管路阻力取决于风机压强和功率或烟囱高度，应合理设计管道的长度、直径和布置方式，力求降低窑外阻力损失，达到最经济的风机和烟囱设计。

窑内阻力损失影响因素包括窑的长度、截面积、料垛码法、烧嘴、鼓风、抽风和排烟口的布置、窑产量和燃料消耗量等，窑内的阻力损失靠消耗静压头来弥补。窑内阻力损失大，用于克服阻力的静压降也大，窑内的正压和负压都大。正压过大，则漏出热气过多，燃料损耗大，操作条件恶化；负压大，漏入冷空气必然多，气体分层严重，上下温差大，延长了烧成时间，多消耗了燃料。

① 摩擦阻力

$$h_f = \frac{\varepsilon \omega^2}{2} \rho \, \frac{l}{d} \qquad (7\text{-}12)$$

式中　h_f——摩擦阻力，Pa；

　　　ε——摩擦阻力系数，约为 0.03～0.05；

　　　ω——气体流速，m/s；

　　　ρ——气体密度，kg/m³；

　　　l——气体通道长度，m；

　　　d——气体通道的当量直径，m。

窑内的气体摩擦阻力和窑的长度成正比，窑愈长，阻力愈大；和气体通道的当量直径成反比，通道尺寸愈大，阻力愈小。这里的通道是指料垛间的气体通道和料垛与窑墙、窑顶之间的空隙。一般来说要尽量减少料垛与窑墙、窑顶间的空隙，以免该处阻力过小，过多的热气体流过此空隙，造成料垛内外温度不均。

② 局部阻力

$$h_f = \frac{\rho \varepsilon \omega^2}{2} \tag{7-13}$$

式中 h_f——局部阻力，Pa；

ε——局部阻力系数；

ω——气体流速，m/s；

ρ——气体密度，kg/m^3。

料垛阻力看作一个局部阻力，一般认为每 1m 窑长的料垛阻力为 1Pa。隧道窑中大部分气流是由靠窑墙窑顶的大空隙中流过，小部分气流由料垛内部通道流过，造成料垛内外温度不均匀。料垛内部码得太密，周围和窑墙、窑顶距离太大，造成周边过烧而内部生烧。适当稀码，使大量气流通过，易于升温或降温，可以快速烧窑。码垛上密下稀，增加上部阻力，避免上部过多气流通过，削弱几何压头影响，可以减少气体分层现象。料垛中平行于窑长方向必须有通道，使热气体流过，供给足够的热量，将制品烧熟。适当的留一定的垂直于窑长方向的水平通道，尤其是采用高速烧嘴时，这种水平循环通道不可少。

7.2.2　燃料燃烧和传热

燃料燃烧涉及到单位时间燃料和空气消耗量、燃烧温度计算、烧嘴选型等。燃烧温度根据以下公式计算：

$$t_{理} = \frac{Q_{低}^{燃} + C_{燃} t_{燃} + V_{空} C_{空} t_{空}}{V_{燃} C_{烟}} \tag{7-14}$$

式中 $t_{理}$——理论燃烧温度，℃；

$Q_{低}^{燃}$——燃料的低热值，kcal/kg；

$C_{燃}$，$C_{空}$，$C_{烟}$——燃料、空气和烟气平均比热容，kcal/kg 或 kcal/(m^3·℃)；

$V_{空}$，$V_{燃}$——实际燃烧所用空气体积和生成烟气体积，m^3；

$t_{燃}$，$t_{空}$——燃料入窑温度和空气的温度，℃。

隧道窑燃烧产物或烟气将热以对流及辐射的方式传给制品。辐射传热与绝对温度的 4 次方成正比，温度增加，辐射传热增加极快，在 800℃ 以上的高温阶段，以辐射传热为主，在 800℃ 以下的低温阶段以对流传热为主。隧道窑内的气体处于湍流状态，在高温阶段，对流传热要和辐射传热同等看待。冷却带产品以辐射方式把热传给窑炉墙壁和拱顶，靠空气对流带走产品表面热量。

隧道窑的窑墙、窑顶温度以稳定的导热方式传至外表面。外表面热量向周围外界辐射，外界空气的层流对流将外表面的热量带走。预热带和烧成带制品和窑墙之间没有传热。窑墙、窑顶散热大，窑内码满料垛，料垛外部空隙比中部空隙小，气体辐射层厚度小，辐射给窑墙、窑顶的热量不多。气体对流和辐射给窑墙、窑顶的热量等于墙、顶向外散失的热量，采用保温较好的耐火材料，取消匣钵，扩大气体通道，并采取高速烧嘴，增加对流传热，则气体传给墙、顶的热量多，墙、顶向外散失的热量少，其内表面温度必然高于制品温度，从而有热量自墙、顶辐射给制品。

7.3　隧道窑烘烤、故障处理和检修维护

7.3.1　隧道窑烘烤

砌筑或修理好的窑炉在正常运行前须进行烘烤，烘烤主要目的是窑体、烟道、烟囱等均匀受热，均匀排除其中的水分，均匀膨胀，防止砌体开裂，确保窑炉的使用寿命和安全生产。烘烤后期要求使窑内热工制度接近或达到最高烧成温度；进入调试阶段，应使窑内热工制度符合制品烧成实际要求。

以明焰隧道窑烘窑操作要点为例进行说明，燃烧室（烧嘴）点火顺序是先高温部分后低温部分。两排烧嘴点火则先下部后上部，对侧错开，严格控制升温速度

ⅰ.有计划地推车进窑　温度300℃时，一空一满交错进车，利用窑车的蓄热实现冷却带温度按照降温曲线要求分布。窑车可载空匣钵，车上的装载密度比正常得小，逐步增加，最初车速为每3h一车，逐渐加快。排烟支闸依次关小，窑头一对最小或全关，靠烧成带一对最大或全开。500℃以上时可连续进满车，进满车次序应先"模拟车"，后半成品车（先小件，后大件；先无套装的，后有套装的），进车速度逐步加快，保证第一辆装有半成品的窑车进入烧成带时，烧成带的最高烧成温度和气氛制度都已达到制品的要求。

ⅱ.适时启动风机　烧成带窑温升到500℃左右时，启动排烟风机（没有烟囱排烟的窑，烘窑一开始就要启动）；在点燃喷嘴前启动高压（助燃）风机；700～800℃启动冷却带抽热风机、车下冷却风机和窑头封闭气幕风机，逐步启动急冷风机、气氛气幕风机和窑尾风机，并逐步调整闸板开度，调节烧成带气氛和冷却带温度。1200℃左右，装有半成品的窑车可推入窑内，车速每小时一车。

7.3.2　隧道窑故障及处理

（1）倒车

窑车上的坯体在隧道窑内发生倒塌的现象，称"倒车"。倒车事故原因有装车不符合要求、坯垛不稳、垫砖松动等。因入窑坯体水分过高、预热带窑头温度过高或者预热带上下温差过大造成的炸坯体，也可直接造成坯垛倒塌。炸片碎屑也可能卡在窑车与窑墙之间的间隙内，造成进车阻力加大，料垛或垫砖移动，最终引起料垛倒塌。

倒车事故发生后，须及时解决，具体措施，要根据具体情况确定。

ⅰ.轻微倒车或发生在冷却带的倒车，有时可不用停窑处理，而随车推出。

ⅱ.若倒车发生在预热带头部几个车位，可将燃烧室停火，打开窑门，利用推车机或回车机等将窑车逐个拖出，直到把事故窑车拖出后，再继续进车。

ⅲ.若事故发生在烧成带附近，应尽量利用烧成带前后的事故处理孔处理。

ⅳ.若事故发生时已过冷却带事故处理孔，且倒车严重，继续进车会使倒车范围扩大时，应该停火并停止冷却带鼓风，打开冷却带窑门，从尾部将窑车逐个拖出，直到可顺利进车为止。

（2）窑车烧坏

窑车下部温度过高，轻则会使窑车轴承的润滑油烧干、烧焦；重则使裙板和砂封板变

形，造成窑车无法正常运行。窑车烧坏一般发生在烧成带和冷却带，原因主要是窑车上部压力过高（相比车下），或者窑车上下密封不严导致的。

解决方法是降低车下温度，车下吹风冷却；适当提高车下压力，使窑车上下压力平衡；搞好窑车的密封，砂封每班要定量加砂，保证密封作用；若裙板已发生变形，要及时处理平整，否则密封不好，窑车烧损更严重。

7.3.3　隧道窑检修与维护

排烟口可制成圆形，也可制成矩形。每到年底多数企业的生产受到天气或春节休假影响，总会停产一段时间，正好可以利用这段时间对隧道窑进行全面的检查维修或技术改造，以利于来年生产更加便捷与高效。窑炉熄火后经过三天左右的降温，就可以把窑内的窑车全部拉出来。通过对窑内外和相关附属设施、设备仔细的查看，根据了解到的各处的老化、受损情况，然后制定出维修方案。

检查维修首先包括以下几个方面。压力排烟，查看总烟道、支烟道内是否漏气，有无裂缝、坍塌等现象，对烟尘、锈渍等影响通风的杂物都要做清理，对于锈蚀严重的金属管道进行焊补或换新；清理烟道内的碎坯块，修复因坯垛的倒塌而擦损的排烟口墙壁；了解风闸的使用状况，包括耐久程度和关闭后是否严实、能否灵活的开启与关闭等方面；顺便查看余热抽取系统是否正常，并对其做一一的维护。以下部位应重点检查。

（1）窑墙和窑顶

检查窑墙是否有裂缝、凸出的现象，对于一些细微的裂缝并且数量不多时，可以不予理睬，对大于2mm的缝隙要认真考究，尤其窑顶如果伴有砖块下坠凸出就要对其修缮，否则程度轻微的易擦塌砖垛，严重的在运行中坍塌造成被迫熄火，甚至导致伤亡事故的发生。查看高温段窑墙、窑顶有无泡状、瘤状物出现，这多是因为材质低劣或砌筑的方位不妥，或者长度不足所致的高温烧损。查看收缩、膨胀缝隙内是否有碎砖块等杂物，清理后重新塞上硅酸铝纤维棉。

（2）砂封

砂封槽内的砂粒经过一年的使用，碎砖块、土屑、燃料渣、摩擦变细的砂粒等大量掺和其中，会对正常的密封造成不良影响。要全部清理干净再对其过筛处理，筛去过大和过细的杂质，留下如绿豆粒般大小的"干燥砂粒"待用。修补被挤塌或擦刷塌的砂槽，然后装入筛选过的砂粒即可。检查加砂管是否畅通，平时因砂粒太湿或掺有大快杂物时极易造成堵塞。

（3）轨道

由于窑车常年高强度的碾压，再加上个别故障车轮生硬的通过，或轨道自身铺设不到位等都会对轨道施加横向或纵向及向下的高负荷推力、重压，情节轻微的致使固定螺丝、压板松动或推断连接夹板，严重的可使轨道变形、断裂或移位，让窑车无法正常通过。要重新测量、校正轨道的水平以及平行度，仔细检查有无裂纹、磨损严重等现象，对不符合荷载量的小规格轨道要做换新处理。

（4）窑门

窑门的用材大体上分为铁制与帆布两类。铁门分为升降、推拉和卷帘等几种，升降门使用时方便一些，但是耗电又不安全，在升降的过程中易脱落伤人或摔磕变形。帆布门造价会低廉一些，但因停风机或蹲火时易被高温烤坏。

窑门常被来往的摆渡车擦刷和烟气熏蚀而损坏，尤其铁制门易造成开启、关闭不灵活和密闭的不严实，外界凉风就会被吸进许多，从而减小了窑内的风压，影响到正常的火行速度等问题的出现。

7.4　隧道窑设计与计算

隧道窑设计计算主要包括原始资料收集、窑体主要尺寸计算、燃烧设备计算、通风设备尺寸计算及其他附属设备设计与计算等。

7.4.1　原始资料收集

隧道窑在总体设计时必须收集许多资料，主要有生产任务、产品的种类和规格、年工作日、成品率、燃料的种类及组成、坯体入窑水分、原料组成和烧成制度等。年产量是根据生产计划和工厂生产能力决定；年工作日是根据窑的结构、设备性能、维修能力来确定的；烧成制度包括温度制度、气氛制度和压力制度。

原始资料收集完了以后，就要确定窑型、产品装载方式、运载方式等。这些应该根据产品的种类、燃料的特性等决定，按高质、优质、低耗和较低劳动强度的原则来决定。

7.4.2　窑体尺寸计算和工作系统确定

（1）窑体尺寸和窑型选择

隧道窑窑长、窑车数以及各段长按照以下公式计算：

$$L = \frac{\frac{M}{24N}t}{\eta Y} \tag{7-15}$$

式中　L——窑长，m；

$\quad M$——生产任务，$m^2/$年；

$\quad N$——年工作日，日；

$\quad t$——烧成时间，h；

$\quad \eta$——成品率；

$\quad Y$——装窑密度。

$$n = \frac{L}{L_{车}} \tag{7-16}$$

式中　n——窑车数；

$\quad L_{车}$——窑车长，m。

$$L_{效} = nL_{车} \tag{7-17}$$

式中　$L_{效}$——有效窑长，m。

$$L_{预} = \frac{t_{预}}{t_{总}}L \tag{7-18}$$

式中　$L_{预}$——预热段窑长，m；

$\quad t_{预}$——预热时间，h；

$\quad t_{总}$——总烧成时间，h。

$$L_{烧} = \frac{t_{烧}}{t_{总}} L \qquad (7\text{-}19)$$

式中　$L_{烧}$——烧成段窑长，m；

　　　$t_{烧}$——烧成时间，h。

$$L_{冷} = \frac{t_{冷}}{t_{总}} L \qquad (7\text{-}20)$$

式中　$L_{冷}$——冷却段窑长，m；

　　　$t_{冷}$——冷却时间，h。

　　窑内高和窑内宽确定以后，即可计算出隧道窑截面面积，以确定窑长。截面积越小，窑长越长，越容易达到预定的烧成制度，但是窑内阻力会因此增加，相应的鼓风、抽风压强也要加大，使窑内处于较大的正压和负压操作下，这对于窑炉运行是不利的。总的来看，隧道窑室朝快速烧成、降低窑高和缩短窑长方向发展。窑型的选择依据是产品种类、所在地环境保护政策等因素来决定。

（2）工作系统确定

　　隧道窑工作系统主要包括燃烧系统和通风系统，具体包括供油管道、燃烧室、排烟口、支烟道、主烟囱的布置，工作系统的确定原则是便于操作控制。

（3）耐火材料选择

　　窑墙和窑顶耐火材料选用及厚度可以参照表7-2。

表 7-2　隧道窑耐火材料选用及厚度　　　　　　　　单位：mm

温度范围 /℃	长度范围 /m	窑墙材料				窑顶材料				
		Ⅰ级黏土砖	Ⅱ级黏土砖	轻质黏土砖	红砖	Ⅰ级黏土砖	Ⅱ级黏土砖	轻质黏土砖	粒状高炉渣	红砖
进车室	(2)				0.240					
20～750	0～15		0.230	0.235	0.49		0.230			
750～970	15～20.1	0.230		0.350	0.380					
事故 处理口		(空) 0.120	0.230	(空) 0.265	(Ⅱ黏) 0.345					
970～1280～ 1260	0.1～33	0.345		0.470	(Ⅱ黏) 0.345	0.230	0.113	0.075	0.120	0.053
烧嘴处		0.930	0.230							
1260～1190	34～41			0.350	0.380	0.113				
710～330	41～55.5		0.230	0.235	0.495		0.230			
33～80	55.5～63		0.230		0.500		0.230			
出车室	(2)				0.240					

　　例题：设计一条年产卫生瓷7万大件的隧道窑。

　　原始资料如下。年产量：7万大件；年工作日：350天；成品率：90%；燃料：煤气热值3700kcal/m³；坯体入窑水分：2%。烧成曲线：20～270℃，8h；970～1280℃，3.3h；1280℃保温1.2h；1280～80℃，保温12.5h。

　　大件卫生瓷一般选取明焰燃煤气普通窑车隧道窑。为了使装车方便，并要使窑内温度分布均匀，应采用单层装坯方法。窑车尺寸 $1500\text{mm}\times870\text{mm}$，干坯重 10kg，每车 5.5 件，则窑长为：

$$\text{窑长} \quad L = \frac{\dfrac{\text{生产任务}}{\text{年工作日}\times24}\times\text{烧成时间}}{\text{成品率}\times\text{装窑密度}} = \frac{\dfrac{70000}{350\times24}\times25}{0.90\times\dfrac{5.5}{1.5}} = 63.13(\text{m})$$

$$\text{窑车数} = \frac{\text{窑长}}{\text{窑车长}} = \frac{63.13}{1.5} = 42.08 \text{ 辆，有效窑长 } 42.08\times1.5\text{m} = 63.12\text{m}，根据烧成$$

曲线：

$$\text{热带窑长} \qquad L_{\text{预}} = \frac{\text{预热时间}}{\text{总烧成时间}}\times\text{总长} = \frac{8.0}{25.0}\times63.12 = 20.2(\text{m})$$

$$\text{烧成带窑长} \qquad L_{\text{烧}} = \frac{\text{烧成时间}}{\text{总烧成时间}}\times\text{总长} = \frac{3.3+1.2}{25.0}\times63.12 = 11.36(\text{m})$$

$$\text{冷却带窑长} \qquad L_{\text{冷}} = \frac{\text{冷却时间}}{\text{总烧成时间}}\times\text{总长} = \frac{12.5}{25.0}\times63 = 31.5(\text{m})$$

考虑到进车室长 2m 和出车室长 2m，则总窑长为 67m。窑内高确定应考虑窑内温度分布均匀性，窑内高数值越大气体分层越严重，数值越小则装窑量太小，一般取数值 $1\sim2\text{m}$ 之间。窑内宽是窑内两侧墙间距离，内宽的确定同样要考虑水平断面温度分布的均匀性，一般取数值 $1\sim2\text{m}$ 之间。窑内宽 B 根据制品和窑车尺寸取 0.8m，侧墙高 0.5m，拱心角 α 为 $60°$，则拱高 f 为 $0.134B$，计算结果为 0.107m。窑车高 0.66m，窑车上设计 0.04m 通道，则侧墙高 $h_{\text{总}}$ 为：

$$h_{\text{总}} = 0.5+0.3+0.04+0.66 = 1.5(\text{m})$$

窑体主要尺寸计算完了以后，就要进行气幕装置、排烟系统、燃烧系统和冷却装置设置了，具体如下。

ⅰ. $2\sim10$ 号车位每车位设计一对排烟口，烟气通过各排烟口到达窑墙内水平烟道，由 5 号车位垂直支烟道经窑顶金属管道输送至排烟机；

ⅱ. 1 号车位设置封闭气幕，喷出方向与窑内气流成 $90°$，3 和 6 号车位设置扰动气幕，与窑内气流成 $150°$；

ⅲ. $14/15$ 至 $21/22$ 号车位设 7 对燃烧室，不等距排列，两侧相对排列；

ⅳ. 冷却带在 $24\sim28$ 号车位，有 7m 长的间壁急冷段，有侧墙的小孔吸入外界冷空气，$23\sim28$ 号窑顶有 8m 二层拱间接冷却；

ⅴ. $30\sim38$ 号车位设有 9 对热风抽出口，42 号车位处冷却机自窑顶和侧墙直接鼓入冷风，13 和 24 号车位设计两对事故处理孔；

ⅵ. $14\sim34$ 号车位，每隔 3m 铺设冷风喷管，由车下冷却风机分散鼓风冷却，并于 5 号车位处有排烟机抽走。

7.4.3 燃烧设备计算与设计

燃料燃烧计算包括燃烧所需空气量、燃料生成烟气量和实际燃烧温度的计算。一般采用实际经验公式来计算。

燃烧所需空气量 $V_{\text{空}}$：

$$V_{\text{空}} = \alpha V_0^{\text{空}} \tag{7-21}$$

式中 $V_0^{空}$——理论空气量，m^3。

则理论烟气量 $V_0^{烟}$：

$$V_0^{烟}=V_0^{空}+\Delta V \tag{7-22}$$

实际烟气量 $V_{烟}$：

$$V_{烟}=V_{空}+\Delta V \tag{7-23}$$

实际温度 $t_{实}$：

$$t_{实}=\eta\,\frac{Q_{低}+V_{室}C_{室}t_{室}+C_{燃}t_{燃}}{C_{烟}C_{烟}} \tag{7-24}$$

式中 $t_{室}$——室温，℃；

$C_{室}$——每立方米室温气体热量，kcal/(m³·℃)；

$t_{燃}$——燃料气体室温温度，℃；

$C_{燃}$——立方米燃料气体热量，kcal/(m³·℃)。

继续以上述例题为例进行说明：

理论空气量 $\qquad V_0^{空}=\dfrac{1.075}{1000}Q_{低}-0.25=3.73\,[m^3/m^3（煤气）]$

燃烧所需空气量 $\qquad V_{空}=\alpha V_0^{空}=1.29\times\left(\dfrac{1.075}{1000}\times3700-0.25\right)=4.81[m^3/m^3（煤气）]$

烟气比空气多出的体积 $\quad \Delta V=0.68-0.10\times\dfrac{3700-4000}{1000}=0.71[m^3/m^3（煤气）]$

理论烟气量 $\qquad V_0^{烟}=V_0^{空}+\Delta V=3.73+0.71=4.44[m^3/m^3（煤气）]$

实际烟气量 $\qquad V_{烟}=V_{空}+\Delta V=4.81+0.71=5.52[m^3/m^3（煤气）]$

$$t_{实}=\eta\times\frac{Q_{低}+V_{室}C_{室}t_{室}+C_{燃}t_{燃}}{C_{烟}C_{烟}}=1370(℃)$$

式中 $t_{室}$——20℃；

$C_{室}$——0.311kcal/(m³·℃)；

$t_{燃}$——20℃；

$C_{燃}$——0.372kcal/(m³·℃)；$C_{烟}$ 为 0.393kcal/(m³·℃)。

7.4.4 热平衡计算

燃料消耗量计算可以根据经验公式计算，也可以由预热带和烧成带的热平衡计算求出。在热平衡计算之前，要确定热平衡的计算标准和计算范围，并画出热平衡流程图。

(1) 热收入项目

坯体、空气、漏入空气和匣钵带入显热分别为各自重量与比热和入窑温度的乘积。燃料带入显热按照以下公式计算：

$$Q_{入}=McT \tag{7-25}$$

式中 $Q_{入}$——入窑带入热量，kcal；

M——入窑质量，kg；

c——入窑比热容，kcal/(kg·℃)；

T——入窑温度，℃。

燃料带入显热计算公式如下：

$$Q_{燃} = N(C_{低} + cT) \tag{7-26}$$

式中　N——每小时燃料消耗量，m^3；

　　$C_{低}$——燃料低热值，kcal；

　　　c——入窑燃料比热容，kcal/(kg·℃)；

　　T——入窑温度，℃。

（2）热支出项目

$$Q_{制品出} = McT \tag{7-27}$$

式中　M——出窑制品、匣钵或废气质量或体积，kg；

　　　c——出窑制品、匣钵或废气比热容，kcal/(kg·℃)；

　　T——出窑温度，℃。

窑墙、窑顶物化反应和散热按照经验公式进行计算，根据经验窑车散热占热收入 25%，其他热损失占热收入 5%。

$$Q_{墙} = (Q_{20}-750 + Q_{750}-970 + Q_{970}-1250 + Q_{1230}-20) \times 2 \tag{7-28}$$

$$Q_{顶} = Q_{20}-750 + Q_{750}-970 + Q_{970}-1250 + Q_{1230}-20 \tag{7-29}$$

$$Q_{反应} = M_{水} \times (595 + 0.46 \times T_{废}) + M_{坯} \times 500 \times \alpha \tag{7-30}$$

式中　$M_{水}$——自由水质量，kg；

　　$T_{废}$——废气温度，℃；

　　$M_{坯}$——干坯质量，kg；

　　　α——氧化铝含量，%。

（3）热平衡

热平衡是热支出和热收入的等量关系，热平衡流程如图 7-25 所示。

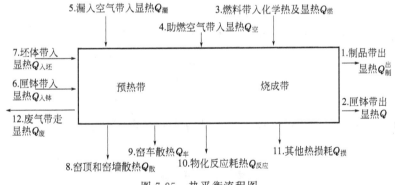

图 7-25　热平衡流程图

继续以上述例题为例进行说明。

（1）热收入项目计算

ⅰ.坯体带入显热：$Q_{入坯} = McT = 94.3 \times 0.22 \times 20 = 415$(kcal/h)，其中入窑坯体质量 M 取 94.3kg，入窑坯体比热容 c 取 0.22kcal/(kg·℃)，入窑坯体温度 T 取 20℃。

ⅱ.匣钵带入显热：$Q_{入钵} = McT = 266 \times 0.2013 \times 20 = 1070.92$(kcal/h)，其中匣钵重 M 为 266kg/h，入窑温度 T 为 20℃，匣钵比热容 c 为 0.2013kcal/(kg·℃)。

ⅲ.燃料带入显热：$Q_{燃} = N(C_{低} + cT) = x(3700 + 0.327 \times 20) = 3706.54x$(kcal/h)，其

中，x 为每小时燃料消耗量，燃料低热值 $C_低$ 为 3700kcal/h。

ⅳ.空气带入显热：$Q_室 = McT = 4.82x \times 0.311 \times 20 = 30x$（kcal/h），其中空气质量 $4.82x$ kg，空气比热容 c 为 0.311kcal/(kg·℃)，空气温度 T 为 20℃。

ⅴ.漏入空气带入显热：根据前述计算漏入空气量为 $4.52x$ m³/h，所以

$$Q_漏 = 漏入空气量 \times 空气比热容 \times 漏入空气温度 = 28x（kcal/h）$$

ⅵ.气幕气体带入显热：气幕气体是由冷却带间接冷却处筹来的，根据经验估算带入显热值为 51550kcal/h。

（2）热支出项目计算

ⅰ.产品带出显热：$Q_{制品出} = McT = 92.4 \times 0.286 \times 1280 = 33825.79$（kcal/h），出窑产品质量 M 取 92.4kg，出窑产品温度 T 取 1280℃，1280℃产品比热容 c 取 0.286kcal/(kg·℃)。

ⅱ.匣钵带出显热：$Q_{钵出} = McT = 266 \times 0.2806 \times 1280 = 95538$（kcal/h），匣钵重 M 取 266kg/h，1280℃匣钵比热容 c 取 0.2806kcal/(kg·℃)，出窑温度 T 取 1280℃。

ⅲ.废气带走显热：$Q_废 = McT = (10.035x + 1552) \times 0.339 \times 250 = 850.47x + 131532$ kcal/h，废气体积 M 取 $10.035x + 1552$，比热容 c 取 0.339kcal/(kg·℃)，废气温度 T 取 250℃。

ⅳ.窑顶和窑墙散热

$$Q_墙 = (Q_{20-750} + Q_{750-970} + Q_{970-1250} + Q_{1230-20}) \times 2$$
$$= (1960 + 1710 + 3245 + 1385) \times 2 = 16600（kcal/h）$$
$$Q_顶 = Q_{20-750} + Q_{750-970} + Q_{970-1250} + Q_{1230-20}$$
$$= 3630 + 3110 + 7050 + 2930 = 16720（kcal/h）$$
$$Q_散 = Q_墙 + Q_顶 = 16600 + 16720 = 33320（kcal/h）$$

ⅴ.窑车散热、物化反应热和其他热损失

根据经验，窑车散热占热收入 25%，其他热损失占热收入 5%。

$$Q_反应 = 自由水重量 \times (595 + 0.46 \times 废气温度) + 干坯重量 \times 500 \times 氧化铝含量$$
$$= 1.9 \times (595 + 0.46 \times 250) + 92.4 \times 500 \times 0.25 = 12890（kcal/h）$$

（3）热平衡

根据热收入与热指出平衡，计算出每小时需要燃烧煤气量 x 为 155m³/h，具体热平衡表 7-3 所示。

表 7-3 热平衡表

热收入			热支出		
项目	kcal/h	%	项目	kcal/h	%
坯体带入显热	414.92	0.07	制品带出显热	33825.79	5.43
匣钵带入显热	1070.92	0.17	匣钵带出现显热	95538	15.35
燃料带入化学热和显热	560725.37	90.07	废气带走显热	260191.1	40.80
助燃空气带入显热	4535.37	0.73	窑墙和窑顶散热	33320	5.35
气幕气体带入显热	4243.4	0.68	窑车散热	155635	25.00
	51550	8.28	物化反应耗热	12899	2.07

热收入			热支出		
项目	kcal/h	%	项目	kcal/h	%
总计	622539.98	100.00	其他热损失	31127	5.00
			总计	622535.9	100.00

由每小时燃气消耗量可以求出每个烧嘴消耗量，据此选用合适的烧嘴。燃烧室尺寸是根据燃烧室空间热强度来计算的，并结合窑墙厚度和烧嘴砖尺寸，合理设计燃烧室尺寸。其他管道计算、阻力计算、风机选择和钢结构设计本文不再详细叙述。

习　　题

7-1　隧道窑与传统陶瓷窑炉相比有哪些优点。

7-2　从隧道窑窑体结构角度简述减少隧道窑热量散失措施。

7-3　隧道窑输送设备有哪些？怎样降低这些设备引起的热量散失？

7-4　简述隧道窑预热带产生上下温差的原因和克服方法？

7-5　隧道窑气幕有哪些，简要叙述循环气幕和搅拌气幕的作用和区别。

7-6　隧道窑排烟系统是怎么设置的？

7-7　阐述隧道窑零压面位置和如何控制。

7-8　隧道窑分段冷却设置和具体作用是什么？

7-9　简述隧道窑烘窑制度。

7-10　针对具体产品简述隧道窑设计计算基本过程。

第8章
辊道窑

辊道窑是另外一类应用较多连续式陶瓷工业窑炉，主要用于烧制建筑陶瓷，例如墙地砖等，该窑具有产量大、单位产品热耗小、机械化与自动化程度比较好等优点。本章同样从结构、运行、设计角度对辊道窑进行详细的说明。

8.1 辊道窑的分类与特点

辊道窑也是连续式窑炉，陶瓷产品靠辊棒的转动使陶瓷从窑头传送至窑尾，以转动的辊棒代替隧道窑窑车来运载坯体。坯体可直接放在辊道上，可放在垫板上，由传动系统使辊棒转动，被烧制的坯体也向前移动，经预热带、烧成带和冷却带冷却出窑。

（1）辊道窑分类

辊道窑按所用热源分为油烧辊道窑、气烧辊道窑和电烧辊道窑；按烧成温度分低温（烤花）辊道窑、中温（墙地砖、日用瓷、卫生瓷）辊道窑和高温（高铝瓷）辊道窑；按辊通道数分单层辊道窑、双层辊道窑和多层辊道窑；按产品加热方式分隔焰（辐射）辊道窑和半隔焰（辐射、对流）辊道窑；按窑顶结构分盖板辊道窑、拱顶辊道窑和吊顶辊道窑。

辊道窑和隧道窑一样，也属于逆流操作的热工设备，坯体在窑内与气流运动方向相反。工作层多用轻质高铝砖，保温层用保温隔热材料，例如隔热棉、耐火棉等，保护层一般用钢结构。

（2）辊道窑特点

ⅰ.窑内温度均匀，坯体上下和横向温差小。用天然气或净化煤气做燃料，可在辊底上下设置烧嘴，使产品上下同时加热，受热均匀；

ⅱ.微机监控、自动记录温度，窑内烧成带上下温度波动范围小于±2℃，横向温度波动范围小于10℃，保证了产品的质量，缩短了烧成周期；

ⅲ.实现了生产机械化和自动化，并同其他生产设备组成完整的现代化生产线；

ⅳ.单位产品燃耗低、成本低。不用窑车、匣钵等耐火材料，降低了单位产品的燃料消耗和产品成本。

由于上述优点，再配合低温快烧技术，更充分地发挥了辊道窑技术优势，使其成为陶瓷墙地砖和其他扁平产品的理想烧成设备。

（3）辊道窑各段划分

辊道窑三带包括预热带、烧成带、冷却带，辊道窑外宽尺寸全窑一般无变化，图 8-1 为辊道窑各段分布。

① 按窑长划分　预热带占窑总长的 30%～45%，烧成带占 10%～30%，冷却带占 35%～45%。

② 以温度来划分　预热带室温～950℃，烧成带950℃～最高温度，冷却带最高温度～室温。

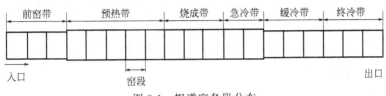

图 8-1　辊道窑各段分布

③ 按燃烧室划分　预热过程中，入窑坯体与来自烧成带的烟气接触，逐渐被加热，完成坯体的预热过程，烧成过程中坯体借助燃料燃烧释放出的热量，完成坯体烧成过程。冷却过程中高温烧成的制品进入冷却带，与鼓入的大量冷空气进行热交换，完成制品的冷却过程。急冷阶段可以保持玻璃相，防止低价铁被氧化或釉面析晶，从而提高产品的白度、光泽度和透明度。缓冷阶段进行缓冷以适应晶型转变，防止过度冷却导致制品开裂。快冷阶段提高制品的烧制速度，缩短其烧成周期。

按照窑体结构划分，隔焰辊道窑有燃烧系统的部位作为烧成带，烧成带之前至窑头部分为预热带，烧成带之后至窑尾部分为冷却带；明焰辊道窑辊上下均设有烧嘴部位作为烧成带，两头分别为预热带与冷却带。

8.2　窑体结构

辊道窑结构包括窑体、燃烧系统、排烟系统、运载装置、钢结构和自动控制系统等。窑体按模数分节设计，一般2.2m左右作为一个模数段，模数段的长度应为棍子间距的整数倍。分节模数化实现了辊道窑设计制造的标准化。选用不同节数可以十分灵活地组成各种窑长，形成多种生产能力的辊道窑系列，扩大了辊道窑使用范围。节与节间用陶瓷纤维毡子堵塞，起到膨胀缝的作用。窑体采用金属框架承载结构，内衬耐火材料分段定制，现场组装。

窑顶采用悬挂式吊顶结构，减少了窑墙的承重，使窑体轻型化；取代了老式窑顶采用大板或拱形砖顶结构，延长了窑顶的寿命；悬挂式吊顶结构的吊顶横向推力很小，还可以减少窑内气体分层现象。窑墙选用轻质隔热耐火材料和陶瓷纤维毡、金属外壳。大量选用轻质隔热材料和陶瓷纤维毡减少了散热损失，明显降低了产品单耗，外层用钢板具有保护和装饰作用。

采用急冷气幕。在产品出烧成带后（比烧成温度低100℃左右），采用分段均匀地鼓风冷却。急冷气幕不仅起到了急冷产品作用，而且回收的余热可以干燥坯体。产品急冷可以增加产品的强度和白度，提高产品质量，减少了冷却带长度，缩短了烧成周期，防止烧成带烟气倒流至冷却带，避免产品烟熏。

在辊道窑各控制段，窑底采用不同材质的轻质隔热砖挡火墙，同一部位窑底顶部设置了可调节的不同材质隔焰板。隔焰式辊道窑与明焰辊道窑有较大区别，除窑道外在预热带和烧成带还设有隔焰道（俗称火道），而且与隔焰式窑车隧道窑不同，隔焰道不是设在烧成带和预热带两侧，而是设在烧成带和预热带下部（故称下火道），火道与窑道用隔焰板隔开，火道底才是窑底。

8.2.1 窑墙

辊道窑窑墙须具较高耐火度、较高强度和较好保温效果，为了增加窑内有效宽度，应尽量减薄窑墙。窑墙采用新型高级轻质耐火材料，烧成温度小于1250℃辊道窑，窑墙厚度为300～350mm，内层为115～230mm，耐火层选用轻质高铝砖或氧化铝空心球砖，保温层为70～200mm，选用高铝纤维毡或硅酸铝纤维毡（即陶瓷棉），外面不用钢板作围，砌红砖则为400～450mm。

窑墙选用材料要保证材料长期允许使用工作温度大于实际使用最高温度，散热量小。窑墙外壁最高温度应不大于80℃，两侧窑墙厚度与窑内宽之和应小于所选用辊棒长度。辊道窑窑墙与一般工业窑炉不同特点，孔砖为窑墙特殊构体，以保证辊棒正常运转，图8-2为某企业辊道窑孔砖尺寸和实际照片。辊道窑窑墙结构有两种，分别是耐热钢托撑上窑墙结构和孔砖承载上窑墙结构（图8-3、图8-4和图8-5）。

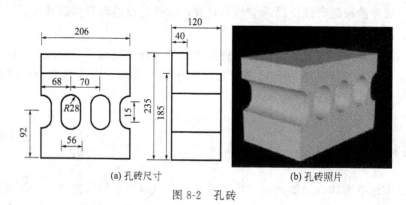

| (a) 孔砖尺寸 | (b) 孔砖照片 |

图 8-2　孔砖

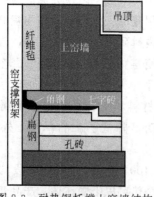

图 8-3　耐热钢托撑上窑墙结构

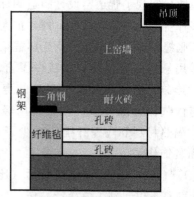

图 8-4　孔砖承载上窑墙结构

耐热钢托撑上窑墙结构中，辊上窑墙支撑在焊在钢架结构的耐热扁钢上，与辊下窑墙是分开的，中间插入孔砖，安装辊棒与传动机构。这种结构优点是窑体与传动系统成为一个整体，又互为独立，便于精确安装辊道及传动机构，便利正常运转后的维修、调整与更换辊棒。缺点是孔砖与窑墙的分离使窑体气密性减小，大量钢材的用量增加了建窑成本。这种结构弥补上窑墙与孔砖间密封性差的缺陷，上窑墙放在支撑钢上的为一块七字形砖，孔砖多采用轻质砖，也做成与其吻合的形状构成"曲封"。

　　孔砖承载上窑墙结构直接砌筑在孔砖上，孔砖砌固定在窑体中。优点是窑墙气密性好结构简单，省材料，建窑成本低，缺点是孔砖在窑墙砌筑好后不能再移动，孔砖尺寸和孔砖砌筑要求严格，因而必须重视孔砖结构形式的设计与砌筑。

　　孔砖是辊道窑窑墙特殊部件，加热后随温度的变化辊棒与孔砖会发生相对位移。要保证辊棒的正常调位，孔砖厚度应略小于窑墙的砖体厚度，约 115～150mm，窑墙剩余空缺部分用陶瓷棉填充，以保证窑墙的密封

图 8-5　孔砖承载上窑墙照片

性。孔砖长度应保证每块孔砖不小于 3 孔，孔径比辊棒外径大 10mm，做成腰子形，便于运转时辊棒的上下调整，每块孔砖两端还要预留热膨胀与砌筑灰缝的位置。

8.2.2　吊顶结构

　　辊道窑采用吊顶结构，窑顶重量全由加固钢架结构来支承，不受窑宽的约束，可用于窑宽为 1.5m 以上的宽体辊道窑中。采用吊顶，窑墙无需支承窑顶，可用高强度轻质材料，辊道窑吊顶有三种形式。

(1) 耐热钢穿轻型吊顶砖结构形式

　　吊顶砖由直径 10～12mm 耐热钢棒穿吊，钢棒材质为 $Cr_{23}Ni_{18}$，钢棒由挂钩与上部金属横梁连接在一起而形成吊顶，这种吊顶方式增加窑顶的气密性（图 8-6 和图 8-7）。

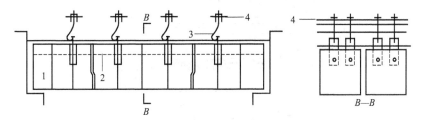

图 8-6　耐热圆钢穿轻型吊顶砖吊顶结构

1—吊顶砖；2—耐热钢棒；3—挂钩；4—吊顶横梁

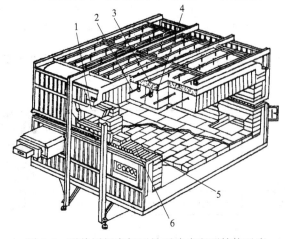

图 8-7　耐热圆钢穿轻型吊顶砖式窑顶结构示意

1—烧嘴砖；2—耐热圆钢；3—纤维毡；4—轻型吊顶砖；5—孔砖；6—辊棒

吊顶砖高温段采用高温莫来石质轻质或高铝砖，吊顶砖形状分为曲封形和直形砖（图 8-8）。但异形砖在成形时存在应力，高温下长期使用容易在曲封处断裂，砌筑须注意吊顶所用灰浆的质量与饱满，保证其密封性，吊顶砖上层采用陶瓷棉毯或矿渣棉覆盖。

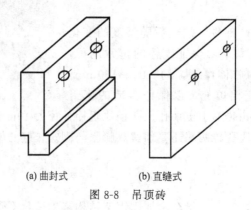

(a) 曲封式　　　　　　　(b) 直缝式

图 8-8　吊顶砖

（2）T 形吊顶砖加薄盖板砖结构形式

T 形吊顶砖加薄盖板砖结构形式如图 8-9 所示，意大利 SITI 公司双层辊道窑就采用这种吊顶结构。

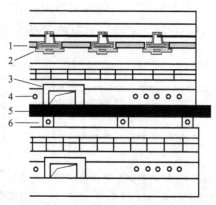

图 8-9　T 形吊顶砖加薄盖板砖结构

1—吊顶盖板砖；2—T 形吊顶砖；3—事故处理孔；4—烧嘴孔；5—中间隔板；6—空心横梁

图 8-10 为 T 形吊顶砖示意图和实际照片，T 形吊顶砖由两块砖组成，空心部分填塞陶

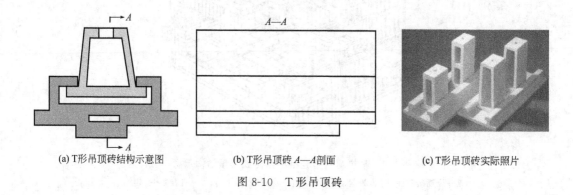

(a) T形吊顶砖结构示意图　　　　(b) T形吊顶砖 A—A剖面　　　　(c) T形吊顶砖实际照片

图 8-10　T 形吊顶砖

瓷棉，盖板上面铺设 50～100mm 多晶氧化铝纤维，上面再铺设 100～150mm 纯硅酸铝纤维。

　　唐山建筑陶瓷厂引进的意大利 POPI 公司 TA23 型辊道窑预热带就采用 T 形吊顶砖加薄盖板砖结构形式，如图 8-11 所示，两根金属横梁将 T 形支板砖夹在其中，上部用金属棒穿吊，两个 T 形支架上再安装平板，上面铺一层陶瓷棉和矿渣棉即可，T 形支板砖与平板所用材料属于堇青石质类型。

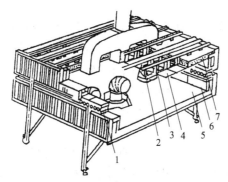

图 8-11　T 形吊顶砖加薄盖板砖结构
1—孔砖；2—T 形支板砖；3,4—平薄板；5—窑底；6—窑墙；7—矿渣棉

（3）轻型耐火砖夹耐热钢板用高温黏结剂粘合构成组合吊顶砖结构形式

　　国内引进的德国 HEIM-SOTH 公司辊道窑就采用此类吊顶方式，如图 8-12 所示。建筑时只需用吊钩将轻型耐火砖夹耐热钢板用高温黏结剂粘合构成组合吊顶砖钩挂在安装于窑顶钢架结构的横梁（圆钢）上，再铺设耐火纤维。

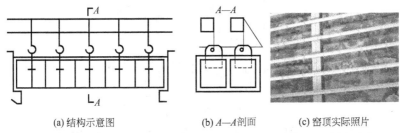

(a)结构示意图　　(b)A—A剖面　　(c)窑顶实际照片
图 8-12　轻型耐火砖夹耐热钢板用高温黏结剂粘合构成组合吊顶砖

8.2.3　辊道窑运载装置

（1）辊棒

　　辊棒材质一般有金属材质和陶瓷材质，辊棒要求一致和平直，较好抗热震性，较高高温抗氧化性能和荷重软化温度，较小蠕变性，良好耐久性和去污性能等。金属辊一般采用耐热合金辊棒，工作温度为 1140℃ 左右，优点是抗热震性好，去污性能好，缺点是高温抗氧化性差、高温蠕变大；陶瓷辊又分为高温型和低温型，高温型辊棒主要为莫来石-刚玉质，工作温度1300℃ 左右，低温型辊棒主要是莫来石质（图 8-13），工作温

图 8-13　陶瓷辊棒

度在 1200℃以下，还有重结晶碳化硅辊棒，使用温度在 1300℃以上，且产品重量大。

辊棒规格和尺寸要根据被烧产品尺寸、重量及窑炉结构和辊棒材质而定，能满足被烧产品所需性能要求时，可选择直径较细、壁较薄的辊棒。保证辊棒的平直度，辊棒直径和长度比例需有一定的限度。辊棒的直径一般是 25～50mm，辊棒的长度一般在 1500～3500mm。辊棒的间距应尽可能小，但要保证辊棒之间有一定的空隙，以便热气流通过。辊棒的间距保证至少有二根辊棒撑着产品。产品的长度与辊距之比一般要大于 2.5，辊距不能过大，否则产品易变形。

陶瓷辊棒使用前将工作部位表面涂上氧化铝涂层，涂层成分主要是黏土、工业氧化铝、有机物结合剂、水。辊棒放置在窑旁或窑顶烘干，排除瓷辊所吸附水分，再装入窑内使用。使用过程中涂层出现粘合物，应从窑里拉出来清洁（剥落粘合物），并涂上新的保护层。在高温状态下取出换辊时，瓷辊放置在有保温材料支撑的垫架上，转动冷却到 600℃以下方可停转堆放，要避免瓷辊与冷金属及水泥地面接触。

（2）辊棒联接

辊棒使用过程中联接要牢固、可靠，更换辊棒方便、快捷。常用的有 5 种联接形式。

ⅰ.螺母式联接　螺母式联接示如图 8-14 所示，辊棒插装入接头的内孔，接头外表面加工成圆锥管纹，沿圆周均匀分布至条纵向槽，通过弹性销与轴联接，拧紧螺母，接头内径变小，从而将辊棒夹紧。螺母式联接优缺点是夹紧灵敏可靠，接头纵向槽部分截面尽量薄，具有弹性。联接形式结构简单，对中性好，接头内径调节范围小，对辊棒外径尺寸要求较严格。

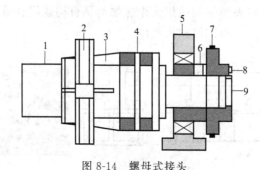

图 8-14　螺母式接头

1—辊棒；2—管螺母；3—圆锥管螺纹接头；4—弹性销；5—轴承座；
6—紧固螺钉；7—链轮；8—紧固螺钉；9—轴

加楔块螺母式联接如图 8-15 所示，联接螺纹为普通细牙螺纹，辊棒装入锥套的内孔中，锥套为外锥式轴套，沿纵向加工一条通槽，接头内表面锥度与锥套相配，拧紧螺母时使锥套轴向移动，用锥面变化使锥套弹性变形，辊棒直径变化大，夹紧力大。

螺母式联接优点是联接牢固，缺点是更换辊棒时须使辊棒与接头分离，给生产中更换辊棒带来了不便。应用范围为日用瓷烤花辊道窑、小型建陶工业辊道窑、辊道实验窑，大型建陶工业辊道窑中很少应用。

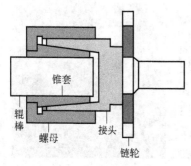

图 8-15　加楔块螺母式联接

ⅱ.夹环式联接　图 8-16 为夹环式联接示意图，辊棒套入接头内孔，接头与辊棒联接的一端加工成一条纵向槽，拧紧螺钉，通过 U 形夹环使接头纵向槽产生弹性变形而将辊棒夹紧。联接形式结构简单。

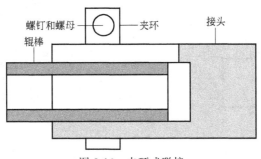

图 8-16　夹环式联接

ⅲ.套筒夹环式联接　套筒夹环式联接如图 8-17 所示，套筒式接头与辊棒联接端管壁较薄，相距 180°开有两条通槽使之形成夹环，拧紧螺钉使接头产生弹性变形夹紧辊棒，接头与传动轴采用螺钉联接。

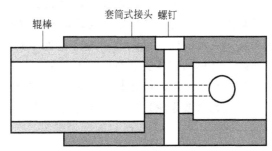

图 8-17　套筒式夹环联接

ⅳ.弹簧夹紧式联接　弹簧夹紧式联接如图 8-18 所示，套环接头与辊棒联接的一端相距 180°分布两条纵向通槽，辊棒装入后拧紧螺钉即可夹紧辊棒；弹簧片一端固定在轴上，另一端夹入套环接头中部的凹槽中，通过套环接头、螺钉及弹簧片就将辊棒与轴联接起来。

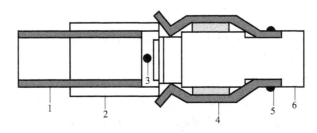

图 8-18　弹簧夹紧式接头
1—辊棒；2—套环式接头；3—螺钉；4—弹簧片；5—螺钉；6—轴

ⅴ.开口销孔联接　开口销孔联接方式简单，只需将开口销穿过辊棒与接头的销孔即可，如图 8-19 所示。要求辊棒联接部位加工销孔，为使其安装对中，辊棒联接处必须满足与接头的配合尺寸要求，必要时还需进行磨削加工，开口销孔联接一般用于金属辊棒联接。

ⅵ.托轮摩擦联接　托轮摩擦联接是将辊棒依靠自重与制品的质量自由地放置在间距相等的托轮上，利用辊棒与托轮间的摩擦力带动辊棒转动，如图 8-20 所示。缺点是摩擦传动过程中会产生"打滑"，辊棒与托轮转动的同步性较差。

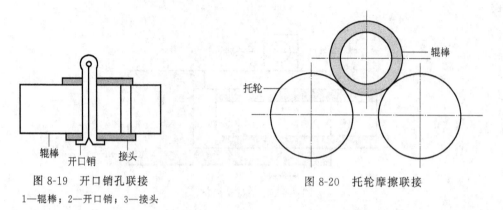

图 8-19　开口销孔联接
1—辊棒；2—开口销；3—接头

图 8-20　托轮摩擦联接

（3）辊棒支撑

辊棒横穿窑墙并支承在窑墙两侧支承装置上，一端为传动端与传动系统联接，另一端为被动端。辊道安装水平高度应在一定范围内可以调节，以保证制品在辊道上平稳传送；辊棒与孔砖之间应密封良好，传动灵活；考虑到窑体钢架安装的积累误差，辊棒的支承及与支承联接的传动系统安装位置应在一定范围内可以调节。为防止辊棒高温时因尺寸变化而卡住，辊棒的支承应具备自适应功能。常用的辊棒支承型式如下几种。

ⅰ.双支点固定支承　图 8-21 为双支点固定支承示意图，辊棒的传动端通过接头组件固定安装在轴承座支承上，通过链轮（或齿轮）带动辊棒运转，被动端支承多采用滑动轴承。

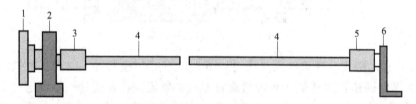

图 8-21　双支点固定支承
1—链轮；2—轴承座；3—传动端固定接头组件；4—辊棒；5—被动端接头组件；6—被动端支承

双支点固定支承的优点是窑体和辊棒受热膨胀时，被动端支承不限制辊棒轴向移动，联接时，常将接头（或辊子）直接套入支承。缺点是辊棒两端同心度难以调整，支承内孔易磨损而影响运行精度，更换辊棒不方便。

ⅱ.双支点托轮支承　图 8-22 为双支点托轮支承示意图，辊棒两端自由地放在一系列平行排列的主动托轮与被动托轮上，辊棒每端下面由两件托轮支承。

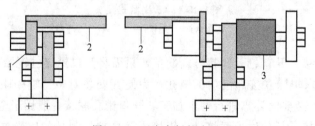

图 8-22　双支点托轮支承
1—被动端托轮及支承组件；2—辊棒；3—主动端及摩擦传动部分

ⅲ. 双支点混合支承　图 8-23 为双支点混合支承示意图，传动端通过接头固定联接在支承上，被动端则由托轮支承，既有双支点固定支承的优点，又有双支点托轮支承的优点。

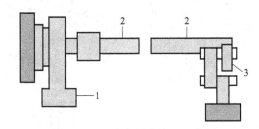

图 8-23　双支点混合支承示意图
1—传动端固定接头组件；2—辊棒；3—被动端托轮支承组件

（4）辊棒传动装置

辊棒转速 n 根据以下公式进行计算：

$$n = \frac{KL}{\pi dt} \qquad (8\text{-}1)$$

式中　L——窑长，mm；

$\quad\quad t$——烧成周期，min；

$\quad\quad d$——辊棒直径，mm；

$\quad\quad K$——系数，取 1.05。

辊道窑采取分段传动，各段速度略有不同，为防止制品在运行时起摆、垒砖，自窑头向窑尾方向各段转速应依次加快，各段间转速差别不大（后一段仅比前段快 0.05r/min 左右），在传动设计时通常采用变频电机或变频调速器。进行传动比计算时，辊棒转速取其平均值。

辊距即相邻两根辊棒的中心距，辊距确定依据是制品长度、辊棒直径和制品在辊道上移动的平稳性，一般采用经验公式进行计算：

$$H = \left(\frac{1}{3} \sim \frac{1}{5}\right)l \qquad (8\text{-}2)$$

式中　H——辊距，mm；

$\quad\quad l$——制品长度，mm。

（5）辊棒传动装置

辊道窑辊棒传动方式包括链传动、摩擦传动、螺旋传动、圆锥齿轮传动和直齿传动（图 8-24）。链传动结构简单，造价低，但不够平稳，链条使用较长时间易发生爬行现象；摩擦传动比较平稳，但可靠性差；螺旋齿轮传动应用较多，但螺旋齿轮传动齿与齿之间为点接触，容易磨损，对安装和润滑要求较高；圆锥齿轮传动不需要特别的润滑，但圆锥齿的机械加工比较费时。

① 链传动　链传动由主动链轮、从动链轮和一条闭合链条组成，通过链轮轮齿与链条链节相啮合来传递两个或多个平行轴间的运动和动力。链传动特点是结构简单、成本低，但由于链传动的多边形效应，瞬时传动比周期性变化，给传动带来运动的不均匀性和附加的动载荷，从而影响到辊棒转动的平稳性。

② 齿轮传动　齿轮传动依靠轮齿啮合来传递运动和动力，传动可靠、平稳、效率高、传动比恒定，现已在辊道窑中得到广泛应用。常用的有圆柱齿轮传动、圆锥齿轮传动、螺旋齿轮传动 3 种。

(a) 链传动　　　　　　　(b) 摩擦传动

(c) 直齿传动　　　　　　(d) 螺旋齿轮传动

(e) 圆锥齿轮传动

图 8-24　辊道窑传动

　　意大利 SITI 公司 FL 型辊道窑传动系统采用分段传动，该窑分 7 个传动段，每段由一台功率为 0.5kW 电动机经减速器由链传动带动该段辊棒转动，各段传送速度可独立调节。整体传动用于短窑和实验室用辊道窑。窑长 600mm，辊距 45mm，辊棒直径 25mm。电机经蜗杆减速器减速后带动主轴运转，主轴上按辊距要求安装若干螺旋齿轮，组成若干对螺旋齿轮传动；辊棒与每对齿轮输出端通过接头联接，从而带动辊棒运转。螺旋齿轮螺旋角 45°，右旋，选用调速电机，辊棒转速可调。分段带动统一传动全窑分成若干传动段，电机经减速器通过链传动带动传动主轴运转，传动主轴根据窑段数安装若干链轮，通过链传动将运动分配至各段，每段都配置一台蜗杆减速器，齿轮采用直齿或斜齿，齿轮短轴上每段交接处仅安装 1 件齿轮，其余安装 2 件齿轮，相邻两齿轮相啮合。齿轮传动辊道窑多数采用分段传动，唐山陶瓷厂采用直齿轮传动形式。全窑传动分为两段，前段由 18 节窑组成，设一台电机和减速器，后段由 21 节窑组成，也设置一台电机和一台减速器，两段传动主轴之间用电磁离合器联接。

8.2.4　燃烧系统

(1) 明焰辊道窑燃烧系统

　　烧成煅烧嘴布置多采用小流量多烧嘴系统，辊道上下方及对侧均交错布置烧嘴，烧嘴布置较密，同侧两烧嘴间距为 1~2m 左右，下部烧嘴比上部较多，便于窑温度制度的调节，利于窑内热气流的强烈扰动与循环，改善了窑内断面温度均匀性。烧嘴布置特点是上下、对侧均交错布置，但同一窑横断面上只有一个烧嘴。沿窑长方向上火焰间的间距很小（仅366mm），利于窑长方向上温度调节。

非预混式燃气辊道窑典型代表是德国 HEIMSOTH 窑炉公司 80m 烧轻柴油明焰辊道窑，其烧嘴布置如图 8-25 所示，优点是不会发生回火，燃空比易于调节，缺点是燃烧效率较低，烧嘴结构较复杂。预混式燃气辊道窑典型代表是意大利唯高公司 FRW2000 型气烧辊道窑，如图 8-26 所示，优点是燃烧充分，燃烧效率高，烧嘴简单，缺点是易发生回火。

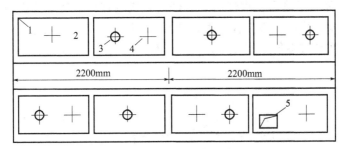

图 8-25　明焰辊道窑烧嘴布置示意图

1—方钢框架；2—外侧钢板；3—可见侧烧嘴；4—观察孔（对侧为烧嘴）；5—事故处理孔

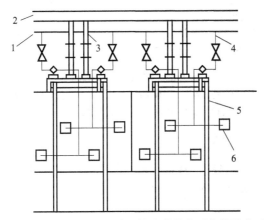

图 8-26　FRW2000 型辊道窑烧成带燃烧系统管路布置图

1—煤气总管；2—空气总管；3—空气直支管；4—煤气直支管；5—空心方钢构架兼作空气支管；6—烧嘴

图 8-26 中，助燃空气自空气总管流入窑顶方支管，煤气自煤气总管流出，在进入方支管前就汇入空气支管与空气混合，混合气体从窑顶方支管流入窑侧立支管，并由烧嘴分配管流入各烧嘴，喷入窑内燃烧。辊上每根烧嘴分配管对 9 支小烧嘴（共 3 组）供给燃烧混合气，辊下则对 12 支小烧嘴（共 2 组）供给燃烧混合气。

预混式燃烧，烧嘴简单，直径 15mm 高铝小瓷管用耐热橡胶管与焊在烧嘴分配方管上的圆钢管相连接即成烧嘴。该窑燃烧系统特点是预混式燃烧、燃烧效率高，烧嘴排列相当密，升温制度易调节，窑内温度场均匀。每根烧嘴分配管都配有自动调节系统，根据窑温度变化自动调节其混合气体流量，保证了窑内温度场稳定。

采用预混式燃烧，供电、供气不正常时易发生回火。回火造成连接小瓷管烧嘴的橡皮管炸裂（用橡皮管连接保证回火发生时不造成更大爆炸事故），小瓷管炸裂时有发生，损坏窑体。预混式燃烧辊道窑使用不到 2 年，预热带、烧成带窑体即需全面大修，说明预混式燃烧不值得在国内推广。

（2）燃烧系统管路布置

辊道窑助燃空气、燃气（油）管道设计应符合便于操作、安全、阻力损失小、便于施工制作和经济合算的原则。每条管路系统都要能单独调节控制。管路布置时要注意尽量使管线要短、流向要顺、每个烧嘴前压力要尽可能相等。为了防止煤气从管道内漏出，在煤气管道的接合处，除必须用法兰连接的地方外（如阀门、烧嘴等管件连接处），应尽可能采用焊接。

图 8-27 为燃气系统示意图，煤气由总管经过直支管流向烧嘴，助燃空气由空气总管经过直支管流入作钢架结构的空心方管，由软管通向烧嘴。钢架空心方管兼作空气支管，既节省了材料，又避免布置过多的空气支管，使外形整洁美观。气烧辊道窑煤气总管安装在窑顶上方。

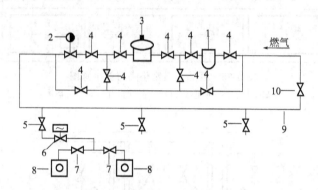

图 8-27　燃气系统示意图

1—过滤器；2—重锤阀；3—稳压阀；4—球阀；5—单元手动球阀；6—电动执行器带动的蝶阀；
7—烧嘴前手动球阀；8—烧嘴；9—窑上总管；10—总管尾部放散阀

（3）烧嘴安装

烧嘴通过安装法兰盘用螺栓联接到窑体钢架结构上（钢架上焊有带孔方钢板或圆钢板，钢板上焊有相应的螺栓），烧嘴上的油（或煤气）、助燃风、雾化风入口用软管与它们的支管联接（图 8-28）。

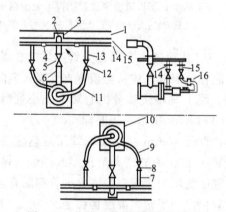

图 8-28　烧嘴及其管路系统安装图

1—方形助燃风总管；2—助燃风支管；3—弯头；4—分管托架；5—球阀；6—软管；7—雾化风直支管；
8—雾化风球阀；9—雾化风软管；10—烧嘴；11—软管；12—抽支管球阀；13—垂直油支管；
14—雾化风分管；15—油分管；16—油压表

烧嘴与窑体连接安装如图 8-29 所示。烧嘴周边用结晶纤维或高铝纤维填塞后，装入带孔方形烧嘴砖，烧嘴砖用刚玉质高铝砖或莫来石质高铝砖制成。

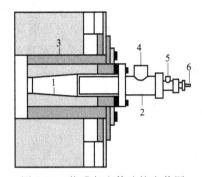

图 8-29　烧嘴与窑体连接安装图

1—烧嘴砖；2—烧嘴；3—陶瓷纤维；4—助燃风进口；5—雾化风进口；6—燃油进口

烧嘴有燃气烧嘴和燃油烧嘴之分，目前国内外辊道窑多采用高速调温烧嘴，图 8-30 为高速调温烧嘴结构示意图。高速调温烧嘴采用扩散式燃烧和旋流圈等措施，大大改善了燃烧的可靠性（火焰不易熄灭，也不易爆炸），火焰燃烧稳定，如图 8-31 所示。采用二次旋流结构，即助燃风分二次旋转供给，调节一次旋流风能保证火焰的稳定；调节二次风能保证火焰良好的燃烧状态。若助燃风仅一次供给，点火后，当助燃风过大时，容易将火焰熄灭，旋流结构作用主要是使助燃空气旋转并在烧嘴的中心部位形成负压，能将混合好的燃烧气体吸入一部分到烧嘴前中心部位，在烧嘴前形成一个高温燃气循环区，保证了火焰稳定，即不会熄灭。高速调温烧嘴具有以下特点。

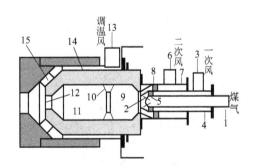

图 8-30　高速调温烧嘴结构

1—煤气管；2—小孔；3—空气管；4—风管；5—旋流圈；6—空气管；7—风管；8—旋流圈；
9—混合室；10—缩口；11—燃烧腔；12—喷口；13—调温风管；14—调温风套；15—小风道

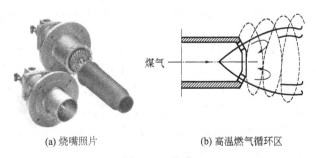

(a) 烧嘴照片　　　　　　　　(b) 高温燃气循环区

图 8-31　烧嘴

ⅰ.调节范围宽，点火容易 由于烧嘴气体喷头开设了许多小孔，气体以一定角度从这些小孔中喷出，这样，多股煤气喷出时互补接触，从而增加了煤气与空气的混合效果。这些小孔中心距和小孔大小有一定关系，保证了火焰的跳动使其他小孔都能点燃。

ⅱ.混合均匀 由于一次风和二次风都是经过旋流圈围绕着煤气呈螺旋状喷入，避免了二种密度的气体混合不均匀。因为气流成线性喷入会造成密度大的气体下沉，密度小的气体上浮，采用旋流就能获得均匀的火焰。

8.2.5　排烟系统和其他通风结构

(1) 排烟系统

辊道窑属快烧窑，离窑废烟气温度高，均达 250～300℃。辊道窑排烟系统采用相对集中排烟，窑头数节设数量较少（2～4 对）排烟口，窑尾设一处排烟。明焰辊道窑燃烧火焰，直接进入窑道内辊道上下空间，用集中排烟方式，即在窑头不远处的窑顶、窑底设置排烟口。烟气自烧成带向预热带流动，至窑头排烟口抽出，经排烟总管、排烟机抽至烟囱排出室外。

图 8-32 为德国 HEIMSOTH 公司 80m 柴油明焰辊道窑排烟结构图。距窑头 740mm，窑顶设 3 个直径 350mm 的圆形排烟口；窑底设有 2 个直径 500mm 的圆形排烟口。窑头段窑体用 2 层 50mm 厚的硬质陶瓷纤维板固定在外壳钢板上；排烟管直接用钢管插入窑体并与外壳钢板焊接。烟气自上、下排烟口进入排烟支管；窑顶每个排烟支管上都安有支闸，调节各支管排烟量；窑底汇总支烟管下设有调节闸板。窑底汇总支烟管从窑一侧向上进入窑顶的总烟气管道，不将窑底支烟气管道在窑两侧同时向上引入汇总烟道；窑墙一侧设置窑底支烟道进入窑顶总烟道，一侧设置更换辊棒（即应设在辊棒传动的主动端一侧）。调风闸的作用是离窑烟气温度过高时，打开它，从其端口放入车间冷空气与热烟气掺和，使进入排烟风机的烟气温度降低，以免烧坏排烟机。

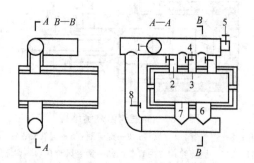

图 8-32　德国 HEIMSOTH 公司 80m 柴油明焰辊道窑排烟结构图
1—汇总烟道；2—排烟支管；3—排烟口；4—排烟支闸；5—调风闸；6—下排烟支管；7—下排烟口；8—下排烟支闸

图 8-33 为国内明焰辊道窑排烟结构图，明焰辊道窑在窑顶、窑底设置矩形排烟口，排烟口宽与窑内宽相同，长为 150mm。砌筑窑顶、窑底同时留出 150mm 宽缝作排烟口，排烟口由集烟罩与窑体钢架结构相联，设置 3 处排烟口。如某厂 80m 油烧明焰辊道窑在窑头处设 1 对，在离窑头约 6m、8m 处再各设 1 对。总烟气管道设在窑顶，与排烟机连接。底部排烟口一般用方形支烟管道接向窑顶的总排烟管，在下排烟口上可搁置钢丝网，遮挡下落的砖坯。图 8-34 为典型窑头排烟结构 3D 图。

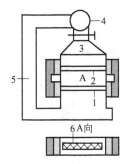
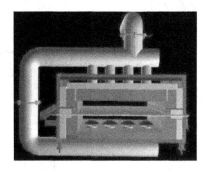

图 8-33　国内明焰辊道窑排烟结构　　　　图 8-34　典型明焰辊道窑 3D 排烟结构图

1—矩形下排烟口；2—矩形上排烟口；3—集烟罩；

4—总烟道；5—方形支烟道；6—钢丝网

图 8-35 为意大利 WELKO 公司 FRW2000 型辊道窑排烟系统，窑头设置了 3 节作窑前干燥段，使坯体内残余自由水分（1%～1.5%左右）在 200℃前能基本全部排除。第 4 节（预热带首端），设两处主排烟口，窑顶为矩形排烟口，下面的排烟口设在辊下两侧窑墙上。烟气排出时温度大于 400℃，由主排烟机抽出经换热器与空气热交换。一部分打入窑前干燥带末端进风管，此处窑顶、窑底各有一全窑宽热风进口，热烟气从该热风进口进入窑前干燥带加热入窑的坯体；另一部分直接经管道排入铁皮烟囱。窑前干燥带首节设有上下排烟口，由副排烟机抽出，通过管道进入烟囱。

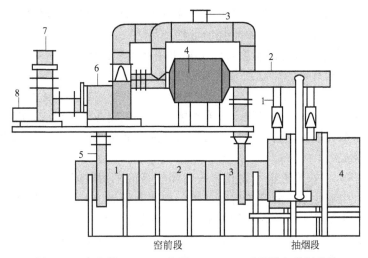

图 8-35　意大利 WELKO 公司 FRW2000 型辊道窑排烟系统

1—主排烟管；2—进风管道；3—排烟管；4—换热器；5—副排烟管；6—主排烟机；7—管道；8—副排烟机

（2）预热带其他通风结构

明焰辊道窑预热带除排烟外，为调节窑内温度制度，还设有其他通风结构，以排除坯体在预热带排出的水气及化学反应气体（如 CO_2 等）。

① 喷风口　明焰辊道窑多采用完全集中排烟方式，提高了热利用率，缺乏对预热带温度的调节手段，有时就难以保证制品按需要的烧成曲线升温。为克服这一缺陷，许多明焰辊道窑都在预热带辊上设置有喷风口，如图 8-36 所示德国 HEIMSOTH 公司 80m 明焰辊道窑

预热带喷风口。

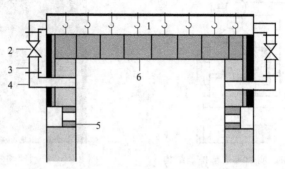

图 8-36　德国 HEIMSOTH 公司 80m 明焰辊道窑预热带喷风口断面
1—空气方管；2—球阀；3—喷风管；4—喷风口；5—孔砖；6—吊顶

第 3~5 节窑体，每节辊上设 3 对喷风管，两对侧为错排，来自冷却带抽出的热风经窑上空气方管进入喷风管并由喷风口 4 喷入窑内，其喷风量大小可由球阀调节。当窑头温度偏高，应加大喷入风量，低温空气与高温烟气掺和就降低了烟气温度（正调节方式）。负调节方式主要是分散排烟与靠过早排出一部分热烟气、牺牲其中可利用的热能来调节预热带温度制度。正调节方式热利用率高，可调节窑温，喷管直径较小（50mm），喷出速度较大，起到搅动气流和增大上部气流阻力的作用，利于加强预热带对流传热与改善窑内断面温度均匀性。

第 3~5 节每节设置有 3 对喷风管，在第 6~9 节每节辊上也设有 3 支，每节在辊下还设有 3 支烧嘴，上下对侧均错排，其排列形式如烧成带的烧嘴排布。在预热带后段就能灵活地调节窑道内温度制度，使之适应所要焙烧的各种产品烧成工艺要求。

② 烧嘴　为调节预热带升温制度，除上述采用调温喷风嘴方式外，另一种就是在预热带除窑头几节外全部装有烧嘴。以意大利 WELKO 公司 FRW2000 型辊道窑为例，除第 3 节窑前干燥带与第 4 节作排烟段外，其余每节窑体分别在两侧墙各设置 4 个烧嘴，上下方及对侧均为错排，在同一断面上，一侧辊上设有烧嘴，另一侧则在辊下设有烧嘴，在断面上形成气体循环，有利于断面温度均匀。预热带结构与烧成带完全相同，故可统称燃烧带，包括了传统的预热带与烧成带。

③ 封闭窑头　大多数辊道窑不设置窑头封闭气幕而采用封闭窑头，在窑头钢板上仅留出一窄缝进砖坯，也有少数设置窑头封闭气幕。如意大利 POPI 公司 TA23 型辊道窑，在第 2 节上设有排烟风机，该风机将窑内烟气从窑顶部和底部抽出，一部分烟气送入第 1 节窑内作为窑头封闭气幕，并提高窑头温度；另一部分排空或抽作余热利用。对内高尺寸较大辊道窑（如烧卫生瓷辊道窑），则一定要设置窑头封闭气幕。

④ 气氛气幕　在建陶工业辊道窑上均不设置气氛气幕，主要是由于全窑均为氧化气氛，不存在气氛转换。

8.2.6　冷却系统

制品冷却出窑是整个烧成过程最后一个环节，冷却带是一个余热回收设备，利用制品放出的热量来加热空气。辊道窑冷却带可分为急冷段、缓冷段和窑尾快冷段。

(1) 急冷段

制品从最高温度降温至 800℃前，要进行急冷，办法是直接吹风冷却，如图 8-37 所示。

在辊棒上下设置横贯窑断面的冷风喷管，每根喷管上均匀地开有圆形或狭缝式出风口对着制品上下均匀地喷冷风，冷风管一般采用耐热钢制成，管径为 40～60mm。首端 3 节（约 6m 长），每节可设 4～6 对，辊上下冷风喷管可排在同一断面，也可不排在同一断面。图 8-38 为急冷段结构 3D 示意图。

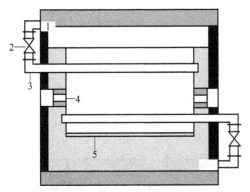

图 8-37 急冷段冷风喷管断面图

1—空气方管；2—球阀；3—冷风喷管；4—孔砖；5—窑底垫板

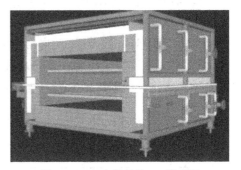

图 8-38 急冷段结构 3D 示意图

（2）缓冷段

制品冷却到 700～500℃ 范围时，是产生冷裂的危险区，应严格控制该段冷却降温速率。为达到缓冷目的，采用热风冷却制品办法。在该段设有 3～6 处抽热风口，使从急冷段与窑尾快冷段过来的热风流经制品，让制品慢速均匀地冷却，如图 8-39 所示。德国 HEIMSOTH 公司 80m 油烧明焰辊道窑在长 11m 缓冷带没有设置抽热风口，而将抽热风口设置在窑尾，以此将来自急冷段的热风流经缓冷段来冷却制品；在该段辊上设有 10 根如急冷段的冷风喷管（鼓入窑尾抽出的热风），用以调节该段冷却制度。

当窑温降至 600～500℃ 范围内设有严格、合理的冷却制度，具有以下特点。

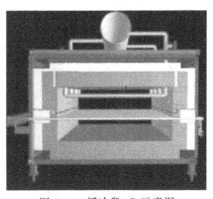

图 8-39 缓冷段 3D 示意图

ⅰ.通过管壁换热方式，降低窑内温度，安全冷却制品；

ⅱ.热风供助燃用，提高助燃风温度，达到节能降耗的目的；

ⅲ.设有多套烧嘴，并采用自动控制，当窑温低于设定温度时，自动点火，确保温度稳定，减少产品风惊；

ⅳ.设有独立抽热系统或和直接冷段共用抽热系统，并设自动调节。

（3）窑尾快冷段

制品冷却至 500℃ 以后，可以进行快速冷却。制品温度较低时，使传热动力温差小，即使允许快冷也不容易达到。此段冷却也很重要，如达不到快冷目的使出窑产品温度大于 80℃ 时，制品即使在窑内没有开裂，也会因出窑温度过高而出窑后炸裂，因此应加强该段的吹风冷却。国内外辊道窑快冷段吹风冷却形式主要有两种，分别是设置辊上下冷风喷管和安置轴流风扇。

① 冷风喷管　冷风喷管类同于急冷段横贯窑断面的急冷风喷管结构，有的在该段还设有抽热风口，如图 8-40 所示。例如德国 HEIMSOTH 公司 80m 油烧辊道窑，窑尾快冷段共长 11m，辊上下布有 22 对冷风喷管，前 16 对间距 550mm，窑尾 6 对间距约 200mm，快冷段冷风喷管较急冷段的稍粗，直径约为 80mm，每根管上有 34 个直径 10mm 小孔，对着制品吹冷。该窑在快冷段窑顶、窑底还设有 3 处抽热风口。

② 轴流风扇　轴流风扇直接对制品在出窑前吹冷，图 8-41 为带有轴流风扇冷的冷却带低温段典型窑体结构。意大利 WELKO 公司辊道窑在窑尾最后一节顶部和底部各设置 3 个轴流风扇（横向一排），以 45°向窑内制品吹入冷空气，保证制品至 80℃以下出窑。意大利 POPI 公司 TA23 型辊道窑在窑尾最后两节，每节窑顶、窑底各设 4 台轴流风扇，上下对制品吹风强制冷却。

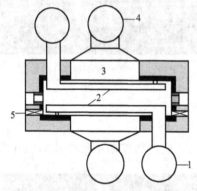

图 8-40　窑尾快冷通风系统

1—空气管道；2—冷风喷管；3—抽热风口；
4—抽热风管；5—事故处理孔

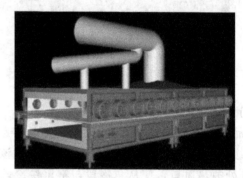

图 8-41　带有轴流风扇冷的冷却带低温段典型窑体结构

8.2.7　辊道窑风机选型

辊道窑应用最广的是离心通风机，选用标准有结构与型号，被输送气体种类、温度，生产要求最大风量，全风压范围等。离心通风机作用是供送空气，可作助燃风机、冷却风机，离心锅炉引风机主要是抽送热空气或废烟气，可作余热风机、排烟机等。

（1）离心通风机及其电机

离心通风机按其压力可分为三种，分为低压离心通风机（全风压在 1000Pa 以下）、中压离心通风机（全风压在 1000～3000Pa）和高压离心通风机（全风压在 3000～15000Pa）。风机一般按所需最大风量、风压来选用，并要考虑一定的余量，还需注意输送气体的温度或使用地区的气象条件。

已知风量是标准状态下的风量 V_0 时，实际风量按下式计算：

$$V = V_0 \frac{760}{P} \times \frac{273+t}{273} \tag{8-3}$$

式中　P——地区大气压，mmHg（1mmHg=133.322Pa）；

　　　t——气体温度，℃。

通风机性能是按气体温度 20℃、大气压力 760mmHg 空气介质计算的，风机使用条件与上述不符时，风量仍用上式（略加余量），实际风压和轴功率按照以下公式计算：

$$H_2 = H_1 \frac{P}{760} \times \frac{273+20}{273+t} = H_1 \frac{\rho}{1.2} \tag{8-4}$$

$$N_2 = N_1 \frac{P}{760} \times \frac{273+20}{273+t} = N_1 \frac{\rho}{1.2} \tag{8-5}$$

式中　H_1，N_1——样本性能表所列风压和所需轴功率单位分别为 Pa 和 kW；

　　　H_2，N_2——通风机按使用条件折算后的实际风压和轴功率单位分别为 Pa 和 kW；

　　　ρ——被输送气体密度，kg/m^3；

　　　t——被输送气体温度，℃。

（2）离心锅炉引风机及其电机

引风机性能是按气体温度 200℃、大气压力 101.32kPa、气体密度 $0.745kg/m^3$ 烟气介质计算的，如引风机使用条件与上述不符时，可参照下列公式换算出的性能来选用引风机及配用电机，全风压和轴功率按照以下公式计算，其中式中各代号同式（8-4）和式（8-5）。

$$H_2 = H_1 \frac{P}{760} \times \frac{273+20}{273+t} = H_1 \frac{\rho}{0.745} \tag{8-6}$$

$$N_2 = N_1 \frac{P}{760} \times \frac{273+20}{273+t} = N_1 \frac{\rho}{0.745} \tag{8-7}$$

8.3　辊道窑烘烤

为了保证窑体均匀干燥，适应耐火砖砌体体积变化，避免因耐火砖体积变化引起窑体开裂，必须建立合理的升温曲线和烘烤时间（图 8-42）。每个阶段烘窑时间和升温速率应根据辊道窑的特性（如窑尺寸、燃烧室结构）和耐火材料砌体的特性（如耐火材料种类、含水量、施工条件等）确定。明焰辊道窑的烘烤时间约为 15d，隔焰辊道窑由于火道在其下方，且窑壁较厚，烘窑时间稍长，一般在 20～30d。

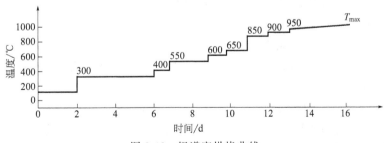

图 8-42　辊道窑烘烤曲线

烘烤方法取决于窑型和所使用的燃料。在燃柴油明焰辊道窑烘烤初始阶段，可通过事故处理孔先将木炭放入工作通道内点燃烘烤。在窑体内的水基本上被除去并且窑内的温度达到一定水平后，清除窑中的木炭灰，然后点燃窑上的油烧嘴直接烘烤。

燃煤隔焰辊道窑采用现成的燃烧室，铺设易燃引火物，燃烧煤炭烘窑；燃重油隔焰辊道可移开高温区正面烧嘴，先使用木头或木炭烘烤，燃烧室温度达到重油着火温度后再点燃重油烘烤。为了缩短烘烤时间，加快工作通道中耐火材料砌体的水分蒸发，烘窑初期，除了火道点火烘窑外，可以在工作通道中同时进行木炭烘烤。

辊道窑烘窑的一般步骤如下。

ⅰ.启动传动系统。

ⅱ.启动排烟机并将风阀调至最大开度。如果烘窑的方法是先用木炭烘烤，则此步骤不先打开排烟机，只打开排烟闸，在启动点燃喷嘴时启动排烟机。

ⅲ.点燃烧嘴，点火顺序是先高温区的烧嘴，再低温区的燃烧器。先下部烧嘴，再上部烧嘴。点燃烧嘴时注意先送助燃风再送燃气或油（燃料为油时不要先送雾化风）；燃气辊道窑还应注意点火前先打开放散管释放一部分燃气，以便驱走管道中留有的空气，防止爆炸事故。

ⅳ.逐渐启动冷却带的冷风机和抽热风机，风量由小逐步调大。工作通道最高温度800℃时可适当放入一些废砖或坯，利用其显热加热来冷却带窑体，进砖速度应比正常烧成慢。

ⅴ.在烘烤后期，应逐步调整烧嘴、排烟闸板、冷风闸板和抽热风闸板的开度，使窑况逐步接近预定的热工制度。

ⅵ.当工作通道和最高温度为1100℃时，可放砖坯试烧，即进入调试阶段。根据出窑产品情况，逐步调整窑内的热工制度，使其完全符合产品烧制的实际要求。

8.4 辊道窑设计与计算实例

辊道窑设计及计算包括窑体尺寸计算、燃料燃烧计算、热平衡计算、通风阻力计算等。本节内容以某厂通过消化吸收引进窑自行设计的一条气烧明焰辊道窑为例来说明辊道窑设计计算步骤。

8.4.1 原始资料收集

设计前必须根据设计任务收集所需的原始资料。

设计原始资料如下。

① 产量：年产 270000m² 瓷砖；

② 产品规格：$100 \times 200 \times 7, 200 \times 200 \times 8, 200 \times 300 \times 8, 300 \times 300 \times 9$（单位：mm）；

③ 年工作日：300d；

④ 燃料：半水煤气，热值 5233.8kJ/m³，压力 0.1～0.16MPa，供气量 800m³/h；

⑤ 坯入窑含水量：≤2%；

⑥ 原料组成：中黏性土、石英、风化长石各占 30%，还有适量低温溶剂原料；

⑦ 成品率 η：90%；

⑧ 烧成制度：烧成周期为 72min，全窑氧化气氛。压力制度：预热带 $-40 \sim -25$Pa，烧成带 <8Pa。各带划分：烧成周期比原引进 WELKO 公司辊道窑 60min 增加 12min，12min 全部用于增加预热及冷却时间，而高温烧成时间仍按原设计不变。各段温度与时间划分见表 8-1。

表 8-1　各段温度的划分与升温速率

名称	温度/℃	时间/min	长度比例/%
窑前带	40～250	9.2	13
预热带	400～1050	25	33
烧成带	1050～1245	12	18
冷却带	1245～80	25.8	36
累计		72	100

8.4.2　窑型选择与窑体主要尺寸计算

设计考虑到该厂已引进 WELKO 公司 FRW2000 型辊道窑，该窑设计合理，利用余热干燥生坯和进窑坯，热效率高；温度控制准确、稳定；传动用传统链条传动，摩擦式联接辊筒，传动平衡，维护方便，无级调速，控制灵活。设计认为，FRW2000 型窑炉适合该厂使用，通过仿制吸收其先进技术，又有助于加深对原窑的认识，更好地管理窑炉，并且新旧窑零部件可互用，节约资金，因此窑型选择为仿 FRW2000 型煤气辊道窑。

窑体主要尺寸计算如下。

(1) 窑内宽和窑内高

窑内宽等于窑内两侧墙间的距离，窑内宽尺寸越大产量越大。窑宽受到辊棒、窑顶等制约。辊棒长应大于窑内宽与两倍窑墙厚之和，国产辊棒大多长 3m 左右（现也有 3m 以上的辊棒）。窑内宽尺寸越大，对辊棒的热性能、机械性能及安装要求就越高。窑内宽尺寸较大时须用吊顶，它使窑顶结构复杂，费用增加；窑内宽越大，保证窑横向温度均匀性的难度就越大。

煤烧隔焰辊道窑内宽：800～1000mm；

油烧隔焰辊道窑内宽：1000～1500mm；

明焰辊道窑内宽：1500～2000mm，也有大于 2000mm。

辊道窑应向宽体窑方向发展，提高产量、热利用率，这也要求辊棒、砌筑材料以及烧嘴等性能进一步提高。窑内宽的确定根据选用的燃料及窑型，并参考上述经验数据，由产品尺寸来计算。建筑瓷砖辊道窑砖坯进窑时，砖坯间并不留间隙。窑内宽＝每排砖坯数×砖坯平行于辊棒的尺寸＋砖坯与窑内壁的距离。

(2) 窑长

窑长计算之前，首先要计算装窑密度：

$$\rho = nmS \tag{8-8}$$

式中　n——每米排数；

m——每排片数；

S——每片砖面积，m^2。

$$L = \frac{NT}{D \times 24\eta} \tag{8-9}$$

式中　L——窑长，m；

N——年产量，m^2/年；

T——烧成周期，h；

D——年工作日，d；

η——产品合格率。

以上述例题为例说明如下。

砖坯离窑壁间隙可取经验数据 $100\sim200mm$。窑内宽按照 $200mm\times200mm$ 产品进行计算，砖坯之间距离为 $40mm$，参考原引进窑，取内宽 $1.5m$ 可并排 6 片砖。

内高取：第 $1\sim3$ 节和 $19\sim23$ 节：$582mm$；第 $4\sim18$ 节：$825mm$。

将有关参数带入式（8-8）和式（8-9），计算结果如下所示：

$$L=\frac{NT}{D\times24\eta}=\frac{270000\times\frac{72}{60}}{300\times24\times90\%}=50(\mathrm{m}^2)。$$ 同一列砖砖距取 $40mm$，则：

$\rho=nmS=[1000/(200+40)]\times6\times0.2^2=1(\mathrm{m}^2/\mathrm{m})$。故窑长 $L=50\div1=50(\mathrm{m})$。

利用装配式，由若干节联接而成，设计每节长度为 $2120mm$，节间联接长度 $8mm$，总长度 $2128mm$，节数 $=50000/2128=23.5$ 节，取节数为 24 节。窑长度 $L=2120\times24=51064(mm)$。

各带长度：

窑前段：$51064\times13\%=6640$，取 3 节，长度 $=3\times2128=6384(mm)$；

预热带：$51064\times33\%=16851$，取 8 节，长度 $=8\times2128=17024(mm)$；

烧成带：$51064\times17\%=8681$，取 4 节，长度 $=4\times2128=8512(mm)$；

冷却带：$51064\times37\%=18894$，取 9 节，长度 $=9\times2128=19152(mm)$。

8.4.3 工作系统

(1) 通风系统

第 4 节窑顶及两侧下方各设置一对抽烟口（主抽烟口），设置抽烟风机抽出烟气（抽烟管中间设置热交换器）；风机抽出烟气部分送入窑前段（在第 3 节窑顶、辊道下部设置进气口），部分经烟囱排出；在第 1 节窑顶、辊道下部设置一抽风口，由窑前段抽风机抽出烟气经烟囱排空。由助燃风机供应燃烧器的燃烧空气；由急冷风机供应第 17 节急冷空气。在第 $19\sim21$ 节窑顶部、下部各设置一抽热风口，第 21 节为主抽风口，由抽风机抽出热风部分送入窑下面干燥器（在窑下干燥器的第 19 节一侧窑墙设置一进热风口），其余热风经烟囱排空。

在第 24 节窑顶部、底部各设置一排风扇，以 $45°$ 向窑内吹入冷空气。热交换风机将冷空气送入热交换器，空气被加热后送入窑下干燥器（在窑下干燥器的第 3 节一侧设置一进气口），在干燥器第 1 节一侧设置一抽风口，由干燥器抽风机抽出废气经烟囱排出；在干燥器第 24 节一侧设置吹冷风机。第 $5\sim18$ 节，节之间辊道上、下方各设置挡板，上方采用耐火纤维板吊挂，下方用高铝砖砌筑；12 节、16 节在靠近窑尾处再增设一挡板。在进窑口，第 3 节靠近窑尾处，第 3、4 节，18、19 节，21、22 节，节之间设置闸板。

(2) 燃烧系统

① 烧嘴设置　第 $5\sim16$ 节和第 18 节，每节分别在辊上、下各设置两对烧嘴，辊上下烧嘴及对侧烧嘴均互相错开排列。在辊道上方每个燃烧器对侧窑墙分别设置一个火焰观察孔。

② 煤气输送装置　煤气由升压风机升压，通过管道、阀门、总管煤气处理系统，送至各节烧嘴，助燃空气由风机通过管道、阀门送至烧嘴。总管煤气处理系统流程为：

汽水分离器→过滤器→过滤器→调压器。

煤气总管尺寸，参考引进窑尺寸，考虑本厂煤气热值较低及为了较好稳定煤气压力，内径选取偏大值，故内径取 200mm。

(3) 温度控制系统

① 热电偶设置　第 5～16 节和第 18 节，每节分别在窑顶中部插入一根热电偶及一侧窑墙中部的辊下方插入一根热电偶，第 2、4、7、19～21 节，在窑顶插入一根热电偶，在窑下干燥器第 2、22 节一侧窑墙辊上方各设置一热电偶。

② 烧嘴控制装置　热电偶→DDZⅢ型电动单元组合仪表（变送、调节、显示）如下：

空气→手动阀→电动调节阀→球阀；

煤气→手动阀→比例调节器→球阀。

经电动调节阀调节后的空气信号输送到比例调节器，实现对空气和煤气管道按预定值进行比例调节，保证窑内氧化气氛。第 12～16 节，每节由两套控制装置分别控制辊上、下烧嘴的供气量，辊上 4 个烧嘴为一套，辊下的 4 个烧嘴为一套。第 5～11 节，第 18 节，每节由一套控制装置控制该节所设置的全部 8 个烧嘴。

(4) 急冷系统、余热利用系统温度控制装置

控制装置设置如下。

热电偶→DDZⅢ型电动单元组合仪表（变送、调节、显示）：

空气→电动调节阀→手动阀→控制区域；

窑第 17 节、21 节的温度控制各由一套控制装置控制。

(5) 温度控制系统各仪表选型

热电偶高温区选用铂铑-铂热电偶（WRP-130S，$L=750$mm），低温区选用镍铬—镍硅热电偶（WRN-122K，$L=750$mm），温度调节采用智能温度调节器。

(6) 检查处理系统

第 1～3 节，每节分别在两侧辊上、下各设一对检查处口，上、下对侧互相错开；第 4 节、17 节在两侧辊下方各设置一个检查处理口，位置靠近窑尾方向；第 5～16 节和第 18 节，每节分别在辊下方设置一个检查处理口，对侧错开；第 19～23 节，每节分别在两侧下方各设置 3 个检查处理口，对侧相对。

(7) 传动系统

传动机构采用链轮链条传动，并采用分段带动、统一传动的传动方式。辊棒与传动系统的联接方式采用托轮摩擦式。辊棒自由地放在窑墙外侧的两只托轮上，辊棒传动端放在两只传动摩擦托轮上，全窑设置两台电机（配无级变速器），其中一台备用，一台带动一条贯穿窑头、尾的传动轴。传动轴通过 7 个圆柱蜗杆减速器分别带动每段链条，从而带动传动托轮，通过摩擦传动使其上的辊棒转动。每段设置一个链条张紧装置。全窑还设置一台直流电机，以便在停电时带动传动轴，避免辊棒在高温下变形。在第 9 节处设置手动离合器，将传动轴分成两段，以便在特殊情况下停止第 1～6 节传动系统的运转。

① 传动链、减速器选型、齿轮齿数确定　链条、齿轮齿数选取完全依照引进窑，因此省略设计计算，主要参数见表 8-2。

表 8-2 传动链选型

项目	电机与传动轴传动	传动轴与减速器传动	减速器与传动摩擦辊棒传动
链条选型	TG190	TG127	TG127
主动轮齿树	30	30	20
从动轮齿数	30	20	11
张紧装置齿轮齿数			18

减速箱选择圆柱蜗杆减速器（WS80-30-Ⅱ，$i=1/30$），摩擦传动轮直径取 42mm。无级变速器电机输出端至陶瓷辊筒，总传动比为无级变速的输出转速 33.3～150r/min，线速度 397.3～1789.8mm/min，即制品运行时间范围为 128.5～28.5min，烧成周期 72min，主动轴转速为 59.5r/min。

② 电机选型 JF02-42-4/A301 型电机，功率 4kW 配 FRC3R 齿轮链无级变速器。输入轴转速为 1440r/min；输出端减速装置传动比 i 为 1/10.2；输出轴转速 N_{max} 为 150r/min，N_{min} 为 33.3r/min；输出功率 P_{max} 为 3.9kW，P_{min} 为 2.01kW；直流机选型有 AR50、2dDC、0.66kW。

③ 辊棒选型 刚玉莫来石质辊棒，高温荷重软化温度为 1550℃，长度为 2316mm，外径为 40mm。

④ 确定辊距 辊距小于 66.7mm，考虑到每节长 2120mm，辊距定为 53mm，每节装 40 根棒。

⑤ 设置进砖砖距控制装置，设置对主传动轴进行探测、显示的装置。

⑥ 传动报警在窑头、尾各设置一激光探测器，对制品在运行过程中发生堵塞现象报警。

8.4.4 窑体材料

整个窑体由金属支架支承。窑体外壳除第 4～8 节的顶部外，都由金属板构成。第 24 节全部由金属板及支架构成。支承钢架结构仿制引进窑，省略设计计算。窑体材料的选择如表 8-3 所示。

表 8-3 辊道窑用耐火材料

项目	材质	使用温度/℃	密度/(g/cm³)	导热系数/[W/(m·℃)]	厚/mm
1.窑前段(1～2 节)(1)底部及下侧壁					
隔热层	耐火混凝土	900		0.35～0.81(20～400℃)	
膨胀缝	矿渣棉	700	0.012	0.45(20℃)	
(2)顶部及上侧壁(内壁：金属板)					
隔热层	矿渣棉	700	0.012	0.45(20℃)	
(3)中间辊筒部位					
孔砖	轻质高铝砖	1300	1.0	$0.66+8\times10^{-5}t$	
填充层	硅酸铝耐火纤维束	1150	0.07	0.1～0.3	
2.冷却段(19～23 节)(1)底部及下侧壁					
隔热层	耐火混凝土	900		0.35～0.81(20～400℃)	
膨胀缝	矿渣棉	700	0.012	0.45(20℃)	

续表

项目	材质	使用温度/℃	密度/(g/cm³)	导热系数/[W/(m·℃)]	厚/mm
(2)顶部及上侧壁(内壁:金属板)					
隔热层	矿渣棉	700	0.012	0.45(20℃)	
(3)中间辊筒部位					
孔砖	轻质高铝砖	1300	1.0	$0.66+8\times10^{-5}t$	
填充层	陶瓷棉	1250	0.07	0.1～0.3	
3.预热段、急冷区、过渡区(4～11和17～18节):(1)底部					
耐火层	轻质高铝砖	1300	1.0	$0.66+8\times10^{-5}t$	65
隔热层	硅藻土砖	900			161
膨胀缝	硅酸铝耐火纤维束	1350	0.07	0.1～0.3	10
(2)顶部:使用悬挂式吊顶结构					
耐火层	轻质高铝砖	1300	1.0	$0.66+8\times10^{-5}t$	300
隔热层	蛭石	800	0.1	0.052～0.058	
膨胀缝	硅酸铝耐火纤维束	1150	0.07	0.1～0.3	150
(3)侧部					
耐火层	轻质高铝砖	1300	1.0	$0.66+8\times10^{-5}t$	113
隔热层	硅酸铝耐火纤维束	1350	0.3	0.1～0.2	197
检查处理口	轻质高铝砖	1400	1.2	$0.66+8\times10^{-5}t$	
(4)烧嘴周围					
耐火层	轻质高铝砖	1400	1.2	$0.66+88\times10^{-5}t$	
隔热层	温石棉	600	2.3	0.07	
(5)中间辊筒部位					
耐火层(孔砖)	轻质高铝砖	1400	1.2	$0.66+8\times10^{-5}t$	
填充层	陶瓷棉	1350	0.07	0.1～0.3	
(6)膨胀缝及结合处					
膨胀缝	硅酸铝耐火纤维束	1350	0.07	0.1～0.3	
节间弹性连接	硅酸铝耐火纤维板	1350	0.3	0.1～0.2	
4.烧成带(12～16节):(1)底部					
耐火层	轻质高铝砖	1400	1.0	$0.66+8\times10^{-5}t$	130
隔热层	硅藻土砖	900		0.35～0.81	130
	硅酸铝耐火纤维束	1350	0.2	0.1～0.3	100
(2)顶部:采用悬挂式吊顶结构					
耐火层	轻质高铝砖	1400	1.0	$0.66+8\times10^{-5}t$	300
隔热层	蛭石	800	0.1	0.052～0.058	
	硅酸铝耐火纤维束	1150	0.07	0.1～0.3	150
(3)侧部					
耐火层	轻质高铝砖	1400	1.0	$0.66+8\times10^{-5}t$	113
隔热层	硅酸铝耐火纤维毡	1350	0.3	0.1～0.2	119
	硅酸铝耐火纤维束	1350	0.2	0.1～0.3	78

项目	材质	使用温度/℃	密度/(g/cm³)	导热系数/[W/(m·℃)]	厚/mm
检查处理口	轻质高铝砖	1400	1.2	$0.66+8\times10^{-5}t$	
压顶砖	轻质高铝砖				
(4)烧嘴周围					
耐火层	轻质高铝砖	1400	1.2	$066+8\times10^{-5}t$	
隔热层	温石棉	600	2.3	0.07	
(5)中间辊筒部位					
耐火层(孔砖)	轻质高铝砖	1400	1.2	$0.66+8\times10^{-5}t$	
填充层	硅酸铝耐火纤维束	1350	0.07	0.1~0.3	
(6)膨胀缝及结合处					
膨胀缝	硅酸铝耐火纤维束	1350	0.07	0.1~0.3	
节间弹性连接	硅酸铝耐火纤维毡	1350	0.3	0.1~0.2	

8.4.5 燃料燃烧计算

燃料燃烧包括空气量和烟气量的计算、燃烧温度的计算，当 $Q_{DW}<5233.8kJ/m^3$ 时，空气量 V_a 和烟气量 V_g 按照经验公式进行计算，具体计算公式如下：

$$V_a=\frac{0.209Q_{DW}}{1000} \tag{8-10}$$

式中 Q_{DW}——煤气低热值，kJ/m^3。

$$V_g=\frac{0.173Q_{DW}}{1000}+1 \tag{8-11}$$

理论燃烧温度：

$$t_m=\frac{Q_{DW}+V_aC_at_a+c_ft_f}{V_gC_g} \tag{8-12}$$

式中 V_a——空气体积，m^3；

C_a——空气比热容，$kJ/(m^3\cdot℃)$；

t_a——空气温度，℃；

V_g——烟气量，m^3；

C_a——烟气温度，℃；

t_a——烟气温度，℃；

c_f——燃气比热容，$kJ/(m^3\cdot℃)$；

t_f——燃气温度，℃。

继续以上述例题进行说明，具体计算过程如下。

(1) 空气量 (标准情况下)

当 $Q_{DW}<5233.8kJ/m^3$ 时，用经验公式：

理论空气量 $V_a^0=\dfrac{0.209\,Q_{DW}}{1000}=\dfrac{0.209\times5233.8}{1000}=1.09[m^3(空气)/m^3(煤气)]$

空气过剩系数： $\alpha=1.15$

实际空气量：$\qquad V_a = \alpha V_{a0} = 1.15 \times 1.09 = 1.25 (m^3/m^3$ 煤气$)$

（2）烟气量（标准情况下）

当 $Q_{DW} < 5233.8 J/m^3$ 时，用经验公式：

理论烟气量：$\qquad V_g^0 = \dfrac{0.173 Q_{DW}}{1000} + 1 = \dfrac{0.173 \times 5233.8}{1000} + 1 = 1.91 [m^3/m^3 (煤气)]$

实际烟气量：$\qquad V_g = 1.91 + (1.15 - 1.0) \times 1.09 = 2.07 [m^3/m^3 (煤气)]$

（3）燃烧温度

理论燃烧温度：$\qquad t_m = \dfrac{Q_{DW} + V_a C_a t_a + c_f t_f}{V_g C_g}$

已知 $t_a = t_f = 20℃$，$c_a = 1.30 [kJ/(m^3 \cdot ℃)]$，$c_f = 1.32 [kJ/(m^3 \cdot ℃)]$

设 $t_{th} = 1500℃$，查有关表得 $c_f = 1.635 [kJ/(m^3 \cdot ℃)]$

求得温度与假设温度相对误差：$\qquad t_m = \dfrac{5233.8 + 1.25 \times 1.3 \times 20 + 1.32 \times 20}{2.07 \times 1.635}$

$$= 1563.83(℃)$$

所设合理，取高温系数 $\eta = 0.85$，实际温度 $t_p = 0.85 \times 1563.83 = 1329.26(℃)$，比要求温度 1245℃ 高出 84.26℃，基本合理。

8.4.6　热平衡计算

热平衡计算包括预热带热平衡计算、烧成带热平衡计算和冷却带热平衡计算，本节仅以预热带、烧成带热平衡计算为例来说明其计算方法，冷却带热平衡计算在此略去。预热带、烧成带热平衡计算的目的是求出燃料消耗量。

热平衡计算必须选定计算基准（这里时间以 1h 为计算基准，0℃ 作为基准温度）。

（1）热收入项目

热收入项目包括坯体、助燃空气、预热带漏入空气带入的显热和燃料带入的化学热和显热，计算公式和隧道窑一样，按照式(7-25)和式(7-26)进行计算。

继续以上述例题进行计算。

第 1~3 节热源为烟气余热，即利用烟气带走显热，所以 1~3 不列入热平衡计算中，但是计算时，应以第 3 节坯体计算坯体带入显热，以第 4 节烟气温度值计算烟气带走显热。

① 坯体带入显热 Q_1　取烧成灼减 5%，入窑干制品质量：

$$G_1 = \frac{270000}{300 \times 24 \times 90\%} \times \frac{17.87}{95\%} = 783.8(kg/h)$$

入窑制品含自由水 2%，湿基制品质量：

$$G_2 = \frac{783.8}{1 - 2\%} = 799.8(kg/h)$$

制品入窑第 4 节时温度 250℃，入窑制品比热容：

$$c_1 = 0.84 + 26 \times 10^{-5} \times 250 = 0.905 [kJ/(kg \cdot ℃)]$$
$$Q_1 = McT = 799.8 \times 0.905 \times 250 = 180955(kJ/h)$$

② 燃料带入化学热及显热 Q_f：

$$Q_f = x(Q_{DW} + C_f T_f) = x(5233.8 + 1.32 \times 20) = 5260.2x(kJ/h)$$

其中煤气低热值 Q_{DW} 为 5233.8 kJ/m^3，入窑煤气温度 20℃，20℃ 时煤气比热容

1.32kJ/(m^3·℃)，设煤气消耗量为 $x\,m^3/h$。

③ 助燃空气带入显热 Q_a，助燃空气温度 20℃，20℃时空气比热容 1.30kJ/(m^3·℃)，助燃空气实际总量：$V_{a总}=V_a x=1.25x$(m^3/h)，则：

$$Q_a=V_{a总}c_a t_a=1.25x\times1.3\times20=32.5x\,(kJ/h)$$

④ 预热带漏入空气带入显热 Q_a：取预热带空气过剩系数 2.0，漏入空气温度 20℃，比热容 1.30kJ/(m^3·℃)，漏入空气总量：

$$V_a=x(\alpha_g-\alpha)=x(2.0-1.15)\times1.09=0.93x\,(m^3/h)$$

$$Q_a=V_a c_a t_a=0.93x\times1.3\times20=24.2x\,(kJ/h)$$

(2) 热支出项目

热支出项目包括产品带出显热、窑体散失热量、物化反应耗热、烟气带出显热和其他热量损失。其中产品和烟气带出显热可以按照公式(7-27)进行计算，其他热损失根据经验占热收入的5%。

① 窑体散失热量　将计算窑段分为两部分，第4~11节温度范围 400~1000℃，一般取平均值 700℃；第12~16节温度范围 1000~1245℃，取平均值 1123℃。窑墙和窑顶热流密度按照式(8-13)计算，窑底热流密度按照式(8-14)计算，散热量为散热面积和热流密度乘积。

$$q=\frac{T_内-T_外}{\dfrac{\delta_砖}{\lambda_砖}+\dfrac{\delta_纤}{\lambda_纤}} \tag{8-13}$$

式中　$T_内$——窑内壁平均温度，℃；

　　　$T_外$——窑外壁平均温度，℃；

　　　$\delta_砖$——耐火层高铝砖墙厚度，m；

　　　$\delta_纤$——保温层耐火纤维墙厚度，m；

　　　$\lambda_砖$——高铝砖导热系数，W/(m·℃)；

　　　$\lambda_纤$——耐火纤维导热系数，W/(m·℃)。

$$q=\frac{T_内-T_外}{\dfrac{\delta_砖}{\lambda_砖}+\dfrac{\delta_纤}{\lambda_纤}+\dfrac{\delta_藻}{\lambda_藻}} \tag{8-14}$$

式中　$\delta_藻$——硅藻土砖墙厚度，m；

　　　$\lambda_藻$——硅藻砖导热系数，W/(m·℃)。

② 物化反应耗热　物化反应耗热包括自由式蒸发吸热和其余物化反应热，分别按照以下公式进行计算：

$$Q_w=G_w(2490+1.93t_g) \tag{8-15}$$

式中　G_w——为入窑前后制品质量差，kg；

　　　t_g——烟气离窑温度，℃。

$$Q_r=G_a\times2100\times\alpha\% \tag{8-16}$$

式中　G_a——入窑干制品质量，kg；

　　　α——氧化铝含量，%。

继续进行上述例题计算说明。

① 窑体散失热量

ⅰ.第4~11节

窑顶：高铝砖导热系数 $\lambda_{砖}$ 取 $0.706W/(m\cdot℃)$，厚度 $\delta_{砖}$ 取 $0.3m$，耐火纤维导热系数 $\lambda_{纤}$ 取 $0.2W/(m\cdot℃)$，厚度 $\delta_{纤}$ 取 $0.15m$。

热流密度：
$$q=\frac{700-40}{\dfrac{0.3}{0.706}+\dfrac{0.15}{0.2}}=562(W/m^2)$$

窑顶散热面积：
$$A_{顶}=\frac{1.5+2.12}{2}m\times2.13m/节\times8\ 节=30.84(m^2)$$

窑顶散失热量：
$$Q_{顶}=562\times30.84\times3.6=62395(kJ/h)$$

窑墙：高铝砖平均导热系数 $\lambda_{砖}$ 取 $0.713W/(m\cdot℃)$，厚度 $\delta_{砖}$ 取 $0.113m$，耐火纤维平均导热系数 $\lambda_{纤}$ 取 $0.15W/(m\cdot℃)$，厚度 $\delta_{纤}$ 取 $0.197m$。

热流密度：
$$q=\frac{700-40}{\dfrac{0.113}{0.713}+\dfrac{0.197}{0.15}}=448.98(W/m^2)$$

一侧窑墙散热面积：
$$A_{墙}=\frac{0.873+1.613}{2}m\times2.13m/节\times8\ 节=21.18(m^2)$$

二侧窑墙散热量：
$$Q_{墙}=2\times448.98\times21.18\times3.6=68467.65(kJ/h)$$

窑底：在窑下面与干燥器间装有100mm厚耐火纤维起保温作用。高铝砖导热系数 $\lambda_{砖}$ 取 $0.715W/(m\cdot℃)$，厚度 $\delta_{砖}$ 取 $0.065m$，硅藻砖导热系数 $\lambda_{藻}$ 取 $0.214W/(m\cdot℃)$，厚度 $\delta_{藻}$ 取 $0.161m$，耐火纤维平均导热系数 $\lambda_{纤}$ 取 $0.15W/(m\cdot℃)$，厚度 $\delta_{纤}$ 取 $0.1m$。

热流密度：
$$q=\frac{700-40}{\dfrac{0.065}{0.715}+\dfrac{0.161}{0.214}+\dfrac{0.1}{0.15}}=437.09(W/m^2)$$

窑底散热面积：
$$A_{底}=\frac{1.5+2.12}{2}m\times2.13m/节\times8\ 节=30.84(m^2)$$

窑底散失热量：
$$Q_{底}=437.1\times30.84\times3.6=48527.48(kJ/h)$$

ⅱ.第12~16节

窑顶：窑外壁表面平均温度取80℃，窑内壁平均温度1123℃，窑顶高铝砖导热系数 $\lambda_{砖}$ 取 $0.735W/(m\cdot℃)$，厚度 $\delta_{砖}$ 取 $0.3m$，耐火纤维导热系数 $\lambda_{纤}$ 取 $0.25W/(m\cdot℃)$，厚度 $\delta_{纤}$ 取 $0.15m$。

热流密度：
$$q=\frac{1123-80}{\dfrac{0.3}{0.735}+\dfrac{0.15}{0.25}}=1032.67(W/m^2)$$

窑顶散热面积：
$$A_{顶}=\frac{1.5+2.12}{2}m\times2.13m/节\times5\ 节=19.28(m^2)$$

窑顶散失热量：
$$Q_{顶}=1034.7\times19.28\times3.6=71816(kJ/h)$$

窑墙：高铝砖平均导热系数 $\lambda_{砖}$ 取 $0.74W/(m\cdot℃)$，厚度 $\delta_{砖}$ 取 $0.113m$，耐火纤维平均导热系数 $\lambda_{纤}$ 取 $0.25W/(m\cdot℃)$，厚度 $\delta_{纤}$ 取 $0.197m$。

热流密度：
$$q=\frac{1123-80}{\dfrac{0.3}{0.74}+\dfrac{0.197}{0.25}}=1175.26(W/m^2)$$

一侧窑墙散热面积：
$$A_{墙}=\frac{0.873+1.617}{2}m\times2.13m/节\times5\ 节=13.26(m^2)$$

二侧窑墙散热量：　　　　　　　$Q_墙 = 2 \times 1175.26 \times 13.26 \times 3.6 = 112204.42(kJ/h)$

窑底：在窑下面与干燥器间装有 100mm 厚耐火纤维起保温作用。高铝砖导热系数 $\lambda_砖$ 取 0.74W/(m·℃)，厚度 $\delta_砖$ 取 0.13m，硅藻砖导热系数 $\lambda_藻$ 取 0.4W/(m·℃)，厚度 $\delta_藻$ 取 0.13m，耐火纤维平均导热系数 $\lambda_纤$ 取 0.2W/(m·℃)，厚度 $\delta_纤$ 取 0.1m。

热流密度：

$$q = \frac{1123-80}{\frac{0.13}{0.74} + \frac{0.13}{0.4} + \frac{0.1}{0.2}} = 1043(W/m^2)$$

窑底散热面积：　　　　$A_底 = \frac{1.5+2.12}{2}m \times 2.13m/节 \times 5\ 节 = 19.76(m^2)$

窑底散失热量：　　　　　　$Q_底 = 1043 \times 19.76 \times 3.6 = 74292.4(kJ/h)$

窑体总散热量：

$$Q_3 = 62362.18 + 68467.65 + 48527.48 + 71675.56 + 112204.42 + 74292.47$$
$$= 437529.76(kJ/h)$$

② 产品带出显热 Q_2

烧成产品质量为入窑制品质量与成品率乘积，计算值为 744.6kg/h，制品出烧成带（第16节）温度 T 取 1245℃，制品平均比热容根据经验公式计算值取 1.16kJ/(kg·℃)。根据式(7-27)，产品带出显热 Q_2：

$$Q_2 = McT = 744.6 \times 1.16 \times 1245 = 1075351.32(kJ/h)$$

③ 烟气带走显热 Q_g

离窑烟气总量取 $3x\ m^3/h$，烟气离第 4 节窑温度 T 取 1245℃，400℃时烟气比热容 c 取 1.16kJ/(kg·℃)，则烟气带走显热 Q_g：

$$Q_g = V_g c_g t_g = 3x \times 1.45 \times 400 = 1740x(kJ/h)$$

④ 物化反应耗热 Q_4

i. 自由水蒸发吸热 Q_w

自由水质量为入窑前后制品质量差，计算结果为 16kg，烟气离窑温度 t_g 为 400℃，自由水蒸发吸热 Q_w 按照式(8-15)进行计算：

$$Q_w = G_w(2490+1.93t_g) = 16 \times (2490+1.93 \times 400) = 52192(kJ/h)$$

ii. 其余物化反应热 Q_r

用 Al_2O_3 反应热近似代替物化反应热，Al_2O_2 含量 $a_{Al_2O_3}$ 选取 20%，入窑干制品质量 783.8kg/h，则其余物化反应热 Q_r 按式(8-16)进行计算。

$$Q_r = G_a \times 2100 \times a_{Al_2O_3}\% = 783.8 \times 2100 \times 20\% = 329196(kg/h)$$

故：　　　　　　　　$Q_4 = 52192 + 329196 = 381388(kJ/h)$

⑤ 其他热损失 Q_5

$$Q_5 = Q_1 + Q_f + Q_a + Q_w = (180954.75 + 5260.2x + 32.5x + 24.2x) \times 0.05$$
$$= 9047.74 + 265.85x$$

(3) 热平衡方程

表 8-4 为热平衡计算表，公式如下：

$$Q_1 + Q_f + Q_a + Q_w = Q_2 + Q_3 + Q_4 + Q_g + Q_5 \tag{8-17}$$

继续上述例题，将上述结果分别代入：

$$180954.75+5260.2x+32.5x+24.2x$$
$$=1075351.32+437529.76+381389+1740x+9047.74+265.85x$$

解得 $x=520.19\,\mathrm{m^3/h}$，每小时烧成产品质量为 744.6kg/h，故每公斤产品热耗 $=$ $(520.19\times5233.8)/744.6=3656.42(\mathrm{kJ/kg})$。

表 8-4　热平衡

热收入			热支出		
项目	kJ/h	%	项目	kJ/h	%
坯体带入显热	180954.75	6.18	产品带出显热	1075351.32	36.72
燃料化学热及显热	2736303.44	92.82	窑炉散失之热	437529.76	14.57
助燃空气显热	16906.18	0.57	物化反应热	381389	13.02
漏入空气显热	12588.6	0.43	烟气带走显热	905130.6	30.71
			其他热损失	138292.51	5.00
总计	2946752.97	100.00	总计	2937693.19	100.00

(4) 烧嘴选择

选用 WEIKO 公司 HS20000 型烧嘴，它由煤气喷嘴、助燃空气喷嘴和烧嘴砖组成。煤气节流孔板孔径如下。

烧成带第 12~16 节，取直径 8.7mm；

预热带第 5~11 节，取直径 5.6mm。

空气喷嘴瓷管内径如下。

烧成带第 12~16 节，取直径 6.5mm；

预热带第 5~11 节，取直径 4.5mm。

烧嘴砖耐火材料选用莫来石轻质高铝砖，最高使用温度为 1420℃，密度取 $1.2\mathrm{g/cm^3}$。

8.4.7　管道计算、阻力计算和风机选型

(1) 管道尺寸

排烟系统需排除烟气量按照式(8-18)进行计算：

$$V_g=[V_{g0}+(\alpha_g-1)V_a]x \tag{8-18}$$

式中　V_{g0}——理论烟气量，$\mathrm{m^3/m^3}$（煤气）；

α_g——空气过剩系数；

V_a——理论空气量，$\mathrm{m^3/m^3}$（煤气）。

总烟管尺寸、分烟管尺寸、支管尺寸分别按照式(8-19)~式(8-21)计算：

$$d_{总}=\sqrt{4V/\pi w} \tag{8-19}$$

式中　V——总烟管长度，m；

w——总烟管直径，m。

$$d_{分}=\sqrt{4V_{分}/\pi w_{分}} \tag{8-20}$$

式中　$V_{分}$——分烟管流量，$\mathrm{m^3/s}$；

$w_{分}$——分烟管直径，m。

$$d_{支}=\sqrt{4V_{支}/\pi w_{支}} \tag{8-21}$$

式中　$V_支$——支烟管流量，m^3/s；

　　　$w_分$——支烟管直径，m。

热交换器条数按照式(8-21)进行计算：

$$n = \frac{V}{\pi(d_交/2)^2 w_交} \tag{8-22}$$

式中　V——烟气抽出体积，m^3/m^3（煤气）；

　　　$d_交$——热交换管道内径，m；

　　　$w_交$——热交换管长度，m。

继续上述例题进行计算说明

排烟系统需排除烟气量：

$V_g = [V_{g0} + (\alpha_g - 1)x] = [1.91 + (2.0-1) \times 1.09] \times 520.19 = 1560.57(m^3/h)$，烟气在金属管中流速 w，据经验数据取 $w = 10m/s$，烟气抽出时实际体积 V 按照经验公式计算值为 $1.06 m^3/s$。

① 总烟管尺寸　总管内径取直径为360mm，长度4m，按照式(8-19)：

$$d_总 = \sqrt{4V/\pi w} = \sqrt{4 \times 1.06/3.14 \times 10} = 0.367(m)$$

② 分烟管尺寸　分管流量 $V_分$ 为烟气抽出体积的1/3，计算值为 $0.35m^3/s$，分管内径取210mm，分烟管直径10m，长度为3.2m。则分烟管内径按照式(8-20)计算为：

$$d_分 = \sqrt{4V_分/\pi w_分} = \sqrt{4 \times 0.35/(3.14 \times 10)} = 0.211(m)$$

③ 支管尺寸　支烟管流量 $V_支$ 为烟气抽出体积的1/6，计算结果为 $0.177m^3/s$，支烟管直径10m，支管内径直径150mm，顶部支管长定为1.1m，两侧支管长定为0.5m。则支烟管尺寸按照公式(8-21)计算为：

$$d_支 = \sqrt{4V_支/\pi w_支} = \sqrt{4 \times 0.177/(3.14 \times 10)} = 0.15(m)$$

④ 热交换器

热交换管无缝钢管选直径 $d_{外交} = 83mm$，壁厚为3.5mm，内径 $d_交 = 76mm$，长度取2m。考虑粉尘阻塞与热交换的需要，流速 $w_交$ 取2m/s。

热交换管条数：$n = \dfrac{V}{\pi(d_交/2)^2 w_交} = \dfrac{1.06}{3.14 \times (0.076/2)^2 \times 2} = 117$（条）

热交换管条数为双数，取118条。

热交换管外表面积：$S_1 = 3.14 \times 0.083 \times 2 \times 118 = 61.5(m^2)$

引进窑热交换管外表面积：$S_2 = 3.14 \times 0.032 \times 2 \times 397 = 79.8(m^2)$

$$\Delta S = (79.8 - 61.5)/79.8 \times 100\% = 23\%$$

新窑热交换表面积比引进窑少23%，但新窑需热交换量比引进窑少35%以上，取118条能满足要求。

(2) 阻力计算

阻力计算包括料垛阻力 h_i、位压阻力 h_g、摩擦阻力 h_f 和局部阻力 h_e 计算。其中位压阻力 h_g 按照几何压头计算式(7-9)进行计算，摩擦阻力 h_f 按照式(7-12)进行计算，局部阻力 h_e 通过查表8-5获取，其余阻力按照如下公式进行计算：

$$h_i = N_总 L_节 h_垛 \tag{8-23}$$

式中　$N_总$——总节数；

$L_节$——每节长度，m；

$h_垛$——每米窑长料垛阻力，Pa。

继续上述例题。

① 料垛阻力 h_i　根据经验每米窑长料垛阻力为 0.5Pa。设 0 压在 11～12 节交界处，总共 7.5 节，每节 2.13m，则料垛阻力 h_i 按照公式(8-23)计算结果为 8Pa。

② 位压阻力 h_g　烟气从窑炉至风机，高度升高 $H=1.8$m，此时几何压头为烟气流动的动力即负位压阻力，烟气温度 400℃，外界温度按照室温 20℃计算，按照公式(7-9)计算：

$$h_g = -H(\rho_a - \rho_g)g$$
$$= -1.8 \times [1.29 \times 273 \div (273+20) - 1.30 \times 273 \div (273+400)] \times 9.8 = -11.9(Pa)$$

③ 局部阻力 h_e　局部阻力系数 ξ 由表 8-5 查得。烟气从窑炉进入支管：$\xi_1=1$；支烟管进入分烟管：$\xi_2=1.5$，并 90°急转弯：$\xi_3=1.5$；分管 90°急转弯：$\xi_4=1.5$；分管 90°圆弧转弯：$\xi_5=0.35(r/d=2)$；分管进入总管：$\xi_6=1.5$，并 90°急转弯：$\xi_7=1.5$，进入交换管：$\xi_8=0.28$。

表 8-5　阻力计算

阻力类型	局部阻力系数		公式中用的速度	说　明
突然扩大	$[1-(A_G/A_L)]^2$		小管道截面平均流速	A_L 为小管通道截面积，A_G 为大管通道截面积，以下同
逐渐扩大	$[1-(A_L/A_G)]^2\sin\alpha$		同上	α 为扩大部分两边组成的夹角
突然缩小	$0.5[1-(A_L/A_G)]^2$		同上	
圆滑转 90°弯	r/d 0.6 1.5 0.4	ξ 0.3 5 0.2	$W_1=W_2$	r 为曲率半径，d 为管道直径，W_1 为进口流速，W_2 为出口流速
急转 90°弯	1.5～2.0		同上	
急转 45°弯	0.5		同上	
90°均匀分流	1		主流速度	
90°等量合流	1.5		同上	
180°均匀分流	1.5		同上	
180°等量合流	2～3		同上	
烟道闸板	$[(A_G/0.7A_L)-1]^2$		W_G	W_G 为遇闸板前大通道截面处的气体流速
圆滑小孔进口	0.1～0.25		W_G	W_G 为进小孔前大通道截面处的气体流速

为简化计算，烟管中烟气流速均按 10m/s 计，烟气温度均按 400℃计，虽在流动过程中烟气会有温降，但此时流速会略小，且取定的截面积均比理论计算的偏大，故按此值算出的局部阻力只会略偏大，能满足实际操作需要，具体如表 8-5 所示。

$$h_e = (1+1.5+1.5+1.5+0.35+1.5+1.5) \times (10^2/2) \times 1.3 \times [273/(273+400)] +$$
$$0.28 \times (2^2/2) \times 1.3 \times [273/(273+400)] = 233.85Pa$$

④ 摩擦阻力 h_f　摩擦阻力系数，金属管取 $\xi_1=0.03$，热交换管取 $\xi_2=0.05$（粉尘粘壁严重），按照式(7-12)计算。

$$h_f = \varepsilon_1 \left(\frac{L_支}{d_支} + \frac{L_分}{d_分} + \frac{L_总}{d_总} \right) \frac{\omega^2}{2} \rho + \varepsilon_2 \frac{L_交}{d_交} \rho$$

$$= 0.03 \times \left(\frac{0.5}{0.15} + \frac{3.2}{0.211} + \frac{4}{0.367} \right) \times \frac{10^2}{2} \times 1.29 \frac{273}{273+400} + 0.05 \times \frac{2}{0.076} \times \frac{2^2}{2} \times \frac{273}{273+400}$$

$$= 24.48 (Pa)$$

烟囱阻力忽略不计（可由本身几何压头来克服）。风机应克服总阻力，总阻力为料垛阻力 h_i、位压阻力 h_g、摩擦阻力 h_f 和局部阻力 h_e 之和，计算结果为 254.4Pa。

(3) 风机选型

为保证正常工作，取风机抽力余量 0.5。所以选型应具备风压为流量取储备系数 K（取 1.5）和总阻力 h 乘积，计算结果为 382.8Pa，风机排出烟气平均温度 250℃，则风机抽出气体量 Q 为：

$$Q = KV_g [(T + T_烟)/T] \tag{8-24}$$

式中　K——流量取储备系数，取 1.5；

　　　V_g——排出烟气量，m^3/m^3（煤气）；

　　　T——固定参数，取 273；

　　　$T_烟$——烟气温度，℃。

带入流量取储备系数、排出烟气量、烟气温度等值，计算结果如下：

$$Q = 1.5 V_g [(273 + 250)/273] = 1.5 \times 1551 \times [(273 + 250)/273] = 4457 (m^3/h)$$

选用风机时应考虑窑炉有时空气、煤气比例失调，会大量增加烟气量，增大抽风阻力，可能会使热交换器粉尘阻塞，造成较大阻力，选型时全风压应留有较大余地。所选风机见表 8-6。

表 8-6　隧道窑风机选择

项目	抽烟	助燃	急冷	抽热风
管道尺寸/mm	总管 400，分管 210，支管 150	总管 300	直径 200	总管 400，分管 200
风机代号	抽烟风机 A	助燃风机 B	急冷风机 C	抽热风机 E
风机名称	高温离心通风机	高压离心通风机	高压离心通风机	高温离心通风机
风机型号	W5-481-11 No5.5	5-29 No6.5	9-26-1 No4	W5-481-11 No5.5
全风压/Pa	1405	8050	3930	1405
风量/(m³/h)	8060	5763	2198	8060
电机型号	Y120M-2	Y160L-2	Y132S1-2	Y120M-2
功率/kW	22	18.5	5.5	22
转速/(r/min)	2900	3150	2900	2900
传动方式	C	C	A	C
出口方向	右 0°	右 270°	左 270°	右 270°
外形尺寸		940×813×117	592×712×723	
质量/kg(不带电机)		214.5	62	

冷却带由急冷、缓冷、尾冷三部分组成，冷却带占辊道窑总长的比例，是按照陶瓷墙地砖冷却制度要求和产品出窑温度不能太高的思路来定的。一般按辊道窑总长的 40% 考虑，如果冷却管路设计合理的话，烧制抛光砖时，产品出窑温度应在 100℃ 以下。如果烧制快速

烧成配方的产品、容易炸裂的釉面产品或者窑尾出砖为机械式集砖时（出砖温度小于80℃），冷却带应适当加长。实际情况有时有一定的偏差。目前佛山地区很多窑炉公司设计冷却带的长度占辊道窑总长的比例为35％，产品出窑温度达180℃以上，有的甚至达220℃以上，这种设计完全是以追求产量为目的，在国际上是不允许的，随着时代的进步，这种情况会逐步得到纠正。

预热带占辊道窑总长的比例设计，是按照陶瓷墙地砖进入烧成区前氧化分解要充分的要求来考虑的，急冷区和烧成区共占去了70％，所以它的长度占辊道窑总长的30％。其中4烧嘴区域占10％左右，紧挨在8烧嘴区域之前。一般随着辊道窑长度（大于200m）的增加，烧嘴布置相应再往前一些。

习　题

8-1　辊道窑有哪些优点？窑体结构和隧道窑相比有哪些区别？

8-2　辊道窑窑顶结构和形式有哪些？

8-3　简述辊道窑棍棒材质、主要连接方式？

8-4　分析辊道窑单位产品热耗低于隧道窑的原因。

8-5　简述辊道窑冷却系统和隧道窑差异。

8-6　简述辊道窑排烟系统和隧道窑相比有哪些异同。

8-7　结合辊道窑设计简要叙述辊道窑设计计算的主要步骤。

8-8　简述辊道窑和隧道窑运行过程中窑内气体运行过程差异。

8-9　设计年产 2000000m^2 尺寸为 600mm×600mm×8mm 的瓷质砖气烧辊道窑，请根据下列条件计算窑内宽、窑长（烧成收缩为 10％，坯体离窑墙内壁取 150mm，烧成周期为50min，工作日为 300d/a）。

8-10　根据题 8-9 计算结果完成对窑炉主要结构设计。

第3篇　其他无机材料热工设备

第 9 章
间歇窑和电热窑炉

间歇窑是以装窑、烧制、出窑为一个工作周期的一类窑炉，适用于多品种、高大制品及小批量制品的生产。其特点是可灵活变更烧成制度，且投资少，易建造；缺点是蓄热损失大，余热利用率低，劳动强度大。电热窑炉是最环保的一类窑炉，无烟气排放，在一些高技术陶瓷领域方面应用较多。本章除了对间歇窑一类梭式窑进行重点介绍之外，还对传统电热窑炉及一些新型电热窑炉进行概要介绍。

9.1 间歇窑

间歇窑历史久，相比于隧道窑和辊道窑等连续式窑炉，间歇窑属于另外一种烧成模式，间歇窑经常用来烧制一些特种陶瓷、耐火材料等。传统的间歇窑有倒焰窑，随后在倒焰窑基础上又发展出许多新型间歇窑，例如梭式窑（抽屉窑）、钟罩窑。间歇窑优点是产品机动性好，烧成灵活，窑内上下温差小，投资少，可烧成大件产品，因而具有生命力；缺点是能耗高，效率低，装出窑劳动条件差，窑内温差大。

9.1.1 倒焰窑

倒焰窑是陶瓷工业中较早使用到的一类间歇窑炉，如图 9-1 所示。一次空气通过炉栅进入煤层，燃烧后烟气自挡火墙和喷火口喷至窑顶，倒流经过制品完成热量传递后通过吸火孔和烟道排出。倒焰窑容积可以调节，生产灵活性较大，可以根据产品种类不同进行工艺调整，窑室内部温度分布均匀，烧成品质量较高，而且建筑费用小。

倒焰窑缺点是烟气温度高、生产规模小、劳动条件差、单位制品燃料消耗高。倒焰窑窑

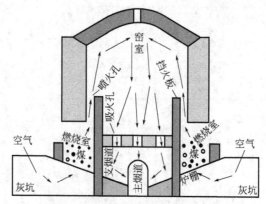

图 9-1　倒焰窑结构和工作流程示意图

墙、窑门和窑顶散失热量较大（约占 10%～15%），烟气温度较高，一般比烧成温度高 30～50℃，大量热量（约 30%～40%）散失掉，因而国内现在倒焰窑使用得比较少。

9.1.2　梭式窑

倒焰窑能耗高，效率低，装出窑劳动条件差，窑内温差大，后人在原来的基础上，进行了改进，建成了新型的间歇窑，例如梭式窑和钟罩窑，如图 9-2 所示。

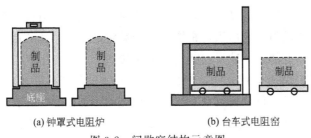

(a) 钟罩式电阻炉　　　　(b) 台车式电阻窑

图 9-2　间歇窑结构示意图

与旧式倒焰窑相比，新型间歇窑具有的特点是在窑外装窑和出窑，减轻了劳动强度，改善了劳动条件；采用高速调温烧嘴，加强了窑内传热，缩短了制品的烧成时间，增加了窑的产量，降低了单位制品燃料能耗；采用高温轻质隔热材料，降低了窑体的蓄热量，便于快速烧成和冷却；制品在烧成和冷却过程中实现自动控制，提高了产品质量。表 9-1 为国内外间歇窑和倒焰窑比较。

表 9-1　几种间歇窑比较

序号	项目	旧式倒焰窑	国产梭式窑	Bickley 梭式窑
1	窑容积/m³	80	80	64
2	燃料	重油	煤气	煤气
3	烧成周期/h	>240	179	92
4	窑具与产品质量比	4.3～5.3	3～3.5	0.45～0.5
5	保温阶段温差/℃	30～40	10	<5
6	年产量/(t/y)	300	336.7	737.8
7	烧成合格率/%	小于 50	92.7	96.7
8	单位热耗量/(kJ/kg 产品)	84	58.8	43.5

（1）梭式窑结构

梭式窑结构与隧道窑烧成带类似，由窑室和窑车两大部分组成，坯体在窑外窑车上堆垛，推进窑室进行烧结，经过烧成和冷却后，又由窑车带出窑室，如图 9-3 所示。窑车的移动犹如织布的梭子或桌子的抽屉，故命名梭式窑或抽屉窑［图 9-2(b)］。梭式窑的工作系统由窑体、窑车、传输系统、通风及燃烧系统、检测及控制系统组成。钟罩窑又称为罩式窑或高帽窑，工作原理和梭式窑一样，只是结构上有所区别。钟罩窑上部结构是一个可以上下移

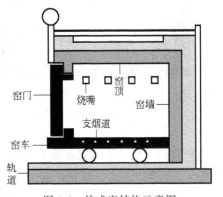

图 9-3　梭式窑结构示意图

动的罩形整体，窑底是可移动窑车［图9-2(a)］。

① 窑体 窑墙材料一般由莫来石隔热砖、高铝隔热砖、硅酸钙板或硅酸铝纤维、钢板等组成。窑墙结构多采用浮锚式钩挂结构，通过砖拉钩和砖拉杆将窑墙和窑体钢结构联系起来，增强窑墙的稳定性。沿窑炉长度和高度方向均留设膨胀缝，宽度在10~25mm。窑顶有吊挂平顶和串挂平顶两种。现代梭式窑采用耐火纤维窑墙和窑顶，主要结构有陶瓷杆锚固多层不同材质耐火纤维毡、耐火纤维条耐热钢销钉串固定、带有堇青石-莫来石护瓦的耐火纤维折叠压缩模块锚固定和陶瓷杆锚固多层不同材质耐火纤维毡几种结构形式。窑门由莫来石隔热砖、硅酸铝纤维板及钢板外壳组成，窑车和隧道窑类似，设有曲封和砂封。

钟罩窑窑顶可以是拱顶或平吊顶，窑罩一般为固定的钢架结构，底座和燃烧装置及窑衬都安装在窑罩上，窑罩下部装有砂封或其他密封装置。

② 燃烧系统 采用高速调温烧嘴，根据窑的尺寸要求和产品特性，双向立体交错布置，分布在窑内垂直火道位置，每个火道上下布置两只烧嘴，如图9-4所示。烧嘴出口燃气温度调节范围80~1400℃，火焰出口速度在100m/s以上，可使用高温助燃风。梭式窑内温度控制系统和隧道窑类似，气氛控制通过调节总管及各区的燃气量和助燃空气量来实现，压力控制通过变频调节控制排烟机来实现。

③ 排烟系统 排烟系统由烟道、烟道闸门、烟囱、排烟机或喷射排烟机等组成，排烟抽力主要靠烟囱、排烟机或喷射器提供。和隧道窑一样，间歇窑有自然排烟和机械排烟两种排烟方式。烟气依次通过吸火孔、垂直支烟道、水平支烟道、汇总烟道、主烟道，最后经过烟囱排出。下游烟道截面积大于或等于上游各烟道截面积之和。

(2) 梭式窑运行

① 气体流动 自然通风梭式窑内，燃料烟气由烧嘴出口上升至窑顶，然后由窑顶向下流至窑车台面，经过吸火孔排出，如图9-5所示。上升的几何压头是推动力，并在窑顶转换为静压头。烟气由窑顶倒流至窑底的几何压头是燃烧时产物流动的阻力。上升平均温度一般来说比倒流的平均温度高，上升时平均密度比倒流时平均密度小。

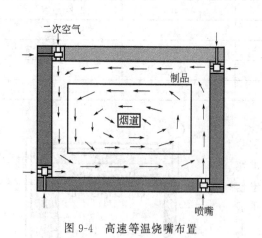

图9-4 高速等温烧嘴布置

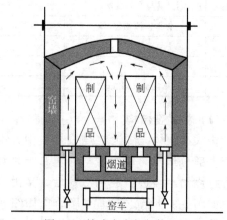

图9-5 梭式窑内部气体流动

② 窑内压强分布 采用高速等温烧嘴的梭式窑，由排烟机强制排烟，窑内零压面一般是维持在排烟口平面，以保证窑内热气体不外泄，窑外冷空气不漏入。自然通风的引射式梭式窑，窑内零压面一般是维持在窑底平面。

③ 窑内传热　间歇窑内制品及窑墙、窑顶的温度随着时间的变化而改变，窑内传热全部属于不稳定传热。因此通常通过计算机模拟来计算不同时间窑内温度分布，从而计算任意时刻窑墙、窑顶所蓄热量及其外表面散失热量。

9.2　电阻炉

随着电子工业、原子能、火箭及宇宙科学等尖端技术行业的迅猛发展，催生了一大批新型高性能陶瓷，与之对应也涌现了许多新型电热陶瓷窑炉，电阻炉是其中的一类。与火焰窑炉利用燃料燃烧产物（烟气）在窑内强制流动进行气体辐射传热及强制对流传热不同的是，电阻炉把电能转化为热能，窑内主要是电热体的固体辐射传热及窑内气体的自然对流传热。电阻炉缺点是附属的电气设备复杂昂贵，主要为固体辐射传热，窑内空间有限，太大则窑内温度不均，如要烧还原焰须外加还原性气体。

电阻炉按电热元件可以分为镍铬合金电阻炉、铁铬铝合金电阻炉、硅碳棒电阻炉和硅钼棒电阻炉。电热元件是将电能转变为热能的元件，根据生产工艺等条件要求选择合适的电热元件，既做到技术上合理，又节约投资。电阻炉要求电热元件具有较高使用温度，较高的比电阻、较小的电阻温度系数，高温下不易氧化，不与炉内的衬砖、气体发生化学反应，机械性能好，热膨胀系数不能太大等。

9.2.1　镍铬合金电阻炉和铁铬铝合金电阻炉

镍铬合金电阻炉和铁铬铝合金电阻炉都属于低温电阻炉，经常用于温度低于 1100℃ 制品加热，例如低温特种陶瓷烧制、金属材料热处理、耐火材料煅烧等。镍铬合金电阻炉，顾名思义采用镍铬合金电阻丝作为电热元件，其最大的优点是高温下不易氧化，高温强度较高，塑性和韧性较好，易加工成型，可绕制成各种形状的电热元件。缺点是镍比较稀有，造成这类镍铬合金电阻丝价格昂贵，限制了这类电阻炉在实际中应用。

铁铬铝合金电阻炉是另外一类低温电阻炉，也经常用于温度低于 1100℃ 制品加热，和镍铬合金电阻炉应用范围基本上一致。铁铬铝合金电阻丝的使用温度高，电阻系数大，电阻温度系数小，表面容许负荷高，价格低。缺点是强度不太高，比镍铬合金低得多，加工性能不是很好，性硬脆，在高温下与酸性耐火材料和氧化铁反映强烈，但总体说来铁铬铝电热合金优点比较多，

镍铬合金电阻炉电阻丝熔点随合金成分改变，约在 1400℃，在 1100℃ 以下的炉子均可以使用镍铬合金为电热元件，其最大的优点是高温下不易氧化。因为在其表面生成氧化铬薄膜，起保护作用。比电阻为 $1.11\Omega \cdot mm^2/m$，电阻温度系数为 $(8.5 \sim 14) \times 10^{-5}$，所以当温度升高时，电功率较稳定。其高温强度较高，塑性和韧性较好，易加工成形，可绕制成各种形状的电热元件。镍是比较稀少的金属，综合考虑在电热元件中节省镍和不用镍是比较好的选择。

铁铬铝合金电阻炉电阻丝熔点比镍铬合金的高，约在 1500℃，加热后其表面生成一层氧化铝，起保护作用。最高使用温度可达到 1300 ～ 1400℃。强度不太高，比镍铬合金低得多，加工性能不是很好，性硬脆，在高温下与酸性耐火材料和氧化铁反映强烈。炉内支撑要考虑用比较纯的氧化铝耐火材料。线膨胀系数比较大，设计时要考虑留有余地，供其伸缩。

铁铬铝与镍铬合金对比，各有优点，但总体说来铁铬铝电热合金优点比较多。铁铬铝合金的使用温度高，电阻系数大，电阻温度系数小，表面容许负荷高，价格低。

9.2.2 硅碳棒电阻炉

硅碳棒电阻炉是一类采用硅碳棒作为电加热元件的电阻炉，属于中高温加热设备，加热温度范围在1000～1350℃，硅碳棒电阻炉根据加热制品有不同窑炉形状，但总体区别不大，优点是升温快、控制精度高、操作简单、升温速度可控、控温精度高、安全性能好、使用寿命长。硅碳棒电阻炉是试验室的通用设备，比普通箱形高温炉能提供更高的使用温度，可供煤炭、化工、建材、电力、冶金、地质勘探等科研单位作烧结、加热处理等用。

硅碳棒电阻炉发热体以绿色 α-SiC 为主要原料，焦油与沥青混合物作为结合剂，混合和挤压成形，1000℃预烧后埋粉直接通电间接加热至2000℃以上烧结而成。硅碳棒电阻炉发热体分为冷端和热端，形状包括等直径棒形（螺旋形）、方端螺旋形（U形）和 W 形等（图9-6）。

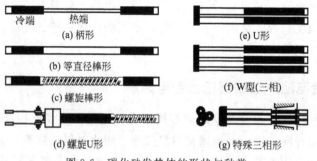

图 9-6 碳化硅发热体的形状与种类

图9-7为硅碳棒发热体电阻率温度特性，如图所示硅碳棒发热体电阻率随着温度发生变化，呈杂质型半导体的特性。在550～600℃左右，碳化硅发热体的电阻率最低；室温至550～600℃，电阻与温度呈负特性变化；550～600℃以上，电阻与温度则呈正特性变化。因而发热体800℃以上使用，处于正特性变化范围，温度容易控制调节。

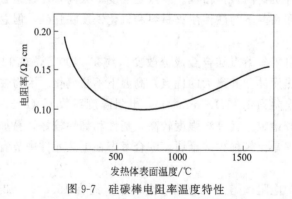

图 9-7 硅碳棒电阻率温度特性

硅碳棒发热体装配方法包括上下水平配置、上部水平配置和两侧垂直配置（图9-8）。上下水平配置发热体时，炉内温度分布比较均匀，炉床底板下面的发热体容易发生过热和过早损坏事故；上部水平配置方式可避免上下水平配制的缺点，炉膛高度较高时，炉膛上下易产生较大的温差，适于炉膛高度较小的电炉。

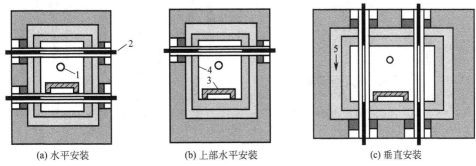

(a) 水平安装　　　　　(b) 上部水平安装　　　　　(c) 垂直安装

图 9-8　碳化硅发热体电炉的发热体配置方法

两侧垂直平行配置发热体可以避免上下水平配置时炉底板下面的发热体过早损坏，但不易达到炉膛内上下温度完全均匀。发热体间的距离至少为发热体的发热段直径的 5～7 倍，发热体与炉墙间的距离至少为发热段的直径 3 倍以上。发热体的接线方法中，并联方式接线较理想。用并串联接线方式时，电气设备的电流容量应增大，从经济上考虑，一般用并串联接线方法，如图 9-9 所示。

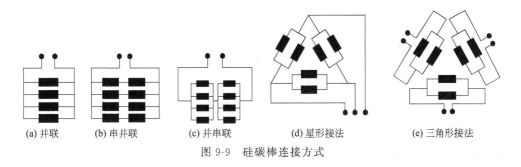

(a) 并联　　　(b) 串并联　　　(c) 并串联　　　(d) 星形接法　　　(e) 三角形接法

图 9-9　硅碳棒连接方式

9.2.3　硅钼棒电阻炉

硅钼棒电阻炉是一类采用以二硅化钼为主要成分的电阻发热元件高温电阻炉，主要加热温度范围 1350～1650℃。硅钼棒电阻炉具有升温速度快、升温速度可控、控温精度高、安全性能好、使用寿命长等优点。硅钼棒电阻炉主要用于高校和科研院所、工矿企业高温烧结、金属退火、新材料开发、有机物质灰化、质量检测，也适用于军工、电子、医药、特种材料等生产和实验。硅钼棒电阻炉发热元件在高温氧化性气氛下使用时，表面生成一层光亮致密的 SiO_2 膜保护层，阻止制品进一步氧化。氧气气氛下，硅钼棒的最高使用温度达到 1800℃，硅钼棒电热元件的电阻随着温度升高而迅速增加，当温度不变时电阻值稳定，硅钼棒的这一电阻-温度特性为正温度特性，从室温到高温，电阻率随温度增长较快，可自动防止升温过快，如图 9-10 所示。

根据加热设备装置的结构、工作气氛和温度，对电热元件的表面负荷进行正确地选择，是保证硅钼棒电热元件的使用寿命的关键。硅钼棒发热体的形状主要有 U 形、W 形和 O 形（图 9-11），其中 U 形尺寸和硅碳棒对比如图 9-12 所示。

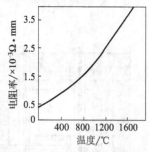

图 9-10　硅钼棒电阻-温度特性

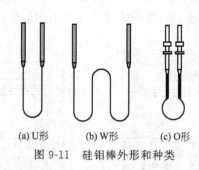

(a) U形　　(b) W形　　(c) O形

图 9-11　硅钼棒外形和种类

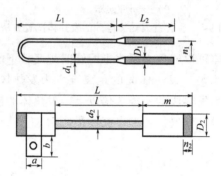

图 9-12　硅钼棒和硅碳棒尺寸

L_1—硅钼棒热端长度；L_2—硅钼棒冷端长度；d_1—硅钼棒热端直径；D_1—硅钼棒冷端直径；

n_1—硅钼棒两冷端中心线间距；d_2—硅碳棒热端直径；D_2—硅碳棒冷端直径；

l—硅碳棒热端长度；L—硅碳棒总长度；m—硅碳棒冷端部分长度；n_2—硅碳棒喷铝部分长度；

a—硅碳棒连接卡箍宽度；b—硅碳棒卡箍舌片长度

　　硅钼棒使用温度在 1300℃ 以上，高温下的热塑性较大导致硅钼棒变形，因而在装配硅化钼发热体电炉时，要选择合理装配方式，一般可以选择水平安装或垂直吊挂。硅钼棒在高于 1300℃ 会产生较大的塑性变形，水平安装时，防止软化下垂，在其下面一般需用支承托板。最理想的安装方法是将 U 形发热体用耐火砖固定好后从炉顶垂直悬吊（图 9-13）。硅钼棒室温下的抗冲击强度较小，既硬又脆，在安装电炉时需要特别小心。为了避免产生机械应力和便于装卸，硅钼棒的端部可预先套装在耐火套砖上，并用耐火棉塞紧固定，硅钼棒安装好后用铝丝编织导线联结起来。

　　在正常情况下硅钼棒发热元件电阻不随使用时间的长短而发生变化，因此新旧硅钼棒电

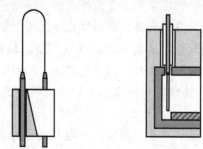

(a) 发热体装在耐火套砖上　　(b) 发热体与耐火砖套在一起装入炉顶

图 9-13　U 形硅化钼发热体的垂直吊装方法

热元件可以混合使用（图 9-10）。硅碳棒发热元件使用时氧化作用使发热体的电阻增加，老化现象严重。硅钼棒发热元件使用中自由下垂悬挂时，发热体的使用寿命取决于发热段的高温机械强度。在空气气氛中，温度在 1600℃下使用一年后，硅钼棒发热元件的常温抗折强度约为原来强度的 1/3。机械强度低的发热体的使用寿命不可能达到很长，在高温停炉冷却时，热应力可导致发热体破损，任何能使强度下降的因素将会影响硅钼棒发热元件的使用寿命。

9.2.4　电阻炉对所用电热元件的要求

电热元件最高使用温度应比炉子额定使用温度高 50～100℃，具有较高的比电阻率和较小的电阻温度系数，化学稳定性好，高温下不易氧化，不与炉内气体发生反应，否则需保护。其机械性能好，在使用温度下变形小，有较好的塑性和韧性，易加工，热膨胀系数小，否则易损坏，价格合理。

电阻炉设计步骤一般分为以下步骤：确定炉型、容量→初定炉室尺寸→初步确定主要结构及选用材料（金属和耐火材料）→功率确定→电热元件选定→供电线路、功率分布及调节方式选定→电热元件计算→电热元件布置方式及连接方式的确定→热工测量及自动调节装置的选用。

9.3　其他电热窑炉

9.3.1　电磁感应炉

电磁感应炉是一类利用电磁感应原理进行加热的工业炉，分为感应熔炼炉和感应加热设备两类。电磁感应炉特点是加热速度快、生产效率高、工作环境优越、无污染、低耗能、加热均匀、温控精度高。电磁感应炉根据不同分类用途也不同，中频感应炉广泛用于有色金属的熔炼、加热、特种陶瓷烧结等。图 9-14 为电磁感应真空高温烧结炉加热示意图。

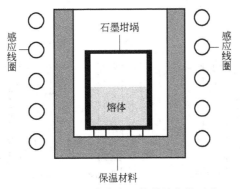

图 9-14　电磁感应高温烧结炉加热示意

熔炼炉分为有芯感应炉和无芯感应炉两类，有芯感应炉主要用于铸铁、黄铜、青铜、锌等金属的熔炼和保温。无芯感应炉分为工频感应炉、中频感应炉和高频感应炉等。电磁感应加热设备用于物料的加热。图 9-15 为国内某电炉厂制造的中频电磁感应真空高温烧结炉。

图 9-15　国内某电炉厂制造的中频电磁感应真空高温烧结炉

电磁感应炉主要由真空系统、炉体系统和加热系统三大部分组成，其中加热系统是人们关注研究的核心。炉体系统由炉壳、冷却系统及气氛控制系统三部分组成。真空系统则由机械、扩散真空泵及相关的电动、气动阀门、真空探测装置和充气系统构成。加热系统主要由发热体（石墨坩埚）、感应线圈、晶闸管中频电源及控制系统组成。中频电磁感应真空烧结炉，在操作时主要通过控制电压（电流）以控制感应线圈的输出功率来调节温升速率和冷却速率及烧成温度，炉内温度的测量通过光纤高温仪。在使用时可以通过调整控制逆变器来调节改变感应线圈的频率，来控制电磁加热透入到坩埚中的加热深度。

中频电磁感应真空烧结炉，升温、冷却速度快，可达 200℃/min，可以实现快速烧成；加热时由于存在集肤效应和圆环效应，热量自外部表面向坯体内部传导，易出现温度梯度和过热区。

9.3.2　等离子体炉

放电等离子体烧结炉是利用放电等离子体进行加热的一类设备。等离子体炉具有温度高，氩气保护以及熔炼质量好等技术优势，广泛用于钛、钼、钨等难熔与或薄金属的熔化与精炼，也可用于耐热钢、耐蚀钢、高强度钢以及超高温陶瓷烧结，图 9-16 为利用直流或交流电源产生等离子体装置的原理图。

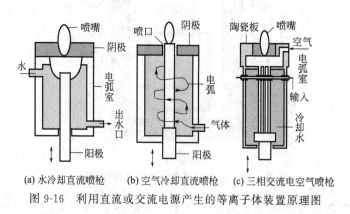

(a) 水冷却直流喷枪　　(b) 空气冷却直流喷枪　　(c) 三相交流电空气喷枪

图 9-16　利用直流或交流电源产生的等离子体装置原理图

放电等离子体烧结炉主要包括以下几个部分：轴向压力装置、水冷冲头电极、真空腔体、气氛控制系统（真空、氢气）、直流脉冲电源、冷却水、位移测量、温度测量和安全控制等单元。随着高新技术产业的发展，新型材料特别是新型功能材料的种类和需求量不断增

加，材料新的功能需求新的制备技术，放电等离子烧结（spark plasma sintering，简称
SPS）是制备功能材料的一种全新技术，它具有升温速度快、烧结时间短、组织结构可控、
节能环保等鲜明特点，可用来制备金属材料、陶瓷材料、复合材料，也可用来制备纳米块体
材料、非晶块体材料、梯度材料等。

9.3.3　自蔓延高温烧结设备

自蔓延高温烧结（SHS）是 20 世纪 80 年代前苏联科学家 Merzhanov 提出的一种材料
烧结方法，主要基于放热化学反应的原理，利用外部能量诱发局部发生化学反应，形成化学
反应前沿界面，随着界面逐步推进，最终完成制品烧结（图 9-17）。自蔓延高温烧结工艺简
单，反应迅速，产品纯度高，能耗低，适用于合成非化学计量比的化合物、中间产物及亚稳
定相等，可用于制作保护涂层、研磨膏、抛光粉、刀具、加热元器件、形状记忆合金，以及
陶瓷-金属的焊接等。

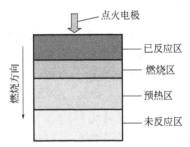

图 9-17　自蔓延烧结反应过程示意图

自蔓延烧结技术在工业中得到了大量应用，与许多其他领域技术结合，形成了一系列相
关技术。目前研究较多的自蔓延致密化工艺包括：a. SHS-准等静压法（SHS-PIP）；b. 热
爆-加压法；c. 高压自燃烧烧结法（HPCS）；d. 气压燃烧烧结法（GPCS）；e. SHS-爆炸冲击
加载法（SHS/DC）；f. SHS-离心致密化等。目前 SHS 的工艺研究还需进一步深化，加强对
产品致密化、一步净成形制品等工艺的研究，充分发挥其高效、节能的优点，使其从实验阶
段迈向工业化生产。

9.3.4　微波烧结炉

微波烧结是 20 世纪 50 年代由 Tinga 等人提出，利用微波电磁场中陶瓷材料的介质损耗
使材料整体加热至烧结温度而实现烧结和致密化。与常规烧结相比较，微波烧结速度要快得
多，达到 500℃/min；加热效率高，省电节能，因此可节省电能消耗，比一般常规烧结节能
50%～90%，显著提高经济效益；样品内外温差与其他加热方式相比较小，微波加热产生的
温度要均匀得多（图 9-18）。较高烧结速度不利于晶体异常长大，因而采用微波烧结可以显
著降低陶瓷烧结温度，达到细晶强化的目的改善陶瓷样品结构组织。

微波烧结技术自提出以来，国内外对微波烧结技术进行了系统的研究，包括烧结机理、
装置优化、介电参数、烧结工艺等。20 世纪 90 年代后期，微波烧结进入产业化阶段。微波
烧结技术被用来生产光纤材料的原件、铁氧体、超导材料、氢化锂、纳米材料等各类材料。
加拿大 IndexTool 公司利用微波烧结制造 SiaNa 刀具。美国、加拿大等国采用微波烧结来批
量制造火花塞瓷、ZrO_2、Si_3N_4、SiC、Al_2O_3、TiC 等。

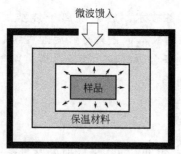

图 9-18　微波烧结设备结构图

　　但微波烧结技术现还未达到成熟的工业化水平，需要针对介电性能等基础参数测定及数据库建立、烧结致密机理、微观组织演化过程、炉体结构及保温装置等进行深入地研究，促进陶瓷材料微波烧结向产业化发展。

9.3.5　等离子体活化烧结炉

　　等离子体活化烧结是比较新的一类烧结技术，主要利用脉冲电压对粉末颗粒间隙充电，使颗粒间产生瞬间分散的等离子体，迅速消除颗粒表面吸附的杂质和气体，加速颗粒表面物质扩散，辅以直流电对模具加热来实现制品烧结。等离子体活化加热显著降低烧结温度，加快烧结过程，具有很高的热效率。

　　等离子体活化烧结炉主要组成包括脉冲电压电源、直流电压电源、加压装置和测温系统，具体如图 9-19 所示。等离子体活化烧结炉可以施加的压力根据不同材料有所差异，一般在 15～60MPa 之间。烧结过程中不用添加其他烧结助剂，直接装粉压片，随后采用脉冲电压活化颗粒表面，同时采用直流电加热进行烧结过程。等离子体活化烧结主要有以下步骤：装粉后施加压力→等离子体颗粒表面活化→直流电加热烧结→冷却和消除压力。

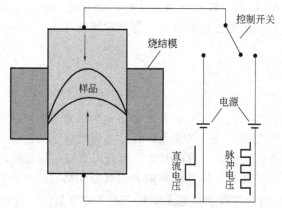

图 9-19　利用直流或交流电源产生的等离子体装置原理图

9.3.6　激光烧结炉

　　激光烧结炉是采用激光作为热源的一类烧结炉。与传统烧结炉相比较，激光烧结炉烧结时间极短，可在 1min 内实现烧结，激光烧结制备的部件，具有性能好、制作速度快、材料多样化，成本低等特点，可以达到很高的烧结温度。典型激光烧结设备如图 9-20 所示。

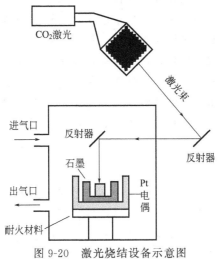

图 9-20　激光烧结设备示意图

　　目前激光烧结结合 3D 打印技术已经成为陶瓷产品开发制备的前沿技术，是电子化制造的关键技术，可以利用设计软件快速设计陶瓷制品外形，随后利用激光技术进行烧结获得制品。激光烧结直接从 CAD 文件进行快速、灵活和划算的生产。由此也发展而来选择性激光烧结 SLS，首先将预热粉末采用辊子铺平，其次采用激光束在计算机控制下有选择地烧结，一层完成后再进行下一层烧结，层层铺设最后得到制品，用金属粉或陶瓷粉进行烧结的工艺还在研究之中。

9.3.7　闪烧和冷烧结设备

　　闪烧 FS 技术于 2010 年由科罗拉多大学的 Cologna 等首次报道，其来源于对电场辅助烧结技术（FAST）。图 9-21 是一种典型的闪烧装置示意图，待烧结陶瓷素坯被制成"骨头状"，两端通过铂丝悬挂在经过改造的炉体内，向材料施加一定的直流或交流电场。炉体内有热电偶用于测温，底部有相机可实时记录样品尺寸。

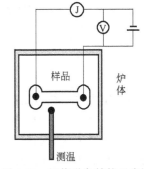

图 9-21　闪烧设备结构示意图

　　闪烧设备主要工艺参数有炉温、场强和电流。初始阶段对材料施加稳定的电场，炉温则以恒定速率升高；孕育阶段电流逐渐增大，炉温随之升高；闪烧阶段电阻率升高至一定值后突降，电流急速上升，随后进入稳定阶段完成保温。闪烧技术的缺点是设备内部经常出现材料内部的热失控、材料本身电阻率的突降和强烈的闪光现象。

　　冷烧技术是近年来由美国宾夕法尼亚州立大学 Andall 课题开发出来的，与传统的高温烧结工艺不同，陶瓷闪烧工艺通过向粉体中添加一种瞬时溶剂并施加较大压力（350～500MPa）从而增强颗粒间的重排和扩散，使陶瓷粉体在较低的温度（120～300℃）和较短的时间内实现烧结致密化，为低温烧结制造高性能结构陶瓷和功能陶瓷创造了可能。冷烧技术的基本工艺是在陶瓷粉体中加入少量水溶液润湿颗粒，粉体表面物质分解并部分溶解在溶液中，从而在颗粒—颗粒界面间产生液相。将润湿好的粉体放入模具中，并对模具进行加热，同时施加较大的压力，保压保温一段时间后可制备出致密的陶瓷材料。

冷烧技术初期，机械压力促使粉体颗粒间的液相发生流动，由此引发粉体颗粒的重排；压力和温度促使粉体表面物质在液相中发生溶解析出，通过该过程物质进行扩散传输。第一阶段致密化过程的驱动力主要由机械压力提供，液相的作用是促进颗粒滑移重排，并且颗粒尖端会在液相中溶解，使颗粒球形化，从而提高压制过程中颗粒的堆积密度。第二阶段机械压力和温度会使系统中的溶液瞬时蒸发，使溶液的过饱和程度随烧结时间的延长而增加，物质在液相中扩散，并在远离压力区域的颗粒表面析出，填充于晶界或气孔处，使陶瓷发生致密化。在此阶段非晶态析出物会钉扎在晶界处，抑制晶粒的生长。

9.3.8 振荡压力烧结设备

目前各种压力烧结技术采用的都是静态的恒压，压力引入虽有助于气孔排除和陶瓷致密度提升，但难以完全将离子键和共价键的特种陶瓷材料内部气孔排除，对于制备的超高强度、高韧性、高硬度和高可靠性的材料仍然具有一定的局限性，于是在此基础上产生了振荡压力烧结技术。图9-22为振荡压力烧结设备结构示意图。

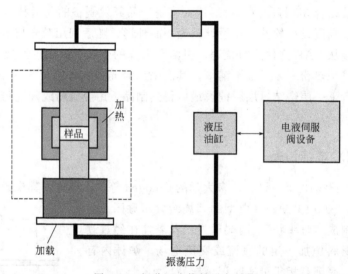

图9-22 振荡压力烧结设备结构

振荡压力烧结技术是在烧结初期施加连续振荡压力使颗粒重排和消除颗粒团聚，缩短了扩散距离，烧结中后期为粉体烧结提供了更大的烧结驱动力，有利于加速黏性流动和扩散蠕变，激发烧结体内的晶粒旋转、晶界滑移和塑性形变而加快坯体的致密化。通过调节振荡压力的频率和大小增强塑性形变，可促进烧结后期晶界处气孔的合并和排出，进而完全消除材料内部的残余气孔，使材料的密度接近理论密度。最后振荡压力烧结技术能够有效抑制晶粒生长，强化晶界。

习　　题

9-1　简述梭式窑与辊道窑和隧道窑各是什么？

9-2　叙述梭式窑主要结构和工作原理。

9-3　电阻炉技术参数有哪些？基本设计过程是什么？

9-4　如何根据烧成制度选择合适的电阻炉？

9-5　简要回答什么是硅碳棒电加热元件老化？硅碳棒新旧替换后对窑炉温场影响是什么？

9-6　比较不同电热窑炉结构特点。

9-7　简述闪烧、冷烧和振荡压力烧结炉的烧结过程。

第10章
回转窑

　　回转窑是将水泥生料在高温下烧成水泥熟料的热工设备，是水泥生产中的一个极为重要的关键环节。在水泥生产过程中，生料粉从窑尾筒体高端下料管喂入，随着窑筒体倾斜式缓慢回转，沿着圆周方向翻滚，从高温端向低温端移动，在移动过程中生料完成分解、烧成等过程，成为水泥熟料，从料筒体的低端卸出，进入冷却机，整个过程由燃料在窑内燃烧提供热量。

　　回转窑可分为干法中空回转窑、湿法回转窑、立波尔窑、悬浮预热器窑（SP 窑）和窑外分解窑（NSP 窑）。回转窑评价技术指标包括回转窑的发热能力、水泥熟料的实际烧成热耗、回转窑内燃烧带的截面热力强度、回转窑内燃烧带的表面热力强度、回转窑内燃烧带的容积热力强度、回转窑内燃烧带的空气过剩系数、回转窑内的热效率和入窑生料分解率。

10.1　回转窑结构

　　回转窑主要由料筒体、传动系统、支撑装置、挡轮装置、窑头密封装置、窑尾密封装置和窑头罩组成，如图 10-1 所示。

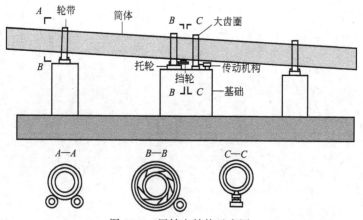

图 10-1　回转窑结构示意图

10.1.1　窑筒体和支撑装置

（1）窑筒体

　　窑筒体一般采用 20～40mm 钢板焊接，沿长度方向装设有加固圈。筒体通过一定数量滚圈支撑在托轮上，大型回转窑筒体还必须加设卡砖圈。窑筒体有直筒型、热端扩大型、冷端扩大型和哑铃型之分，长径比为筒体的有效长度和筒体平均内径比值。窑筒体内衬材料根据不同位置选择上有所差异。窑头化学侵蚀比较严重，一般选材要具有耐高温和较高抗热震性；煅烧带承受高温冲击和化学侵蚀等，要求材质耐高温；放热反应带温度变化频繁，温度高，化学侵蚀严重，要求材质具有较高高温抗折强度和较小弹性模量；分解带与预热带相邻区域热应力和化学力较小，一般采用耐火黏土砖或高铝砖；分解带与放热反应带相邻区域选用普通镁铬砖；预热带选用普通耐火黏土砖。

（2）支撑装置

支撑装置包括轮带、托轮和挡轮，轮带安装在筒体上，通过垫板、座板与窑体相连接，在托轮上转动。窑筒体借助轮带支撑在成对托轮上 [图 10-2(c)]，每套托轮支撑由一对托轮、四个轴承和底座组成，托轮固定在混凝土基础的支架上 [图 10-2(a)]。托轮的直径一般为轮带的 1/4，宽度比轮带宽 50～100mm。挡轮一般安装在筒体中部（图 10-1），靠近大齿圈附近的轮带一侧或两侧。轮带侧面与挡轮工作面间隙一般为 10～20mm，上下窜动量最大为 20～40mm。挡轮限制并检验窑体在加热和运转时的纵向移动，一般在传动设备附近的轮带上安装一对挡轮 [图 10-2(b)]，挡轮有普通挡轮、推力挡轮、液压挡轮和自控式推力挡轮几种。

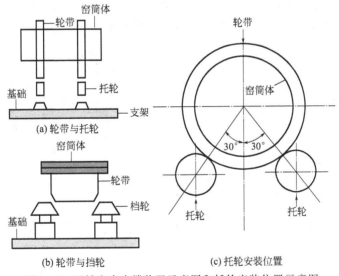

图 10-2 回转窑内支撑装置示意图和托轮安装位置示意图

10.1.2 传动系统和密封装置

（1）传动系统

回转窑通过大齿轮带动筒体转动，传动方式有机械传动和液压传动两种传动方式。大齿轮一般安装在筒体中部或接近窑尾，通过弹簧钢板与筒体连接，中心线与窑体中心线重合。电动机通过减速器带动小牙轮转动，小牙轮带动大牙轮转动，大牙轮带动筒体转动，如图 10-3 所示。

（2）密封装置

回转窑运行时窑内处于负压，容易在许多连接处吸入冷空气，因此必须设置密封装置，以减少漏入冷风。如果密封效果不佳，在热端将降低燃烧温度，导致粉料欠烧，在冷端将影

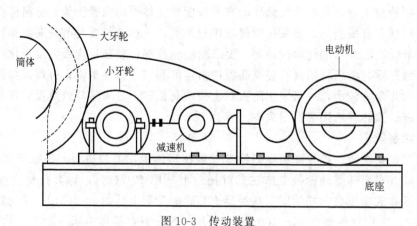

图 10-3 传动装置

1—底座；2—电动机；3—减速机；4—小牙轮；5—大牙轮；6—筒体

响窑内通风，加大主排烟机负荷。因此密封的好坏对回转窑运行和生产指标、能耗和制品质量影响至关重要。回转窑的密封装置要求有良好密封性能、对筒体变形有一定适应性、耐高温、结构简单、维修方便等。常见的密封装置有迷宫式和接触式两类。迷宫式利用空气多次通过曲折通道增加流动阻力防止漏风；接触式采用铸铁摩擦密封板，筒体一圈配有几块连接摩擦板，每块板分别用两个弹簧压向筒体以密封，如图 10-4 所示。

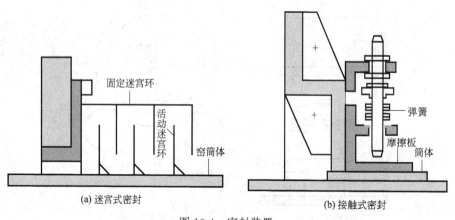

图 10-4 密封装置

10.2 回转窑工作原理

回转窑运行过程中，物料从冷端进入，不断回转向热端移动，而燃料从热端进入后燃烧形成的高温烟气在风机驱动下，自热端向冷端流动。物料和烟气在逆向运动过程中进行热量交换，使物料完成煅烧，因此回转窑运行过程包括物料运行、燃料燃烧和气体流动传热。

10.2.1 物料运行

物料仅占回转窑容积一部分。物料在窑内运动情况比较复杂，一般认为这个运行是有周期性的，物料与筒体一起向上运行，随后又降落下来，旋转向前运行，如图 10-5 所示。物料在窑内运行情况直接影响物料内部温度分布，运行速度影响物料在窑内同流时间和填充系数，也影响物料与热气体之间的传热过程。

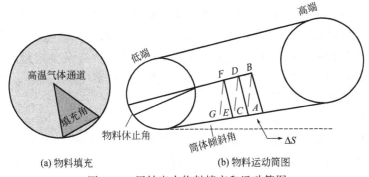

图 10-5 回转窑内物料填充和运动简图

（1）物料运行速度

回转窑内物料运行速度一般可以按照下式进行计算：

$$v_m = \frac{\beta D_i n}{1.77 \sqrt{\alpha}}$$ (10-1)

式中 v_m——物料在窑内运行速度，m/s；

n——窑转速，r/min；

D_i——窑内衬砖直径，m；

α——物料休止角，(°)；

β——窑倾斜度，(°)。

（2）物料各带运行速度

煅烧过程中，窑内各带发生的物理化学变化对物料的形状、粒度、松散度及密度均有影响，因此各带物料运行速度是不同的，一般通过物料中掺杂放射性同位素来测定物料在各段运动速度。表 10-1 是某企业 150m 回转窑通过实际测定和计算得到的物料平均运动速度。

表 10-1 150m 长窑物料平均运动速度

窑内各段	冷却带	烧成带	放热反应带	分解带	预热带	干燥带	链条带	喂料中空部分
速度 v_m/(m/s)	18.4	28.4	41.0	46.0	34.5	27.0	28.8	29.3

（3）影响窑内物料运动速度因素

窑内物料的运动速度和物料物化性质、窑径和窑内热交换位置有关。物料的粒度越小，运动速度越小。干燥带的运动速度和链条的悬挂方式和悬挂密度有关，预热带运动速度和窑内热交换装置有关。分解带窑内释放的气体促进运动速度。另外窑内料层厚度也是影响运动速度的一个因素。

10.2.2 气体流动、燃料燃烧和传热

（1）气体流动

为了使回转窑内燃料燃烧完全，必须不断地从窑头送入大量助燃空气。燃料燃烧后产生

的烟气和生料分解出来的气体,在向冷端流动过程中,将热量传递给物料,从窑尾排出。窑内气体运行过程中,温度、流量和组成都在发生变化,因此不同地方流速和阻力都是不同的。通常用窑尾负压表示流体阻力。窑炉操作正常情况下,窑尾负压维持在一个范围内波动,如果窑内有结圈,窑尾负压会显著升高。窑内各段气流速度也不尽相同,因而常用窑尾风速来表达,例如干法窑窑尾风速一般为 10m/s 左右。窑内气体流速一方面影响窑炉换热系数,进而影响传热速率、窑产量和热耗;另一方面影响窑内飞灰生成量。当流速过大时,传热系数增加,物料与气体接触时间短,传递热量少,导致烟气温度过高,热耗和飞灰量增加;流速过小时,传热效率降低,产量也会降低。

(2) 燃料燃烧

回转窑为了保证烧成温度和热力强度以及火焰的稳定性,对燃料燃烧和煤粉以及入窑空气提出了许多要求。燃料燃烧火焰温度要求达到 1600～1800℃,火焰要有适当长度,位置适中;煤粉低热值,挥发量在 18%～30% 范围内,灰分小于 25%～30%,水分小于 1%～2%,颗粒粒径尺寸小于 0.08mm,占比小于 15%;由喷煤管输送煤粉的二次风和冷却机提供的二次风总量应略高于理论空气需求量,控制过剩空气系数在 1.05～1.10 为宜。火焰覆盖的区域为燃烧带,火焰中部温度较高区域(1600～1800℃)为烧成带。

① 火焰长度和形状对烧成影响 火焰长度一般指从喷煤管口到火焰终止断面的距离,火焰长度对烧成工艺影响很大,当发热量一定时,火焰长度过长,烧成带温度就会下降,物料过早出现液相,易引起结圈,还会造成不完全燃烧,烟气温度较高,能耗大;相反火焰过短,高温部分过于集中,容易烧垮窑皮及衬料,不利于窑的长期安全运行。影响火焰长度的主要因素有燃烧速度和窑内气体的流速。

窑内火焰温度分布,通常是两头低中间高,热端温度较低区域是窑内的冷却带。煤粉从喷管喷出后,经过干燥预热后起火燃烧,回转窑中看到的黑火头就是煤粉从喷出后至着火燃烧前气流所移动的距离。图 10-6 为窑内火焰形状和窑内位置,图中一般认为火焰 C 形状能在较短时间内放出热量 [图 10-6(a)],且能保持位置的稳定。火焰位置靠近物料处,一般位于图 10-6(b) 中 2A 或 2B 处。

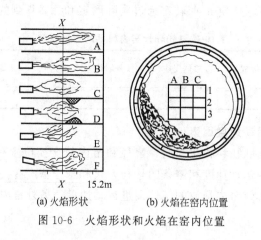

(a) 火焰形状   (b) 火焰在窑内位置

图 10-6 火焰形状和火焰在窑内位置

② 回转窑发热能力和燃烧带容积热力强度 回转窑发热能力是指窑单位时间内释放的热量,按照以下公式进行计算:

$$Q = mq = BQ_{DW}^{y} \qquad (10\text{-}2)$$

式中　Q——窑的发热能力，kJ/h；

　　　m——回转窑每小时产量，kg/h；

　　　q——熟料烧成热耗，kJ/kg 熟料；

　　　B——回转窑每小时耗煤量，kg/h；

　Q_{DW}^y——煤应用基低热值，kJ/kg 煤。

燃烧带容积热力强度指燃烧带内单位时间、单位容积所发出的热量，按照以下公式进行计算：

$$q_v = \frac{Q}{\frac{\pi}{4}D_f^2 L_f(1-\varphi)} \tag{10-3}$$

式中　φ——窑内物料填充系数，一般为 0.06~0.15；

　　　D_f——燃烧带直径，m；

　　　L_f——燃烧带长度，m。

不同回转窑燃烧带长度有所差异，带多筒冷却机湿法干窑烧成带长度为直径的 4.9 倍，带单筒冷却机湿法干窑烧成带长度为直径的 4.2 倍，立波尔窑为 3.2 倍；烧成带长度一般为燃烧带的 0.6~0.65 倍。

回转窑热力强度还可以用表面积热力强度和截面积热力强度，表面积热力强度指燃烧带单位表面积上所发出的热量，截面积热力强度指燃烧带单位截面积上所发出的热量，分别用 q_F 和 q_A 表示，按照以下公式进行计算：

$$q_F = \frac{Q}{\frac{\pi}{4}D_f L_f} \tag{10-4}$$

$$q_A = \frac{Q}{\frac{\pi}{4}D_f^2} \tag{10-5}$$

(3) 回转窑内传热

回转窑内传热源是燃料燃烧后的高温烟气，受热体是生料和窑内壁，属于典型的气固传热，传给生料的热量供煅烧过程中干燥、预热、分解和煅烧。高温烟气夹带的粉体物料可以增大烟气中 CO_2 和 H_2O 的辐射传热能力，同时窑内烟气的流动和湍流作用也可以产生有效的对流传热，堆积生料之间以及窑回转时物料周期性地与受热升温的窑体内壁相接触而有辐射与传导传热共存情况。一般窑内传热简化后，窑内 1m 长断面范围内综合传热机制关系可以用图 10-7 表示。

图中 Q_{gsc} 为气体以辐射方式传热给物料表面的热量，Q_{gsr} 为气体以对流方式传热给物料表面的热量；Q_{gwc} 为气体以对流方式传给窑内衬的热量；Q_{gwr} 为气体以辐射方式传给窑内衬的热量；Q_{wsr} 为窑内衬以辐射方式通过气层传给物料表面的热量；Q_{ssd} 为物料表面向内部的非稳态导热；Q_{wsh} 为窑内衬料向窑外壳传导的热量；Q_{shc} 为窑外壳向大气中对流散失的热量；Q_{shr}

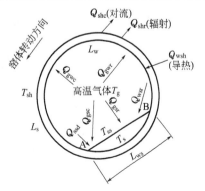

图 10-7　回转窑内传热机制

为窑外壳向大气辐射散失的热量。

习　题

10-1　简述回转窑主要结构。

10-2　回转窑各带运行速度如何计算？影响运行速度的因素有哪些？

10-3　叙述回转窑火焰长度和形状对烧成的影响。

10-4　回转窑内部如何传热？

第 11 章
窑炉热工控制

窑炉热工控制包括温度、压力、气氛等热工参数的测量与控制,玻璃窑炉除此之外还有液面的控制。热工测量是检查热工过程的基本手段,热工控制是保证窑炉维持最佳状态的重要措施。正确地安装与使用热工测量仪表设备,可以正确、及时地了解与控制热工设备的工作状态,保证设备的安全运转,提高制品产量和质量,降低燃耗,提高劳动生产率。图 11-1 为窑炉热工测量与控制原理图,整个系统由窑炉、变送器、控制器与控制阀等几部分组成。变送器好比人的眼睛,随时观察窑炉各个被控参数,并把它转变成标准信号。控制器好比人的大脑,把变送器送来的信号与给定值比较后,得出偏差,将偏差按一定的规律运算后发出控制信号并把它送到执行机构(控制阀)。执行机构好比是人的手,由它进行具体的控制操作,使变化了的被控参数恢复到原来的状态。

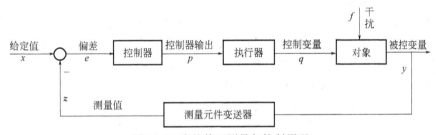

图 11-1 窑炉热工测量与控制原理

在无机材料工厂实际生产中,常设置热工控制室,将生产中的各种测量控制信号(如温度、压力、流量、火焰方向等)集中于电脑显示器终端,便于工艺监视与调整。如图 11-2 为玻璃窑炉自控系统显示终端画面,可观察到窑炉温度、窑炉压力、燃烧系统及压力、换向显示等自控参数的实时状况,热工参数实现了自动控制。

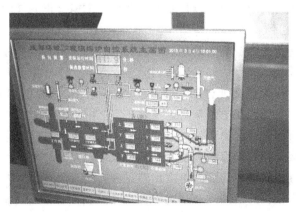

图 11-2 玻璃窑炉自控系统显示终端画面

11.1　温度控制

　　窑炉温度场主要由喷嘴（或小炉）喷出燃烧火焰产生，温度控制首先是进行温度测量，目前主要测温设备包括测温锥、测温环、热电偶、红外测温和光纤测温等。传统陶瓷窑炉测温锥使用较多，工业窑炉热电偶使用较多；光纤测温设备价格昂贵，特种陶瓷使用较多；测温环难以放置和反复使用。温度控制系统通过采集固定点温度值，形成一系列信号反馈至电动执行器，从而控制烧嘴进气量和烟气运行来实现温度控制。正常情况下整个系统自动运行，当系统发生异常时报警，进行人工操作。

11.1.1　玻璃工业窑炉温度控制

　　温度是玻璃工业窑炉最重要的热工参数，它直接影响到玻璃产品的质量、产量与成本等，因此准确地进行温度的测量与控制是十分重要的。玻璃窑炉测量温度设备主要包括热电偶、热电阻、辐射高温计、光学高温计等，其中热电偶使用最多。热电偶是点温测试，难以实现空间大面积区域温度分布测试，长期使用存在电阻丝氧化、线路老化等问题导致测试数据偏离实际太大等，因而衍生出来许多新的测温方式，例如辐射式高温计、光学高温计、全辐射高温计和红外温度计。

　　美国 WTA 公司和英国 Land Infrared 公司联合生产适用于熔化池、工作池、蓄热室和料道的红外线光纤温度计，这是一种较新的玻璃工业窑炉温度测试仪表。它由微处理器模件、硅光电池和光学系统组成。光学系统包括组合透镜和 15 英尺（1 英尺＝0.305m）的光导纤维的探头。这种仪表可安装在环境温度高达 200℃ 的地方而无需水冷，并且输出线性好可与控制器或计算机配接，并且具有量程范围宽，温度稳定性好，不怕水气、CO_2 等燃烧产物的影响等优点。最新型的光纤红外测温系统与计算机直接相连，定时测量玻璃工业窑炉内部熔体、窑墙和窑顶等部位表面特定点温度，形成这些部位实时温度的二维分布，以助于后期温度控制操作。

(1) 玻璃工业窑炉温度测量位置

　　玻璃工业窑炉是一个庞大的立体空间，它包括熔化池、澄清池、小炉、蓄热室、流液洞、冷却池及料道等多个部分，每部分的不同部位温度是不同的。熔化池内热点处温度最高。在中小型玻璃工业窑炉中，通常以控制热点温度来实现熔化温度制度的控制，因此熔化部的温度测量就显得很重要。

　　中小型横火焰玻璃工业窑炉热点约在最后两对小炉之间，马蹄焰玻璃工业窑炉热点约在距小炉喷火口 2/3 池长处。如采用热电偶作为测温元件，可在窑顶纵向中心线处垂直插入窑内。采用辐射式高温计作为检测元件时，可在胸墙的相应位置设测温孔。测量小炉废气温度、蓄热室温度，其测点应选在小炉口附近及蓄热室上中下部位。总之，测温点的选择要根据实际情况及要求进行确定。测温元件类型的选择也很重要。热电偶是主要的测温元件，加上铂金套管，可以直接探测玻璃液的温度。对于接触玻璃液的部位，可采用穿透或不穿透测温方式，穿透方式可直接测得玻璃液的温度；不穿透方式不能直接测得玻璃液的温度，而且响应较慢，但它可以有较长的使用寿命。对于参与热点温度控制的各测温点，以及流液洞，冷却池和料道的测温点都应尽量采用穿透方式，而对熔化池的池底一般都采用不穿透方式。

但热电偶也有它的局限性,因为它主要是基于热传导的原理进行工作的,如果要想测得表面辐射温度,还需要采用辐射高温计。辐射高温计的灵敏度很高,而且可调,在和热电偶一起使用时,应把其灵敏度调整得与热电偶的灵敏度基本一致。

(2) 玻璃工业窑炉温度控制系统

① 熔化池温度控制　熔化池温度控制对提高玻璃工业窑炉的生产能力、降低燃料消耗、保证玻璃熔制质量关系重大,因而是玻璃熔制中最重要的工艺控制参数。熔制温度太高不仅会加剧对耐火材料的侵蚀,而且会缩短玻璃工业窑炉的使用寿命,在出料量不变的情况下也相应地增加了燃料与成本。反之,若温度太低则会直接影响玻璃液的熔化和澄清,使气泡、条纹、结石等缺陷增多。温度制度的不稳定会引起玻璃液对流的紊乱,使炉底的"死料"、脏料翻动上升,严重影响玻璃质量。

对熔化池的温度控制主要依赖于热电偶的测温。在熔化池的顶部、池壁和炉底等处设置若干热电偶进行测量,这是较常用的控制方法。但是热电偶的热电特性随着使用时间的推移将发生改变,造成温度控制随时间变化。在熔化池中,还使用辐射高温计作为辅助检测手段,用于测量桥墙、胸墙等处的温度。采用辐射高温计来测温时,容易受到火焰的干扰,为此可用一端封闭的刚玉管插入炉内,而辐射感温器瞄准管底,可以减少火焰扰动,这种测量装置仍有较好的动态特性。熔化池的热电偶分布参考图如图 11-3 所示。

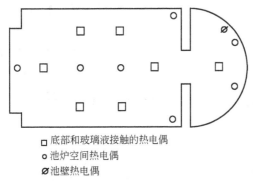

□ 底部和玻璃液接触的热电偶
○ 池炉空间热电偶
⌀ 池壁热电偶

图 11-3　玻璃工业窑炉热电偶分布参考

实际生产中,熔化池温度受火焰换向及燃料压力波动的影响较大,简单控制系统往往不能得到满意的控制效果,所以多采用温度-燃料串级控制系统。

② 澄清池温度控制　澄清池要向冷却池提供澄清及均化良好的玻璃液,故对其温度控制的要求较严格,不然,将会影响成形质量,所以对这一部分的温度采取单独控制。

澄清池温度控制使用 S 形热电偶,装置于澄清池的胸墙和玻璃液底部,插入玻璃液的深度约为 50mm,图 11-4 为澄清池温度控制系统。

图 11-4 所示系统将各测点热电偶所产生的热电势进行加权平均,获得的讯号输入到控制器与原输入的设定值进行比较后输出偏差信号,并通过执行器的连杆来同时改变各助燃空气阀门的开度,控制各路助燃空气的流量。助燃空气量愈多,则煤气的吸入量也愈多,燃烧温度就提高,因而可通过调节助燃空气量来控制澄清池温度。

③ 料道温度控制　料道温度直接影响料滴形状和质量,它是最主要的工艺控制参数之一,故对其温度的控制精度远远高于对澄清池的温度控制要求。料道温度的控制一般可以采用 PI(比例积分)或 PID(比例积分微分)单回路控制系统,但由于料道玻璃液温度直接关系到成形,因此,越来越多地采用了玻璃液温度自适应控制系统。控制料道温度的手段也

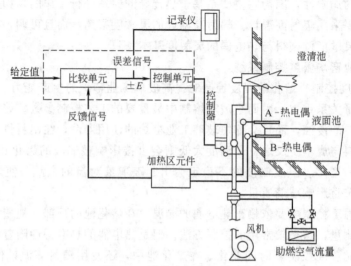

图 11-4　澄清池温度控制系统

是装置热电偶，热电偶均要套上铂套管，底部热电偶安装在料道底部中心线上，浸入玻璃液约 50mm 左右。侧壁热电偶位于靠近料道出口的槽砖侧面，也浸入玻璃液约 50mm 处。顶部热电偶位于离开玻璃液面 50～75mm 处。图 11-5 是料道热电偶分布图。

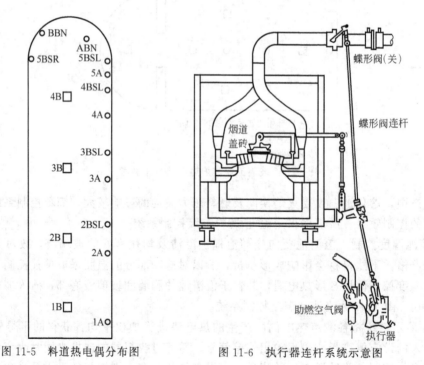

图 11-5　料道热电偶分布图　　　　图 11-6　执行器连杆系统示意图

为提高控制精度，料道被挡砖分隔成若干段，挡砖离玻璃液面约为 25～50mm，玻璃液可自由流通，上面的空间相互隔绝。从冷却池到料碗依次称作后段、中段、调节段和料盆，并在各段建立单回路的闭环控制系统。

料道温度控制系统的特点是使用一只电动执行器，通过连杆系统来同时控制燃料空气流量、冷却风流量和改变盖砖高度调节辐射量。图 11-6 为执行器连杆系统示意图。当温度低于设定值时，执行器将燃烧系统设定在高火头器，连杆系统依次将冷却风阀门关小，降低盖砖高度，开大助燃空气的阀门。当温度高于设定值时，情况则相反。

④ 料滴温度控制　料滴温度是玻璃液进入成形机前最后一个也是最重要的测控项目。这里只能采用非接触式测温仪表。使用最多的是红外线高温仪表，例如国产的微机控制的红外线测温仪，它可以记忆最大值，因为料滴从形成到滴落温度是变化的，故只能根据最大值进行控制。红外线测温仪以模拟量或数字量输出，因此可配接模拟常规控制器或数字控制器，输出的控制信号去控制料盆燃烧系统燃料控制阀，以改变料盆温度来获得所需的料滴温度，即玻璃料滴温度控制采用料滴温度-料盆温度串级控制系统。

11.1.2　陶瓷工业窑炉温度控制

陶瓷工业窑炉窑根据原料性质、制品的形状和大小以及入窑水分等工艺要求，制定一条合理的烧成温度曲线，焙烧时就按照这条曲线来保证一定的升温、保温和冷却制度，图 11-7 为隧道窑温度曲线。

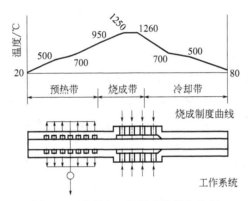

图 11-7　隧道窑工作温度曲线和控制

(1) 隧道窑

① 预热带的温度控制　预热带的温度控制手段主要是通过调节风闸和排烟风机的变频器控制气体流量来实现的。风闸开启大，则预热带负压大，易漏入冷空气，加剧气体分层，增大上下温差；风闸开启小，则抽力不足，烟气量小，升温慢。风闸调好后锁定，如果预热带末端风闸开启大，则大量烟气过早排出，热利用率低，窑头温度低，制品升温慢。如预热带风闸不开，则大量烟气涌向窑头，致使窑头温度过高，不利于制品预热。窑头的风闸也不能开启过大，以免该处负压大，从窑门涌入大量冷空气。

总之，要保证制品在一定的温度下预热，并保证上下温差小，窑车接头处必须严密不漏气，砂封板接头要靠紧，砂封板要埋入砂中 4～6cm。另外，合理的码放也能减少制品上下温差，根据内燃和外燃的不同情况，坯体要合理码放，坯垛与窑墙间距不能太大，内部要有足够和畅通的气体通道，增加气流阻力，减少上部和周边气流，使气流在坯垛中分布均匀，达到上下内外温度均匀。

② 烧成带的温度控制　烧成带的温度控制包括实际燃烧温度控制和高烧成温度控制。一般火焰温度应高于制品烧成温度 50～100℃。火焰温度的控制通过调节单位时间内燃料消耗量和空气的配比来实现，单位时间内燃料燃烧的彻底且空气量又恰当，则火焰温度高；对

内燃制品要根据制品的热值来控制燃料和需氧量。最高温度点的控制是很重要的，一般控制在烧成带的后 2 个车位。最高温度点前移使保温时间太长，易使制品过烧变形；而后移则保温不足，使制品未烧透。

③ 冷却带的温度控制　制品在烧成后进入冷却阶段，窑尾直接鼓入冷风，进行冷却，700～400℃为缓冷阶段，靠分布在该段的风机将热风抽出，使制品由 400℃冷却至 80℃左右出窑。制品在 700℃以前可以急冷，应根据制品性质、装车情况和推车速度来决定高温急冷风的位置和风量。

（2）辊道窑温度控制

① 预热带温度制度

ⅰ.室温～350℃（预干区）

辊道窑预干区利用窑头预热区的热烟气对坯体加热，整个过程集中在窑炉的第一组和第二组排烟支管处进行。此阶段主要排除坯体中的吸附水，坯体不发生其他化学变化，伴随着体积收缩，坯体气孔率和密度均发生变化。预干区应该避免快速升温，以防止水分挥发过快导致坯体内应力释放不均而引起裂纹或炸裂。要保持负压状态，且压力分布要十分均匀，以利于排气排湿；控制好进窑水分，不要过高，尽可能低于 1.5%，此阶段控制主要是调整窑头相应区域的抽力、近窑头的挡火板高度等。

ⅱ.350～700℃（预热区）

预热区同样利用窑头预热区的热烟气对坯体加热，反应集中在窑炉后部排烟支管处及整个传统窑炉非结构的低箱位处。坯体中有机物开始排出、挥发，坯体中晶体重组，分子间结晶水被排除，坯体收缩，气孔率增加，失重迅速增加，黏土结晶结构被破坏，强度降低。在 573℃坯体中石英发生晶型转变，并伴随有集聚的体积膨胀，此阶段要严格控温，否则会发生裂纹。在 500～600℃之间放缓升温速率，以保证适应转变安全进行，保持负压。此阶段控制也是通过调整窑头相应区域的抽力、近窑头挡火板高度、前后各支闸的合理开度分配、上下第一组烧嘴开度的位置等。

② 烧成带温度制度

ⅰ.700～1050℃（氧化分解区域）

烧成带氧化分解区域热能主要来源于窑墙底部烧嘴燃烧产生的高温气体和高温区热气体，此阶段也是坯体反应过程中最大耗能阶段。坯体中有机物、碳酸盐主要集中在该区域进行分解和氧化。大量的 CO、CO_2 和 H_2O 产生，坯体有冒烟及燃烧现象。坯体表面开始出现液相，颗粒重新排列并填充间隙，坯体逐渐致密。氧化分解区域必须保证坯体内部碳素或有机物完全燃烧和氧化，辊棒上下温度控制合理。氧化效果取决于坯体的大小和厚度及压制过程中的致密度、上下及量测温度的均匀性。必须在负压和氧化气氛中烧成，以利于坯体发色及排气通畅。此阶段烟气温度大于坯体温度，坯体主要通过对流和辐射获得热量。主要通过调节排烟支闸及各支闸的开度和各个区域上下层的挡火板、挡火墙的高度来实现调控目的。此阶段要特别注意上层温度的控制，避免表层过早熔融使得坯体内部的气体不能够排出而产生的真空或发蓝，或坯体表层应力不同而产生上弯或下奓变形。

ⅱ.1050℃～最高烧成温度（烧成区）

最高烧成温度与坯体所用原料成分、配方组成有关，烧成区坯体中液相大量出现，并填充到石英骨架中，使得坯体气孔率下降、强度增加，从而达到烧结。玻璃相高温熔体产生过多，会软化坯体中石英骨架，从而出现过烧后高温变形。由于墙地砖的使用性能很大程度上取决于坯体的烧结程度和最高温度，使烧成后产品能达到使用性能，尤其是获得足够机械强度，因而对此阶段控制至关重要。为稳定色差并阻止坯体内部继续排出气体而产生针孔，烧成段中部一般取零压或微正压，一般高温区的辊上零压控制在开始保温处，而下零压位则相对滞后 2～5 区，最高正压一般控制在 3～5Pa，同时在氧化气氛中操控有助于发色和减少色差。如果正压过大，易形成局部蓄热过高而造成断棒增多，且大量的热量向外逸出，使得操作环境恶化，能耗增加。相反如果为负压，过多的冷空气吸入窑内，将导致同一截面温差过大，造成产品出现阴阳色或尺寸不统一的缺陷，增加能耗。烧成区的温度控制主要通过调节各区喷枪的风、气比例及该区域的挡火板、墙的高度来实现。

③ 冷却带温度制度

ⅰ.最高烧成温度～650℃（急冷区）

急冷区坯体处于有较多液相的塑性阶段，受力必须均匀且避免撞压，否则极易产生变形，此阶段快速冷却所产生的热应力被坯体中残余液相缓冲，快冷不会开裂。急冷的目的是将处于高温状态的坯体快速冷却至石英晶型转变的 573℃附近，以形成一个过渡区，让晶体的转化有较长且缓和的时间，保证其不会因产生收缩应力而开裂。急冷是砖坯从液相转化为固相的过程，伴随有体积收缩，对于厚大的坯件，急冷会使得坯件内外散热不均匀而造成应力分布不均匀而开裂。对于大规格坯件来说，急冷缓冷区应该长些，如果急冷区域太短，为避免坯件过高温进入缓冷，急冷风就要大些，坯件四周热交换较快，而中间部分散热缓慢仍呈高温，这种温差会引起应力差，造成由边部开始的风裂。

进入急冷前坯件温度不能过高，否则导致坯件在进入缓冷区之前未能达到石英晶型转变温度而出现裂纹。坯体降到 650℃左右后，不能直接打冷风，否则易引起裂纹。如果没有特殊要求，上下管的开度应该均匀，避免收缩不一致而产生变形。一般情况下，不要采用急冷风管来调节坯件的变形度，因为这样会导致坯件的变形不稳定。此阶段应该保持在零压或正压状态下，以防止继续排气时产生针孔或吸入冷气而造成坯件冷却不均匀而产生风裂。调整支闸，使得气流流向窑尾抽热方向，少量流向烧成区。近烧成区的挡火板、挡火墙应尽可能离辊间隙小，否则容易造成烧成区气流不稳定。一般都有二道挡火板和挡火墙，中间存在缓冲区，可以起到很好的隔离作用。

ⅱ.650～450℃（缓冷区）

坯体进入缓冷区后，脆性较大，石英在 573℃左右发生晶型转变，基体快速收缩，冷却速率一般低于 30℃/min，此阶段在正压-零压状态下控制，禁止负压，以免吸入冷空气而产生裂纹。此处坯件开始出现黑色，但仍保持微红色，禁止向坯件内直接打冷风。必须保证石英转变温度在缓冷区中部，湿热空气缓慢流过坯件表面，从而达到缓慢降温的目的，禁止直接对产品吹冷风或提前抽过多热气，这样会导致坯件因降温过快而开裂。此处温度变化平缓，避免出现局部温度过高或过低现象，上下挡火板、挡火墙一定要一致，使气流一致，否则容易造成局部温差而出现风裂。降温速率不能过慢，若坯件被送至缓冷区还未降到 573℃以下，会使得石英转变点降至快冷区而出现热脆现象。有些坯件出窑后，表面看起来完整无损，但是用力一敲即可破碎，即为热脆。

ⅲ.450℃～出窑（强冷区）

坯件已经完全固化，强度随之大幅度增加，此阶段可对坯件直接吹冷风，快速冷却。坯件温度高于此阶段热空气温度，应在零压或微负压下操作。窑炉的余热主要经此处抽走，热风抽出口的闸开度由前向后逐渐开大，使冷却带的热气向窑尾移动，并利用余热来干燥坯体或做其他用途。避免热气流集中在强冷区首段抽走，造成局部降温过快而开裂。强冷风管开度也应该由始端向末端逐渐开大。此外有些坯体的石英在270℃上存在晶相转变，容易开裂。图 11-8 为辊道窑实际温度控制系统界面。

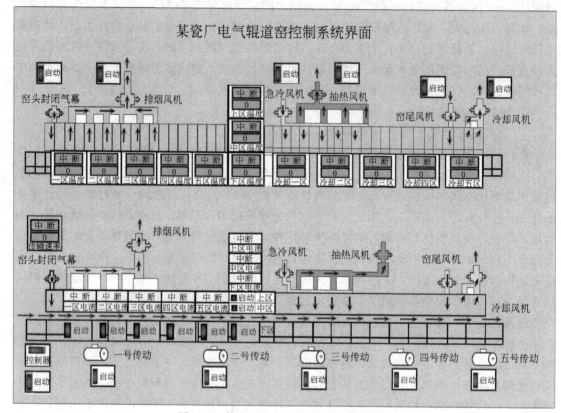

图 11-8　某瓷厂电气辊道窑控制系统界面

（3）梭式窑和钟罩窑

梭式窑和钟罩窑采用分区控制方法进行温度控制，每个控制区域可控制一至多个烧嘴。每一控制区域的空气管道设置电动调节阀一只，燃料气体管道设置电磁切断阀、手动调节阀、燃料气体和空气比例调节阀、溢流阀各一只，通过个控温区的闭环控制系统组件，结合控制软件，来实现梭式窑和钟罩窑内部产品烧成过程温度控制。在窑内垂直火道位置，每个火道上下布置两只烧嘴。

11.2　压力控制

11.2.1　玻璃工业窑炉压力控制

玻璃工业窑炉压力控制包括压力测量、压力信号输出和控制几个环节。在熔窑的运转过程中，对有关的液体、蒸汽、气体的压力进行测量与控制，对保证熔窑系统的正常运行、达到工艺要求以及保证设备、人身的安全，都有着极其重要的意义。压力测量一般有三种情况：测定某点绝对压力；测定某点压力与大气压力之差，即表压或真空度；测定两点之间压力差。常用的测压仪表按转换原理分为：液柱式压力计、弹性式压力计、电气式压力计等。压力传感器的作用是把压力信号检测出来，并转换成电信号进行输出，当输出的电信号能够被进一步变换为标准信号时，压力传感器又称压力变送器。

（1）压力测量

玻璃工业窑炉一般要求熔化池玻璃液面应为零压或微正压，而在熔窑碹顶处压力控制在15～20Pa，下火蓄热室内一般为负压，烟道和烟囱内亦为负压，上火蓄热室内为正压。上述各部位压力值可以测量，但不一定对每个部位压力都进行控制。当稳定熔化部火焰空间的压力时，生产就能稳定。理论上在近玻璃液面处熔窑两侧取压更合理，但受火焰流动影响大，取压管线较难布置，故采用不多。一般中小型熔窑将测压点选在靠近流液洞的纵向中心线的碹顶上，此处取压方便，测得的压力值比较准确，能及时反映窑内压力变化，信号受火焰脉动和流向影响比较小，可以保证控制质量。

目前，多数玻璃熔窑只选取一个测压点作为控制点，并以一个窑压定值控制系统来稳定整个窑内压力制度，运行表明这种简单的单参数定值控制系统基本上可以满足工艺要求。

当在玻璃熔窑碹顶处安装取压装置时，首先要考虑到这个部位火焰温度很高，一般在1400～1500℃左右；并且这个位置压力很低，仅仅约为15～20Pa。另外，气体中还含有水分和尘埃。为了适应这些特殊要求，可采用如图11-9所示的取压装置。

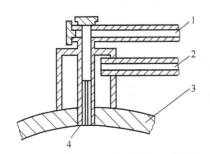

图 11-9　玻璃熔窑碹顶处的取压装置
1—信号导管；2—补偿导线；3—碹顶；4—刚玉管

这种取压装置有耐高温、良好的密封性、较高的测量精度、便于清除积灰和冷凝水等优点。

（2）压力控制系统

窑压的稳定是靠保持输入熔窑内的燃料、空气与废气排出量的平衡来达到的。因此，控制作用只能选择控制排出废气量的烟道闸板。烟道闸板有升降式闸板和旋转式闸板两种，升降式闸板由钢丝绳或蜗轮蜗杆副传动的电动执行器驱动或者由液压、气动活塞装置驱动；旋转式闸板通常由角行程电动执行器驱动。执行器要求有较好的制动性能，因为窑压对象是一个小滞后、小惯性的对象，制动性能不好极易引起系统振荡。一般来说，窑压控制系统采用单回路比例积分（PI）控制，可以得到较好的效果。在要求不高时，亦可采用三位控制。为了有效地克服废气温度以及大气条件的急剧变化，窑压控制系统可设计成串级控制系统。

图 11-10 为熔窑压力控制系统的示意图。两根取压管装在熔窑的后墙上，高度相同，一根插入炉内，另一根在炉外，所得压力差由管道送至微压变送器，放大并变换成正比于熔窑压力的直流毫安信号，送入压力控制器。控制器将变送器输送来的压力信号与压力给定值信

号进行比较得到偏差，再将偏差经一定的运算转变成控制信号去控制三相可控硅可逆启动器动作，并由它驱动主烟道闸板的电机正转或逆转，以消除偏差，从而维持窑压稳定。为了保证在熔窑换向期间压力变化较大的情况下，避免烟道闸板大幅度运动所造成的控制混乱，在换向期间压力控制系统应停止工作，由换向控制装置的一个辅助触点来完成。在换向时断开控制器输出至可逆启动器的信号。换向完成后会有很小的压力波动，这现象可忽略不计。

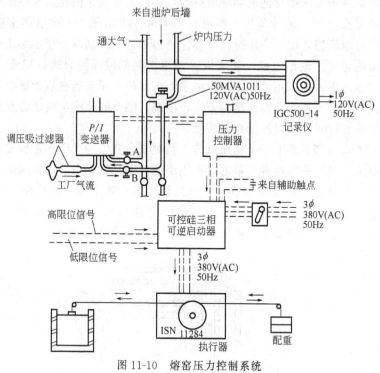

图 11-10 熔窑压力控制系统

11.2.2 陶瓷工业窑炉压力控制

（1）隧道窑压力控制

压力制度是保证温度制度和气氛制度的实现，窑内最紧要的控制点是烧成带两端的压力稳定，图 11-11 为隧道窑压力曲线和控制。如果窑内负压大，漏入的冷空气增加，一方面温度低，气体分层严重，上下温差大，另一方面烧成带难以维持还原气氛；负压大的窑就是操作得不好的窑。如果窑内正压过大，则大量热气体向外界冒出，损失热量，恶化劳动条件。冒入车下坑道还会烧毁窑车，造成事故。最理想的操作是维持零压。

在关键性的烧成带维持零压附近，预热带要抽走烟气，必然处于负压，而冷却带要鼓入冷空气冷却产品，必然处于正压。由正压到负压要经过零压，由冷却带到预热带要经过烧成带，所以烧成带处于零压附近操作。烧成带也不是全带处于零压，而只有一个零压面。控制烧成带零压面的位置，烧煤气、烧油或炉栅下鼓风烧煤的窑，零压面一般控制在烧成带和预热带的交界面附近，使烧成带全带处于微正压，容易烧还原气氛。炉栅下不鼓风，只靠烟囱抽风烧煤的窑，则零压面控制在烧成带 1、2 对或 2、3 对燃烧室之间，有的窑甚至在烧成带末，使烧成带处于微负压下操作，以便由炉栅下吸入相应的空气来进行燃烧。

如烧成带负压大就难维持还原气氛，因为烧成带会漏入冷空气。尤其是预热带负压大，

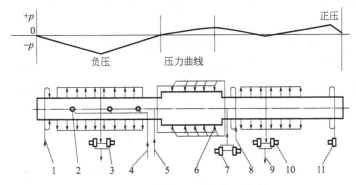

图 11-11　隧道窑压力曲线和控制

1—封闭气幕送风；2—搅拌气幕；3—排烟机；4—搅拌气幕送风；5—重油或煤气；6—烧嘴；
7—雾化或助燃风机；8—急冷送风；9—热风送干燥；10—热风机；11—冷风机

漏入冷风多，上下温差大。冷却带急冷和直接风冷鼓入的风必须和抽出的热风相平衡，如急冷处正压过大，超过烧成带最末一对燃烧室处的正压，说明急冷鼓入的冷风过多而未抽走，大量温度不高的空气进入烧成带，可能引起保温不足，产品生烧，或还原气氛不足，二次发黄。

如果急冷处正压不足而呈现负压。由于热风抽出过多，或急冷鼓风太少，则烧成带有烟气倒流至冷却带，使产品熏烟而成废品。控制车下检查坑道的压力，最好检查坑道的压力与窑内压力是否接近平衡，即冷却带车下维持正压，预热带车下维持负压，烧成带在零压附近。车上车下互不干扰，预热带没有冷空气自坑道漏入窑内，冷却带也无热气冒向坑道。如果控制有困难，则宁愿预热带及烧成带车下坑道压力小于窑内的压力，也要避免漏进大量冷风，增大窑内上下温差。冷却带车下坑道压力应大于窑内的压力，避免烧坏窑车。

（2）辊道窑压力控制

辊道窑内部压力主要是由所供入的空气和燃料燃烧产生的烟气以及吸入的空气总量与排烟机抽热所抽走的气体总量之间的差值所决定的。窑炉的各区压力大小不仅影响产品的质量，也影响烧成的能耗。窑炉正压越大，特别是烧成区，高温气体逸出的能力越强，使得窑炉支撑钢架、窑炉侧板、吊顶砖外端及吊顶钩等烧坏，同时高温气体冲击窑墙内壁，造成莫来石粉化严重，保温棉温度过高硬化度增加，保温性能下降。对于传动，如果正压过大，导致多孔砖处散热，传动件容易受热，造成传动润滑油、润滑脂流失或干化，使润滑效果降低，传动主动件、被动件均容易损坏。窑炉正压过大，容易使得辊棒高温强度、抗热震性下降，尤其是长期高温情况下，在急冷区、最高温度处更为明显。正压过大，辊棒接触地方容易断裂，所以从辊棒使用寿命来看，窑炉内部压力保持微负压是比较好的。

（3）辊道窑各段压力制度

① 预干区

预干区坯体的排水速度控制不当会使得产品开裂、炸坯，釉面砖还会影响釉面盐霜、针孔等，影响排水速度的是烟气温度、湿度和流速，而决定这三者的是排烟风机的抽力。抽力越大，负压越大，流速越快，坯体释放的水分能及时排走，从后段抽来的高温烟气量也越多，干燥速率也越快，所以预干区必须合理控制负压。负压过大，坯体干燥越快，也容易引起开裂或炸坯。可将排烟总闸开度关小，减小各排烟道支闸开度。负压过小，延长了干燥时间，在窑速一定情况下，坯体水分不能完全排出而使得坯体在预热区开裂或炸坯。

② 氧化分解区

此区坯体进行氧化还原反应，释放大量气体，所以要求负压，因为负压情况下可及时排走残留的吸附水、部分结构水以及氧化还原反应产生的气体。如果此段不控制负压或负压过小，由于产生的气体不能及时排走，很容易使得坯体内部反应缓慢，从而出现黑心、黑点缺陷；对于釉面砖，特别是熔块釉，由于釉的熔点较低，在釉开始熔化时还有大量气体逸出，很容易产生针孔缺陷甚至表面盐霜。在坯体不开裂的情况下，可加大抽烟力。

③ 烧成区

烧成区若负压，会从窑边吸入冷风而降低窑内部边上温度，使得靠近窑墙的坯件尺寸较大。烧成区吸入冷风，特别是急冷带冷风，会改变温度制度和压力制度。窑内压力除了由抽烟、各烧嘴风压风量控制外，调节挡火墙、马弗板都是很有效的。因此窑炉在设计建造时，在烧成区与预热区、烧成区与急冷区都设挡火墙和马弗板。挡火墙加高，马弗板放低，能有效减少烧成区的高温烟气被抽走，而且也可通过不同高度调节分配烟气流向速度，对解决坯件的尺码差异、水平色差问题都有帮助。

④ 冷却区

由于快速冷却，急冷区打入较多的冷空气形成正压。急冷区正压过大，一影响烧成区，二则影响产品冷却质量，很可能风裂即急冷裂。急冷区一般不负压，如出现负压，则反映出抽热过度，这一点很重要，因为抽热过大，很难控制坯件在 573℃缓慢冷却，而容易出现脆性。烧成区压力大于急冷区，则出现烟气倒流，使得制品在冷却过程中被烟熏。对于熔块釉面砖来说，对急冷、缓冷压力制度要求更为严格，否则容易出现釉裂。为保证制品冷却质量，急冷区要保持正压，缓冷区前段即 560℃以前保持微正压，后端可加大抽热形成负压。在强冷区，常打入大量冷风，为增强冷却效果，该区抽热可加大，保证零压或负压较好，但实际上很多窑炉在该区是正压。当然压力制度的影响因素还很多，例如烧嘴处煤气量或压力、烧嘴处攻入的助燃风、急冷区和强冷区打入的空气量、排烟机打入的烟气量、抽热风机抽走的气体量、挡火墙和挡火板以及窑体的密封性等。梭式窑和钟罩窑主要通过变频调节控制排烟机来实现。

11.3 气氛控制

窑炉气体分析的仪器种类很多，主要有奥氏气体分析仪、磁氧分析仪、氧化锆氧分析仪以及红外线气体分析仪。奥氏气体分析仪是利用化学吸收法来测定气体成分的仪器，可用来分析烟气中的 CO_2、O_2 和 CO 的含量；磁氧分析仪通过测定烟气的磁化率，从而可控制获得磁化率极高的氧气含量；氧化锆氧分析仪是第三代氧分析仪，基于浓差电池原理工作的；红外线气体分析仪（图 11-33）可以连续测量一氧化碳、二氧化碳、二氧化硫、二氧化氮、甲烷、乙炔与氨气等混合气体中某种单一组分的含量，并能自动进行记录和指示。

11.3.1 玻璃工业窑炉气氛控制

烧油玻璃熔窑一般都采用比例调节式高压雾化油烧嘴，它可以通过机械连杆，将重油流量控制阀和雾化介质流量控制阀联接起来。当重油控制阀开关的时候，雾化介质控制阀也随着开关，使风、油量成比例地调节。因此，只要用 DDZ 型仪表组成窑温控制系统，就可以在控制窑温的同时，也控制了窑内的气氛，而不另外单设气氛自动控制系统。如果认为有必要单独对还原气氛进行自动控制，就可以把测量控制点选在两对还原炉之间，用红外线气体分析仪自动连续地分析 CO 含量，并输出一个直流电信号，经调制解调并放大后控制执行机构动作来控制燃料供给量或空气供给量，达到控制气氛的目的。如果要控制氧化气氛，也可以将测量控制点选在氧化炉前，用磁氧分析器来连续自动地分析氧的含量，并以电信号输出。

11.3.2　陶瓷工业窑炉气氛控制

（1）隧道窑

隧道窑氧化气氛控制空气过剩系数大于 1，不要太大，以节约燃料，提高温度。还原气氛在烧成带前一小段要控制氧化气氛，后一大段控制还原气氛，用氧化气氛幕来分隔这两段。氧化炉应离第一对还原炉较远，以便引入氧化气氛幕。气氛幕来源应为抽冷却带的热空气，避免过多地降低窑内温度。燃油或烧煤气的窑，则控制喷油量和空气配比或煤气、空气配比，即可控制气氛。氧化气氛时空气过量，火焰清晰明亮，可以一望到底，清楚地看到料垛。还原气氛时空气微不足，火焰混浊，不容易看清料垛。

烧氧化气氛时，原来空气过多，如维持燃料不变而减少过多空气，则火焰温度提高；当减少空气至空气过剩系数接近于 1 时，温度最高。再继续减低空气，使空气不足，则温度又降低而进入不完全燃烧的还原气氛。当烧还原气氛时，由于原来空气不足，如果维持燃料不变而增加空气时，燃烧更趋完全，火焰温度升高。继续增加空气至理论需要量（空气过剩系数接于 1 时），燃烧温度最高。再增加空气，则温度降低而变为完全燃烧且有过多空气的氧化气氛。

（2）辊道窑

气氛因素是陶瓷烧成的另外一个决定因素，在建筑陶瓷烧成工艺中，各种釉料、色料在不同气氛中呈色机理不一样。氧化不好，坯体容易出现黑心等缺陷，所以一般要求在氧化气氛下烧成。在日用陶瓷中，原料中含铁量和含钛量差异也对烧结气氛要求很高。含铁量高的坯件还原气氛中白里泛青，氧化气氛下白里泛黄夹黑点。特种陶瓷，如铁氧体陶瓷（磁性陶瓷），只有在氧化环境下才能达到预期的磁场强度、磁通等物理化学性能要求指标。气氛控制的关键是稳定的压力制度和合理操作燃烧器。

（3）梭式窑和钟罩窑

梭式窑和钟罩窑通过调节总管及各区燃气量和助燃空气量来实现气氛控制。首先通过控制燃料气体和助燃空气总管的流量及二者比例，随后通过比例调节器控制每一控制区域燃气与空气比率，实现燃烧的空气过剩系数控制。从环保角度出发，在保证产品质量前提条件下，要尽可能控制空气过剩系数越小越好，这样有利于减少烟气在空气中的氮化物排放量。

11.4　玻璃工业窑炉液面控制

11.4.1　液面测量

玻璃液面测量方法可分为两大类，即接触法和非接触法。接触式玻璃液面计包括固定铂探针式玻璃液面计和移动铂探针式玻璃液面计。固定铂探针式玻璃液面计利用插入冷却池或料道的铂探针和液面接触的电信号，控制投料机以低速或停止投料，使液面下降。液面降到脱离探针时，恢复或以高速加料，从而保证液面以固定点为中心小幅度波动；移动铂探针式玻璃液面计利用伺服电机带动探针作上升下降往复运动，以是否接触液面来进行测量和控制。

气动玻璃液面计包括固定探头式气动液面计、移动探头式气动液面计和随动式气动液面计。固定探头式气动液面计将一固定探头插入炉内，固定探头向玻璃液面喷出低压气流，该气流在玻璃液面的阻挡作用下被反射，反射回的气流压力与液面高低变化成正比（在小波动范围内），那么测出返回的气流压力即可知液面的变化情况。移动探头式气动液面计利用喷嘴挡板继动器原理制成白金管喷嘴探头，液面升高喷嘴的背压升高，触发气动施米特触发器翻转，经过压力继电器驱动电动机反转，使探头上升则背压随之降低，达到某阈值时，气动触发器又翻转，使电机正转，驱动探头下降，于是探头在液面附近往复运动，电机反转时刻的探头位置便代表了液面位置，位移变送器将探头位置转换成液位电信号。随动式气动液面计有多种结构形式，探头为两根水冷保护的管子，管内各有一组铂加热丝。一支管距液面较高，气流的压力和流量基本不变，另一支管子距液面很近，通过此管的气流受到液面阻挡，从而改变气流的压力和流量。因此两管内的铂丝受气流的冷却作用不同。铂丝接在电桥的两臂上，当液面上升或下降时，电桥输出极性不同的电压信号，经过放大驱动伺服电机去改变探头位置，直到电桥恢复平衡为止。位移变送器将探头位置转换为液面电信号。该液面计可靠性好，寿命较长，但结构复杂，价格较高。

鼓泡式液位计由气源、鼓泡管和高精度压差计组成。当鼓泡管起泡达到临界状态时，鼓泡管压力等于鼓泡管上部玻璃液层压力与空间气体压力之和。液位改变，液层压力也改变，从而使临界鼓泡压力改变。因此临界鼓泡压力的变化便能代表液位的变化。

光电式玻璃液面计由发射器、接收器和记录、控制仪表组成。光电式玻璃液面计的工作原理如图 11-12 所示。由发射器发出的光束以固定的入射角射到玻璃液面，然后被玻璃液面反射到接收器的硅光电池上，根据硅光电池接收到的光点讯号，便可判断玻璃液面的高低。同时，接收系统去控制执行机构，带动加料机工作。

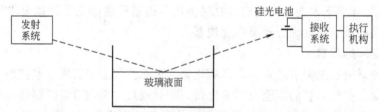

图 11-12　光电式玻璃液面计的工作原理

放射性同位素液面计的基本工作原理是放射性射线强度与被测介质对射线的吸收或减弱的程度有关。液面计由射源和接收器、显示器组成，它们分别装在料道或冷却池两侧。这种液面计以直接测量方式居多。射源一般采用钴 60 或铯 137 等 γ 射线源。它们有较强的穿透能力，两侧可不必开孔。接收器可采用盖勒计数管、电离室或闪烁计数器。

11.4.2　液面控制

液面的测量一般在冷却池或料道上进行，因此液面控制对象既具有大容量特性，又具有多容量特性。当加料量恒定而出料量产生扰动后，例如出料量增加，液面将一直下降；出料量减少，则一直上升，因而又具有无自衡特性，液面的新的平衡稳定状态只能靠外部的控制作用才能达到。

　　鉴于上述控制对象的特性，液面的自动控制大多数场合下只能采用两位控制或比例控制。无论采用哪种液面测量装置，实现两位控制都是比较容易的。为了防止液面过低时一次加料过多，使未来得及熔化的配合料流向澄清区，在加料过程中可采用断续脉动加料。

习　　题

11-1　论述窑炉采用热工控制的意义。

11-2　为什么玻璃窑炉火焰空间的温度要用辐射高温计作为辅助测量装置？

11-3　玻璃工业窑炉不同部位如何实现温度控制？

11-4　阐述隧道窑和辊道窑各段温度差异。

11-5　隧道窑压力如何控制？和辊道窑有哪些差异？

11-6　玻璃工业窑炉液面如何测定和控制？为什么液面的测量点常设在料道上？

参 考 文 献

[1]   陈国平，毕洁.玻璃工业热工设备 [M].北京：化学工业出版社，2006.

[2]   陈国平.玻璃熔窑蓄热室格子砖的热分析 [J].工业加热，2020，49（7）：25-28.

[3]   李卫军.浅谈日用玻璃纯氧燃烧窑炉的设计 [J].玻璃与搪瓷，2019，47（5）：29-33.

[4]   曾小山.玻璃熔窑全氧燃烧新技术——普莱克斯 OPTIMELT～（TM）TCR 技术 [J].玻璃，2018，45（10）：21-25.

[5]   陈国平.基于 ANSYS Workbench 热分析玻璃熔窑烤窑时的碹顶 [J].玻璃，2019，46（10）：1-4.

[6]   姜宏.浮法玻璃全氧燃烧技术发展 [J].玻璃与搪瓷，2018，46（2）：21-35.

[7]   刘文巧.浅谈浮法玻璃熔窑应用全氧燃烧技术环保减排效果 [J].玻璃，2017，44（8）：54～56.

[8]   徐俊，王东歌.玻璃熔窑烟气深度减排技术对策研究 [J].环境科技，2017，30（4）：42-45.

[9]   苏毅.浅谈全氧燃烧玻璃熔窑的设计 [J].建材世界，2017，38（4）：36-39.

[10]   Wu H，Liu Z，Liao H. The study on the heat transfer characteristics of oxygen fuel combustion boiler [J]. Journal of Thermal Science，2016，25（5）：470-475.

[11]   赵恩录.玻璃熔窑全氧燃烧技术问答 [M].北京：中国建材工业出版社，2015.

[12]   江鑫，赵文娟，蒋丽棒等.电熔炉顶插电极的应用与电气控制 [J].玻璃与搪瓷，2014，42（3）：16-18.

[13]   陈兴孝，张国礼，代晓桥等.102m² 燃煤马蹄焰池窑设计理念及生产运行报告 [J].玻璃与搪瓷，2013，41（6）：24-30.

[14]   张占营等.浮法玻璃生产技术与设备 [M].北京：化学工业出版社，2010.

[15]   唐保军，殷海荣，陈国平.全氧燃烧玻璃熔窑热工计算与分析 [J].陕西科技大学学报，2009，27（1）：41-45.

[16]   Kenji，Meguru. Mathematical model of bubble number density in glass tank furnace [J]. Journal of the Ceramic Society of Japan，2009，117（6）：736-741.

[17]   赵彦钊，殷海荣.玻璃工艺学 [M].北京：化学工业出版社，2006.

[18]   孙晋涛.硅酸盐工业热工基础 [M].武汉：武汉理工大学出版社，1992.

[19]   胡国林，陈功备.窑炉砌筑与安装 [M].武汉：武汉理工大学出版社，2005.

[20]   王维邦.耐火材料工艺学 [M].北京：冶金工业出版社，2007.

[21]   陈功备，胡国林，林海滨，等.陶瓷工业窑节能技术分析 [J].中国陶瓷工业，2016，1：39.

[22]   李克敬，王开方，刘继武，等.陶瓷工业要炉节能简要分析 [J].中国建材科技，2020，4：29.

[23]   曾令可，李治，李萍，等.提高陶瓷窑炉热效率的途径 [J].中国陶瓷工业，2015，1：37.

[24]   刘力萍.中国传统陶瓷的地域性：从本土文化到身份认同 [J].中国民族博览，2019，2：7.

[25]   颜新华，李长塔，冯青，等.葫芦窑与景德镇窑结构关系的研究 [J].中国陶瓷，2018（8）：57.

[26]   李长塔.中国明代葫芦窑结构研究及数值模拟 [D].景德镇：景德镇陶瓷大学，2018.

[27]   燃烧实验与陶瓷窑炉过剩空气系数检测数据分析 [J].佛山陶瓷，2017，3：32.

[28]   宽体窑炉发展综述 [J].2016 中国硅酸盐学会陶瓷分会学术年会会刊，中国硅酸盐学会会议论文集.

[29]   赵新力.陶瓷辊道窑热平衡计算探讨 [J].陶瓷研究，1993（02）：26.

[30]   李小雷，韩复兴，李存运.陶瓷隧道窑的综合节能技术 [J].中国水泥，2001，000（004）：39.

[31]   艾明香，王世峰，刘光霞.隧道窑冷却带喷嘴喷射速度对窑内气体流动的影响 [J].硅酸盐通报，2007（03）：188.

[32]   刘继胜.微波烧结工作原理及工业应用研究 [J].机电产品开发与创新，2007（02）：28.